Unity 游戏优化

(第 2 版)

[英] 克里斯·迪金森(Chris Dickinson)　著

蔡俊鸿　雷鸿飞　　　　译

清华大学出版社

北　京

北京市版权局著作权合同登记号　图字：01-2019-1831

本书封面贴有清华大学出版社防伪标签，无标签者不得销售。
版权所有，侵权必究。侵权举报电话：010-62782989　13701121933

图书在版编目(CIP)数据

Unity 游戏优化：第 2 版 / (英) 克里斯·迪金森(Chris Dickinson) 著；蔡俊鸿，雷鸿飞译. 一北京：清华大学出版社，2020.5

书名原文：Unity 2017 Game Optimization -Second Edition: Optimize all aspects of Unity performance

ISBN 978-7-302-55051-8

I. ①U… II. ①克… ②蔡… ③雷… III. ①游戏程序—程序设计 IV. ①TP317.6

中国版本图书馆 CIP 数据核字(2020)第 042473 号

责任编辑：王　军
装帧设计：孔祥峰
责任校对：成凤进
责任印制：丛怀宇

出版发行：清华大学出版社
　　　　　网　　址：http://www.tup.com.cn, http://www.wqbook.com
　　　　　地　　址：北京清华大学学研大厦 A 座　　　　邮　　编：100084
　　　　　社 总 机：010-62770175　　　　　　　　　　邮　　购：010-62786544
　　　　　投稿与读者服务：010-62776969，c-service@tup.tsinghua.edu.cn
　　　　　质 量 反 馈：010-62772015，zhiliang@tup.tsinghua.edu.cn
印 装 者：三河市铭诚印务有限公司
经　　销：全国新华书店
开　　本：170mm×240mm　　　印　　张：18.25　　　字　　数：368 千字
版　　次：2020 年 5 月第 1 版　　　印　　次：2020 年 5 月第 1 次印刷
定　　价：98.00 元

产品编号：083323-01

推 荐 序 1

再次为蔡老师写推荐序，荣幸之至。每逢写序前，我都会认真地阅读原著，再对照蔡老师的翻译，两相印证。日迈月征，让我真正领略到翻译不仅是原著知识的传递，更是译者的思想和方法的融合。

一般译者常以译为主，很少在高强度工作于第一线的同时进行技术专著的翻译。如今，网络和技术迭代之快，变化之大，非一线译者则常常意味着技术在一定程度上的脱节。蔡老师的翻译过程恰恰是顺着技术前沿、结合自身不断的技术升级、对照工作经历收获变化的过程。其丰富的工作经验也被应用到译文的甄改修校之中。以此为法，所得更为精准，补益也更高，这也是我推介本书的主因之一。

我与蔡老师都在游戏行业中深耕多年，在行业发展和技术升级方面有着许多共鸣。一些观念也体现在蔡老师对于翻译图书的选择上，什么样的书是大家所需要的，什么样的书能给大家带来更多帮助，什么样的书能带来更保值的知识？引擎结合工程的书，其价值可以分为：工程价值、理论价值、时效性。

本书工程价值之高毋庸置疑，作者结合实例分析问题，立足实践总结经验，这也是蔡老师一贯倡导并笃行的理念，因而首选将本书翻译后献于诸君。而理论价值更多地体现在应用中的指导意义，虽然本书并没有太多的定义和证明，但蕴含的理论基础扎实并均可以旁引验证，证明本体已隐于实践中。或许最有争议的是时效性，诚然，Unity3D 近期的版本更迭速度非常快，那么此书时效性体现在何处呢？个人觉得本书主要体现在不同时期的价值类型变化，而不是某个维度上价值量的变化。简而言之，本书对应的引擎版本正好处于换代思路的一个承上启下的关键点上，了解技术的更替历史，有助于理解引擎背后的问题以及引擎的解决思路，从而提升视野高度，培养技术革新的思维。

如今，我们讨论的载体和工作的基础皆是游戏，游戏这种特殊的产品类型是逻辑性和艺术性的结合体，是兼具理性和感性的造物。研究 Unity3D 这个主流的商用引擎、基于引擎做二次开发、针对实际应用分析问题或者结合工作阅读技术书籍等，都是游戏人日常工作和生活中必不可少的一部分。在游戏技术领域，学术界和工业界的界限极其模糊，与我们早期做计算机基础研究的环境和感受相去甚远。与蔡老师相识数载，我能强烈地感受到他身上兼具技术专家特质和学者气质。本书为他繁重工作之余的译作，但为了让更多人能了解 Unity3D 性能优化的方法及原理，他选择了翻译本书，因此本书也是他最倾注心血的成果之一。这本身既矛盾又统一，就如同游戏一般，是理性与感性的结合，是有序和无章的整体。

　　因此，劝君细品之，与译者同游此技术世界，感受钻研的无穷魅力。特此推荐之。

庄宏——GameArk 副总裁

推荐序 2

游戏引擎是游戏开发中最基础也是最重要的开发工具。Unity3D 在众多引擎中可谓后起之秀，在 2005 年首次对外发布时，就吸引了大量游戏开发者的目光。到 2018 年，Unity3D 已成为支持 PC、移动设备、主机游戏平台以及掌机游戏平台的优秀游戏引擎。无论个人学习，还是商业项目，Unity3D 无疑都是首选引擎之一。其入门简单，功能强大，在开发、调试、发布等环节持续赋能游戏开发者。

成为一名优秀的游戏客户端开发者，不仅需要常年的实践积累与思考，更需要夯实的基础为支撑。大部分开发者都很努力刻苦，但是为什么不同开发者之间的能力参差不齐？这是因为日常开发过程中的经验很多时候只是冰山一角，冰山之下隐藏的奥秘却少为人知。挖掘隐匿于冰山之下的宝藏需要开发者具有夯实的基础。所谓"九层之台，起于累土"，古人警示名言用在此处最为恰当。然而很多开发者忽略的往往正是基础。

那么如何提升自己对性能优化的理解，如何提升对引擎底层的认知，捷径无非还是学习。市场上介绍 Unity3D 的书籍众多，很容易让初学者坠入云山雾海。《Unity 游戏优化(第 2 版)》不仅是一本系统讲解 Unity3D 性能优化的书籍，也是一本资深游戏开发者的手边工具书，它考虑了读者的知识背景，内容层次丰富，案例翔实，循循善诱。

"君子生非异也，善假于物也。"本书正是您可以假借之物。通过本书，读者不仅能获得性能优化的实操经验，也可以了解操作背后的原理，愿本书成为游戏开发者们领悟 Unity3D 的终南捷径。

本书译者能在高强度一线工作的同时把好书引入给众多开发者，其精神亦是成为优秀开发者所不可或缺之物。愿大家能在吸收知识的同时，也建立一份对知识的分享与传承精神。

网易资深开发总工程师　刘柏

译 者 序

我于 2013 年接触 Unity3D 引擎，此后便被它的魅力所深深吸引。Unity3D 可以帮助开发者快速实现从游戏原型到完整度很高的商业游戏，其便利、易用性确实使得进入游戏开发行业的门槛大大降低。但与此同时，也有不少开发者在最终构建游戏时，遭遇了令人烦恼的性能问题、兼容性问题以及一些难以理解的幽灵问题。

虽然网络上针对各式各样的问题也有针对性的解决方案，但是这些零碎的信息难以让读者形成系统的认知，很容易使读者陷入优化的陷阱或者很容易生搬硬套其他项目分享的经验对自己的项目加以限制。最终可能确实提升了部分性能，却可能严重地牺牲了游戏的美术品质、体验等。这在当前竞争日益激烈的游戏市场中，是得不偿失的！

软件工程中有一句名言"没有银弹！"，对于优化更是如此，有的项目可能受限于 Draw Call，有的可能受限于像素填充率，有的可能受限于显存带宽。若想针对自己的项目进行特定优化，而不是将网络上的所有方法强加于一身，需要开发人员建立对性能优化的系统认知，真正做到知其所以然，这样才能根据自己的项目选择最合适的优化方案，做到尽量保证美术质量的同时提升性能。而《Unity 游戏优化(第 2 版)》不仅帮助开发者建立关于从托管代码到引擎渲染，从 CPU、内存到 GPU，从传统游戏到 XR 应用程序的性能优化体系，同时大量讲解细节，深入浅出，是想要对 Unity3D 程序进行性能优化的开发者的首选。

本书面向对 Unity 的大多数特性富有经验的中、高级 Unity 开发人员，以及希望最大化游戏性能或解决特定瓶颈的开发人员。

在这里要感谢清华大学出版社的编辑，他们为本书的翻译和出版投入了巨大的热情并付出了很多心血。没有你们的帮助和鼓励，本书不可能顺利付梓。

对于这本经典之作，译者本着"诚惶诚恐"的态度，在翻译过程中力求"信、达、雅"，但是鉴于译者水平有限，错误和失误在所难免，如有任何意见和建议，请不吝指正。

译 者

译 者 简 介

　　蔡俊鸿，拥有多年游戏开发经验，全程主导多个千万级 IP 游戏的客户端和服务器开发。擅长服务器和客户端的架构设计以及性能优化、客户端渲染等。目前就职于昆仑万维 GameArk，担任技术总监一职。

作者简介

Chris Dickinson 在英格兰一个安静的小角落里长大，对数学、科学，尤其是电子游戏满怀热情。他喜欢玩游戏并剖析游戏的玩法，并试图确定它们是如何工作的。Chris在获得电子物理学的硕士学位后，他飞到美国加州，在硅谷中心的科学研究领域工作。不久后，他不得不承认，研究工作并不适合他的性格。在四处投简历之后，他找到了一份工作，最终让他走上了软件工程的正确道路(据说，这对于物理学毕业生来说并不罕见)。

Chris 是 IPBX 电话系统的自动化工具开发人员，这段时间的工作更适合他的性格。现在，他正在研究复杂的设备链，帮助开发人员修复和改进这些设备，并开发自己的工具。Chris 学习了很多关于如何使用大型、复杂、实时、基于事件、用户输入驱动的状态机的知识。在这方面，Chris 基本上是自学成才的，他对电子游戏的热情再次高涨，促使他真正弄清楚电子游戏是如何创建的。当他有足够的信心时，他回到学校攻读游戏和模拟编程的学士学位。当他获得学位时，他已经在用 C++ 编写自己的游戏引擎(尽管还很初级)，并在日常工作中经常使用这些技能。然而，如果想创建游戏，应该只是创建游戏，而不是编写游戏引擎。因此，Chris 选择了他最喜欢的公开发行的游戏引擎——一个称为 Unity3D 的优秀小工具——并开始制作一些游戏。

经过一段时间的独立游戏开发，Chris 遗憾地决定，这条特定的职业道路的要求并不适合他，但他在短短几年积累的知识量，以大多数人的标准来看，都令人印象深刻，他喜欢利用这些知识帮助其他开发人员创建作品。从那以后，Chris 编写了一本关于游戏物理的教程((*Learning Game Physics with Bullet Physics and OpenGL*，Packt Publishing)和两本关于 Unity 性能优化的书籍。他娶了他一生的挚爱 Jamie，并开始在加州圣马特奥市的 Jaunt 公司工作，研究最酷的现代技术，担任测试领域的软件开发工程师(SDET)，这是一家专注于提供 VR 和 AR 体验(例如 360 视频)的虚拟现实/增强现实初创公司。

工作之余，Chris 一直抵抗对棋盘游戏的沉迷(特别是《太空堡垒：卡拉狄加与血腥狂怒》)，他痴迷于暴雪的《守望先锋》和《星际争霸 2》，专注地盯着 Unity 最新版本，在纸上勾画出一组关于游戏的构思。

致　　谢

　　从我卑微的出身到今天取得的成就，这是一条漫长的路。我现在的大部分成就来自于一路遇到的朋友、老师、导师与同事的帮助。他们的教导、批评和指导使我取得目前的成就。还要归功于我的家人，特别是我的妻子和最好的朋友 Jamie，他们一直都很理解和支持我的爱好、激情和抱负。

Chris Dickinson

审稿人简介

Luiz Henrique Bueno 是一位拥有超过 29 年软件开发经验的 ScrumMaster(CSM) 和 Unity 认证开发人员。他对语言的演化、编辑器、数据和框架颇有经验。

2002 年，他在 Visual Studio .NET 发布时编写了 *Web Applications with Visual Studio .NET，ASP.NET, and C#* 一书。他还参与了巴西杂志 *Casa Conectada* 的开发，这是一本关于家庭自动化的杂志。

在这个杂志项目的基础上，他开始开发同一主题的项目。他使用了 Crestron、Control4、Marantz、Windows Mobile 和 Symbian OS 等技术，总是实现触摸屏应用程序。

自 2010 年以来，他一直在为移动设备开发应用程序和视频游戏，包括 VR/AR 应用程序。他使用 Unity、C#、Xcode、Cocoa Touch、Core Data、SpriteKit、SceneKit、Objective-C、Swift、Git、Photoshop 和 Maya 为 iPhone、iPad、Apple Watch、Apple TV 和 Android 开发了许多项目。

他的座右铭是"不为 QA 编写代码，而要为产品编写代码"。可以在个人网站上找到 Luiz Henrique Bueno。

Sebastian Thomas Koenig 博士在新西兰坎特伯雷大学获得了人类界面技术博士学位，他开发了一个个性化虚拟现实认知康复的框架。他在德国雷根斯堡大学获得了实验心理学、临床神经心理学和虚拟现实康复领域的心理学文凭。

Koenig 博士是 Katana 仿真公司的创始人和首席执行官，他负责认知评估和训练仿真的设计、开发和评估。他在认知康复和虚拟现实研究、开发和人机交互方面的专业经验超过 10 年。作为首席研究员和行业合作伙伴，他在美国、德国和澳大利亚获得了超过 200 万美元的研究经费。他在康复、认知心理学、神经心理学、软件工程、游戏开发、游戏用户研究和虚拟现实等领域有丰富的国际会议演讲和科学出版物审稿经验。

Koenig 博士开发了许多用于认知评估和训练的软件。由于他在虚拟内存任务方面的工作，他在 2011 年获得了医学和健康领域的拉瓦尔虚拟奖。其他应用包括与美国新泽西州凯斯勒基金会合作的 Wonderworks 虚拟现实注意力训练，以及正在申请专利的美国加州南加州大学创新技术研究所基于微软 Kinect 的运动和认知训练宝石矿/神秘岛。2016 年，Koenig 博士被国际虚拟康复协会授予"早期职业研究者奖"(第二名)。

前　　言

　　用户体验在所有游戏中都是重要的组成部分，它不仅包括游戏的剧情和玩法，也包括运行时画面的流畅性、与多人服务器连接的可靠性、用户输入的响应性，甚至由于移动设备和云下载的流行，它还包括最终程序文件的大小。由于 Unity 等工具提供了大量有用的开发功能，还允许独立开发者访问，游戏开发的门槛已经大大降低了。然而，由于游戏行业的竞争激烈，玩家对游戏最终品质的期望与日俱增，游戏的各方面应该能经得起玩家和评论家的考验。

　　性能优化的目标与用户体验密不可分。缺乏优化的游戏会导致低帧率、卡顿、崩溃、输入延迟、过长的加载时间、不一致以及令人不舒服的运行时行为，以及物理引擎的故障甚至过高的电池消耗(移动设备通常被忽略的指标)。只要遭遇上述问题之一，就是游戏开发者的噩梦，因为其他方面都做得很好，评论也只炮轰做得不好的一个方面。

　　性能优化的目标之一是最大化地利用可用资源，包括 CPU 资源，如消耗的 CPU 循环数、使用的主存空间大小(称为 RAM)，也包括 GPU 资源[GPU 有自己的内存空间(称为 VRAM)]、填充率、内存带宽等。然而，性能优化最重要的目标是确保没有哪个资源不合时宜地导致性能瓶颈，优先级最高的任务得到优先执行。哪怕很小的、间歇性的停顿或性能方面的延迟都会破坏玩家的体验，打破沉浸感，限制我们尝试创建体验的潜力。另一个需要考虑的事项是，节省的资源越多，便能够在游戏中创造出更多的活动，从而产生更有趣、更生动的玩法。

　　同样重要的是，要决定何时后退一步，停止增强性能。在一个拥有无限时间和资源的世界里，总会有另一种方法让游戏变得更好、更快、更高效。在开发过程中，必须确定产品达到了可接受的质量水平。如果不这样做，就会重复实现那些很少或没有实际好处的变更，而每个变更都可能引入更多的 bug。

　　判断一个性能问题是否值得修复的最佳方法是回答"用户会注意到它吗?"。如果这个问题的答案是"不"，那么性能优化就是白费力气。软件开发中有句老话:

　　过早的优化是万恶之源。

　　过早优化是在没有任何必要证据的情况下，为提高性能而重新编写和重构代码的主要原因。这可能意味着在没有显示存在性能问题的情况下进行更改，或者进行更改的原因是，我们只相信性能问题可能源于某个特定的领域，但没有证据证明的确存在该问题。

当然，编写代码时应该避免更直接、更明显的性能问题。然而，在项目末尾进行真正的性能优化将花费很多时间，而我们应该做好计划，以正确地改善项目，同时避免在没有可验证的情况下实施更昂贵和耗时的变更。这些错误使整个软件开发团队付出了代价，没有成效的工作时间令人沮丧。

本书介绍在 Unity 程序中检测和修复性能问题所需的工具、知识和技能，不管这些问题源于何处。这些瓶颈可能出现在 CPU、GPU 和 RAM 等硬件组件中，也可能出现在物理、渲染和 Unity 引擎等软件子系统中。

在每天充斥着高质量新游戏的市场中，优化游戏的性能将使游戏具有更大的成功率，提高了在市场上脱颖而出的机会。

本书内容

第 1 章探索 Unity Profiler，研究剖析程序、检测性能瓶颈以及分析问题根源的一系列方法。

第 2 章学习 Unity 项目中 C#脚本代码的最佳实践，最小化 MonoBehaviour 回调的开销，改进对象间的通信等。

第 3 章探索 Unity 的动态批处理和静态批处理系统，了解如何使用它们减轻渲染管线的负担。

第 4 章了解艺术资源的底层技术，学习如何通过导入、压缩和编码避免常见的陷阱。

第 5 章研究 Unity 内部用于 3D 和 2D 游戏的物理引擎的细微差别，以及如何正确组织物理对象，以提升性能。

第 6 章深入探讨渲染管线，以及如何提升在 GPU 或 CPU 上遭受渲染瓶颈的应用程序，如何优化光照、阴影、粒子特效等图形效果，如何优化着色器代码，以及一些用于移动设备的特定技术。

第 7 章关注 VR 和 AR 等新的娱乐媒介，还包括一些针对这些平台构建的程序所独有的性能优化技术。

第 8 章讨论检验 Unity 引擎、Mono 框架的内部工作情况，以及在这些组件内部如何管理内存，以使程序远离过高的堆分配和运行时的垃圾回收。

第 9 章介绍 Unity 专家用于提升项目工作流和场景管理的大量有用技术。

阅读本书的条件

本书主要关注应用到 Unity 2017 上的特性和增强功能。本书讨论的很多技术可应用到 Unity 5.x 或更旧版本的项目中，但这些版本列出的特性可能会有所不同。这些差异会在适当的地方突出显示。

本书读者对象

本书面向对 Unity 的大多数特性富有经验的中高级 Unity 开发者，以及希望最大化游戏性能或解决特定瓶颈的开发人员。导致瓶颈的原因不管是持续的 CPU 负载、运行时 CPU 峰值、缓慢的内存访问、内存碎片、垃圾回收、糟糕的 GPU 填充率，还是内存带宽，本书都提供了识别问题根源所需的技术，并探索在程序中减少其影响的多种方式。

脚本和内存使用部分要求读者熟悉 C#语言，着色器优化部分要求读者具有 Cg 基础。

约定

代码块的格式设置如下：

```
void Start() {
  GameLogic.Instance.RegisterUpdateableObject(this);
  Initialize();
}

protected virtual void Initialize() {
  // derived classes should override this method for initialization code,
and NOT reimplement Start()
}
```

注意：
警告或重要提示出现在这样的方框中。

提示:
提示和技巧出现在这样的方框中。

读者反馈

欢迎读者对本书进行反馈。告知我们你对本书的喜恶。读者的反馈对我们很重要，能帮助我们挖掘出你真正喜欢的主题。

可以通过电子邮件 feedback@packtpub.com 给我们发送反馈，并在消息的标题中提及本书。

客户支持

读者既然购买了 Packt 图书，就可以从中获得更多的利益。

下载示例代码

可以在 http://www.packtpub.com 上使用自己的账号下载本书的示例代码。如果是在其他地方购买本书，就可以访问 http://www.packtpub.com/support 并注册，示例代码文件就可以通过邮件直接发送给你。

可以通过以下步骤下载代码文件:

(1) 使用自己的邮箱地址和密码在网站上登录或注册。

(2) 将鼠标移到顶部的 SUPPORT 上。

(3) 单击 Code Downloads & Errata。

(4) 在 Search 框中输入书名。

(5) 选择找到的图书，下载代码文件。

(6) 通过下拉菜单选择购买本书的地方。

(7) 单击 Code Download。

一旦下载完文件，确保使用最新版本的解压工具解压文件:

- Windows 上使用 WinRAR/7-Zip

- Mac 上使用 Zipeg/iZip/UnRarX

- Linux 上使用 PeaZip

本书的代码包也托管在 GitHub 上：https://github.com/ PacktPublishing/Unity-2017-
Game-Optimization-Second-Edition，也可扫描封底二维码获取本书代码。

勘误

尽管我们已经尽了各种努力来保证内容的正确性，但错误总是难免的，如果你在
本书中找到了错误，例如拼写错误或代码错误，请告诉我们，我们将非常感激。通过
勘误表，可以让其他读者避免受挫，还有助于改进本书的后续版本。如果找到了错误，
可以在 http://www.packtpub.com/submit-errata 上报告错误，选择图书，单击 Errata
Submission Form 链接，并输入错误详情。一旦你提交的信息是正确的，就会被采纳，
而勘误会上传到网站上，或添加到那个主题下已有的勘误表中。

为了查看之前提交的勘误，请浏览 https://www.packtpub.com/books/content/support
并在搜索框中输入书名。在 Errata 部分就会显示必要的信息。

版权

互联网上版权材料的盗版依然是所有媒体的问题。Packt 非常重视对版权和许可证
的保护。如果你在互联网上发现本书的任何形式的非法拷贝，请立即提供地址或网站
名称，以便我们采取补救措施。

请通过 copyright@packtpub.com 与我们联系，并提供可疑盗版材料的链接。

感谢你帮助保护作者，允许我们继续为你带来有价值的内容。

问题

如果你对本书任何方面存在疑问，可以通过 questions@packtpub.com 与我们联系，
我们将尽最大努力解答问题。

目　　录

第1章

研究性能问题

大多数软件产品的性能评估是一个非常科学的过程。首先，我们确定所能支持的最大/最小性能指标，如允许的内存使用量，可接受的 CPU 消耗量，并发用户数量等。接下来，使用为目标平台构建的应用程序版本在场景中对应用程序执行负载测试，并在收集检测数据时对其进行测试。一旦收集了这些数据，我们就会分析和搜索性能瓶颈。如果发现问题，我们将完成根源分析，对配置或应用程序代码进行更改以修复问题并重复此过程。

虽然游戏开发是一个非常艺术化的过程，但它仍然是非常技术性的，所以我们有理由以同样客观的方式对待它。游戏应该有一个目标受众，来确定运行游戏的硬件限制是什么，需要达到什么性能目标(特别是主机游戏和手机游戏)。可以在应用程序上执行运行时测试，从多个子系统(CPU、GPU、内存、物理引擎、管道渲染等)中收集性能数据，并将它们与我们认为可以接受的数据进行比较。这些数据可以用来识别应用程序中的瓶颈，执行额外的检测，并确定问题的根源。最后，根据问题的类型，应该能够应用许多修复程序来改进应用程序的性能，使其更符合预期。

然而，在花费哪怕一分钟来修复性能之前，需要首先证明存在性能问题。在有充分的理由之前花时间重写和重构代码是不明智的，因为预先优化很少能解决问题。一旦找到了性能问题的证据，下一个任务就是准确地找出瓶颈所在。确保理解为什么会出现性能问题是很重要的，否则可能会浪费更多的时间来应用补丁，而这些补丁只不过是有根据的猜测。这样做往往意味着只解决了问题的一个方面，而不是问题的根本原因，因此问题可能会在未来以其他方式，或以我们尚未发现的方式表现出来。

本章将探讨以下问题:
- 如何使用 Unity Profiler 收集分析数据
- 如何分析 Profiler 数据以找到性能瓶颈

- 隔离性能问题并确定问题根源的技术

对以上问题有了全面了解后，就可以为后续章节的学习做好准备，这些章节将学习对检测到的问题可用的解决方案。

1.1　Unity Profiler

Unity Profiler 内置在 Unity 编辑器中，提供了一种方便的方法，通过在运行时为大量的 Unity3D 子系统生成使用情况和统计报告，来缩小性能瓶颈的搜索范围。可以给不同的子系统收集的数据如下：

- CPU 消耗量(每个主要子系统)
- 基本和详细的渲染和 GPU 信息
- 运行时内存分配和总消耗量
- 音频源/数据的使用情况
- 物理引擎(2D 和 3D)的使用情况
- 网络消息传递和活动情况
- 视频回放的使用情况
- 基本和详细的用户界面性能(Unity 2017 新增)
- 全局光照统计数据(Unity 2017 新增)

通常有两种使用 Profiler 工具的方法：指令注入(instrumentation)和基准分析(benchmarking)，尽管不可否认，这两个术语通常可以互换。

指令注入通常意味着通过观察目标函数调用的行为，在哪里分配了多少内存，来密切观察应用程序的内部工作情况，这通常会得到当前执行情况的精确图像，并可能找到问题的根源。然而，这通常不是一种发现性能问题的高效方法，因为任何应用程序的性能分析都会带来性能损耗。

当 Unity 应用程序在开发模式(由 Build Settings 菜单中的 Development Build 标志决定)下编译时，会启用附加的编译标志，导致应用程序在运行时生成特殊事件，这些事件会被分析器记录并存储。当然，由于应用程序所承担的所有额外工作负载，这将在运行时导致额外的 CPU 和内存开销。更糟的是，如果应用程序是通过 Unity 编辑器进行分析的，则会消耗更多的 CPU 和内存，从而确保编辑器更新其界面，渲染额外的窗口(例如场景窗口)，并处理后台任务。这种分析成本并非总是可以忽略不计。在比较大的项目中，当启用 Profiler 时，有时会导致严重不一致的行为。某些情况下，由于事件时机的变化和异步行为中潜在的竞争条件，这种不一致性足以导致完全意外的行为。这是为了在运行时深入分析代码的行为而付出的必要代价，应该始终意识到它的存在。

在开始分析应用程序中的每一行代码之前，最好先对应用程序进行一次浮光掠影般的体验。应该在游戏运行于目标硬件期间收集一些基本数据，执行测试场景；测试用例可以是只有几秒的简单玩法、不同场景的切换、通关部分关卡等。这个活动的目的是对用户可能体验到的东西有一个大致的感觉，在性能明显变差时持续关注一段时间。这些问题可能相当严重，需要进一步分析。

这个活动通常称为基准分析，我们感兴趣的重要指标通常是渲染帧率(Frames Per Second，FPS)、总体内存消耗和 CPU 活动的行为方式(寻找活动中较大的峰值)，有时还有 CPU/GPU 温度。这些指标的收集都相对简单，可以作为性能分析的最佳首选方法，一个重要的原因是：从长远来看，它会节省大量的时间，因为它确保我们只花时间研究用户会注意到的问题。

只有在基准分析测试表明需要进一步分析之后，才应该更深入地研究注入的指令。如果想要真实的数据样本，应该尽可能多地模拟实际平台的行为，来进行基准分析，这也是非常重要的。因此，不应该接受通过 Editor 模式生成的基准数据作为真正游戏时的数据，因为 Editor 模式会带来一些额外的开销，可能会误导我们，或者隐藏真实应用程序中潜在的竞争条件。相反，在应用程序以独立格式在目标硬件上运行时，应将分析工具挂接到应用程序中。

许多 Unity 开发人员惊讶地发现，Editor 计算操作结果的速度有时比独立应用程序快得多。这在处理序列化数据(如音频文件、预制块和 Scriptable Object)时特别常见。这是因为编辑器将缓存以前导入的数据，能够比实际应用程序更快地访问这些数据。

下面介绍如何访问 Unity Profiler 并将它连接到目标设备，以便开始进行精确的基准分析测试。

提示:
如果用户熟悉如何将 Unity Profiler 连接到应用程序，则可以跳到 1.1.2 节"Profiler 窗口"。

1.1.1 启动 Profiler

下面用一个简短的教程讲解如何在不同的环境下将游戏连接到 Unity Profiler:
- 应用程序的本地实例，包括通过 Editor 或独立运行的实例
- 在浏览器上运行的 WebGL 应用程序的本地实例
- 运行在 iOS 设备(例如 iPhone 或 iPad)上的应用程序的远程实例
- 运行在 Android 设备(例如 Android 平板或手机)上的应用程序的远程实例

● 分析 Editor 自身

下面简单介绍针对这些环境设置 Profiler 的要求。

1. 编辑器或独立运行的实例

访问 Profiler 的唯一方法是通过 Unity 编辑器启动它，并将它连接到应用程序的运行实例上。无论我们是在编辑器中以播放模式执行游戏，还是在本地或远程设备上运行独立的应用程序，又或者希望对编辑器本身进行配置，都是通过这种方式访问 Profiler。

要打开 Profiler，请导航到 Editor 中的 Window | Profiler，如图 1-1 所示。

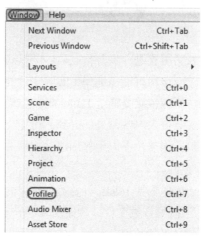

图 1-1　Window | Profiler 菜单

提示：
如果编辑器已经在 Play 模式下运行，那么应该可以看到 Profiler 窗口正在收集报告数据。

要分析独立运行的项目，应确保在构建应用程序时启用了 Development Build 和 Autoconnect Profiler 标志。

通过 Profiler 窗口的 Connected Player 选项，可以选择是分析基于 Editor 的实例(通过 Editor 的 Play 模式运行)，还是分析独立的实例(在编辑器外独立构建并运行)，如图 1-2 所示。

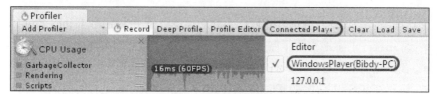

图 1-2　在 Profiler 中连接到游戏

注意，当分析独立运行的项目时切换到 Unity 编辑器，会挂起所有数据收集，因为应用程序不会在后台更新。

提示：
注意在 Unity5 中，Development Build 选项称为 Development Mode，Connected Player 选项称为 Active Profiler。

2. 连接到 WebGL 实例

Profiler 也可以连接到 Unity WebGL Player 实例。为此，可以在构建 WebGL 应用程序并从编辑器中运行它时，确保启用 Development Build 和 Autoconnect Profiler 标志。应用程序会通过操作系统默认的浏览器运行。这允许通过目标浏览器在更真实的场景中分析基于网页的应用程序，并测试在多种浏览器类型上出现的不一致行为(尽管这需要不断地更改默认浏览器)。

遗憾的是，Profiler 连接只能在应用程序首次从 Editor 中启动时建立。当前的(至少 Unity 2017 的早期版本)Profiler 不能连接到已在浏览器中运行的独立 WebGL 实例上。这限制了基准分析 WebGL 应用程序的准确性，因为有一些基于 Editor 的开销，但它是此时唯一可用的方案。

3. 远程连接到 iOS 设备

Profiler 也可以连接到远程运行在 iOS 设备(例如 iPad 或 iPhone)上的应用实例。这可以通过共享 Wi-Fi 连接来实现。

注意：
仅当 Unity(也是指 Profiler)运行在 Apple Mac 设备上时，远程连接到 iOS 设备才可行。

可按照以下步骤将 Profiler 连接到 iOS 设备上：
(1) 确保当构建应用程序时启用了 Development Build 和 Autoconnect Profiler 标志。
(2) 将 iOS 和 Mac 设备连接到本地 Wi-Fi 网络，或者连接到专用的 Wi-Fi 网络。
(3) 通过 USB 或光缆将 iOS 设备连接到 Mac 上。
(4) 像平常一样使用 Build & Run 选项构建应用程序。
(5) 打开 Unity 编辑器的 Profiler 窗口，并从 Connected Player 中选择设备。
现在，应该看到 Profiler 窗口中正在收集 iOS 设备的分析数据。

提示：

Profiler 使用 54998~55511 的端口来广播分析数据。如果系统存在防火墙，请确保这些端口可用于向外发送数据。

为了解决构建 iOS 应用程序并将 Profiler 连接到它们时所出现的问题，可以查阅下面的文档页面：

https://docs.unity3d.com/Manual/TroubleShootingIPhone.html。

4. 远程连接到 Android 设备

有两种不同的方式可以将 Android 设备连接到 Unity Profiler：通过 Wi-Fi 连接或使用 Android Debug Bridge(ADB)工具。这两种方法在 Apple Mac 或 Windows PC 上都可用。

执行下面的步骤，通过 Wi-Fi 连接 Android 设备：

(1) 确保当构建应用程序时启用了 Development Build 和 Autoconnect Profiler 标志。

(2) 将 Android 和桌面设备(Apple Mac 或 Windows PC) 连接到本地 Wi-Fi 网络。

(3) 通过 USB 线缆将 Android 连接到桌面设备。

(4) 像往常一样使用 Build & Run 选项构建应用程序。

(5) 在 Unity 编辑器中打开 Profiler，在 Connected Player 下选择设备。

接下来，应该会构建应用程序，并通过 USB 连接推送到 Android 设备，而 Profiler 应该会通过 Wi-Fi 进行连接。之后应该看到 Profiler 窗口正在收集 Android 设备的分析数据。

第二种方式是使用 ADB。这是 Android SDK 中的调试工具套件。为了使用 ADB 进行分析，可以执行下面的步骤：

(1) 确保根据 Unity 的 Android SDK/NDK 安装向导安装了 Android SDK：

https://docs.unity3d.com/Manual/android-sdksetup.html。

(2) 通过 USB 线缆将 Android 设备连接到桌面设备。

(3) 确保构建应用程序时启用了 Development Build 和 Autoconnect Profiler 标志。

(4) 像往常一样使用 Build & Run 选项构建应用程序。

(5) 在 Unity 编辑器中打开 Profiler，并在 Connected Player 下选择设备。

现在，应该看到 Profiler 窗口正在收集 Android 设备的分析数据。

为了解决构建 iOS 应用程序并将 Profiler 连接到它们时所出现的问题，可以查阅下面的文档页面：

https://docs.unity3d.com/Manual/TroubleShootingAndroid.html。

5. 编辑器分析

可以分析编辑器自身,通常在分析自定义的编辑器脚本时这样做。为此,可以启用 Profiler 窗口的 Profile Editor 选项,并设置 Connected Player 为 Editor,如图 1-3 的屏幕截图所示。

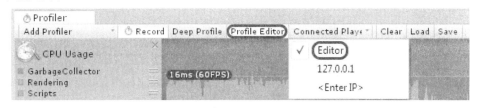

图 1-3　分析自定义编辑器脚本的性能

注意,如果想分析 Editor,这两个选项就必须以这种方式配置。默认设置是 Connected Player 指定为 Editor,且没有启用 Profile Editor 按钮,其中 Profiler 在 Play 模式下运行时为应用程序收集数据。

1.1.2　Profiler 窗口

接下来介绍能在此界面中找到的 Profiler 基本特性。

Profiler 窗口分成 4 个部分:

- Profiler 控件
- 时间轴视图
- 细分视图控件栏
- 细分视图

这些部分如图 1-4 的屏幕截图所示:

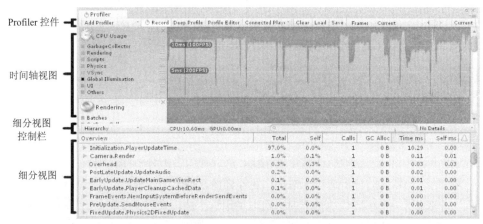

图 1-4　Profiler 窗口的组成部分

接下来讨论这些部分的细节。

1. Profiler 控件

图 1-4 顶部的选项栏包括多个下拉和开关按钮，它们可用于决定要分析什么数据，以及在每个子系统中收集数据的深度。这些内容将在稍后介绍。

Add Profiler

默认情况下，Profiler 将为几个不同的子系统收集数据，这些子系统覆盖了 Unity 引擎在时间轴视图中的大部分子系统。这些子系统被组织成包含相关数据的各个区域。Add Profiler 选项可以用来添加额外的区域，或者在它们被删除时恢复它们。请参考"时间轴视图"一节，以获得可以分析的子系统的完整列表。

Record

启用 Record 选项可以让 Profiler 记录所分析的数据。在启用此选项时，将连续记录数据。注意，只有在应用程序运行的情况下，才记录运行时数据。对于在编辑器中运行的应用程序，这意味着必须启用 Play 模式，且不能暂停；另外，对于独立的应用程序，它必须是活动的窗口。如果启用了 Profile Editor，那么所显示的是为编辑器收集的数据。

Deep Profile

普通的分析只记录常见 Unity 回调方法(如 Awake()、Start()、Update() 和 FixedUpdate())所返回的时间和内存分配信息。启用 Deep Profile 选项可以用更深层次的指令重新编译脚本，允许它统计每个调用的方法。这导致运行时的指令注入成本比正常情况下要大得多，并要使用大量的内存，因为在运行时收集的是整个调用堆栈的数据。因此，在大型项目中，Deep Profiling 甚至是不可能的，因为 Unity 可能在测试开始之前就用完了内存，或者应用程序可能运行得太慢，以至于测试变得毫无意义。

> **提示：**
> 注意切换 Deep Profile 需要完全重新编译整个项目，才能再次开始分析，因此最好避免在测试中来回切换该选项。

由于该选项无差别地统计整个调用栈，因此在大多数分析测试中启用这个选项是不明智的。当默认的分析选项无法提供足够详情以指出问题根源时，最好保留这个选项；或者测试一个小场景的性能时，可以使用这个选项来隔离某种行为。

如果较大的项目和场景需要 Deep Profiling，但 Deep Profile 选项在运行时会阻碍性能，那么可以使用其他方法来进行更详细的分析，详见"针对代码片段的分析"一节。

Profile Editor

Profile Editor 选项启用了 Editor 分析，也就是收集 Unity Editor 自身的数据。这对于分析已开发出来的任何自定义编辑器脚本都非常有用。

提示：
为了分析编辑器，还必须将 Connected Player 设置为 Editor 选项。

Connected Player

Connected Player 下拉框提供了许多选项，从中可以选择要分析的目标 Unity 实例。这可以是当前的编辑器应用程序，本地独立运行的应用程序实例，或运行在远程设备上的应用程序实例。

Clear

Clear 按钮清除时间轴视图中所有的分析数据。

Load

Load 按钮打开对话框窗口，加载任何之前(使用 Save 选项)保存的 Profiler 数据。

Save

Save 按钮将当前显示在时间轴视图上的所有 Profiler 数据保存到文件中。这种方式一次只能保存 300 帧数据，要保存更多数据，必须手动创建新文件。大多数情况下，这通常是足够的，因为当性能峰值出现时，我们有 5～10 秒的时间，暂停应用程序并保存数据，以供后续分析 (例如，将它附着到 bug 报告上)，之后把它推到时间轴视图的左边。任何已保存的 Profiler 数据都可使用 Load 选项加载到 Profiler 中，以供将来检查。

帧选择

Frame Counter 显示已经分析了多少帧以及在当前时间轴视图中选中了哪一帧。有两个按钮用于将当前选中的帧向前或向后移动一帧，而另一个按钮(Current 按钮)将选中的帧重置为最新的帧并保持最新。这样，细分视图在运行分析期间总是显示当前帧的分析数据，并显示 Current 字样。

2. 时间轴视图

时间轴视图显示运行期间收集的分析数据，将其组织到一系列区域中。每个区域关注 Unity 引擎中不同子系统的分析数据，每个区域都分为两部分：右边是分析数据的图形化展示，左边是一系列用于启用/禁用不同行为/数据类型的复选框。这些彩色的复选框可以切换，以改变时间轴视图的图形部分内对应数据类型的可见性。

在时间轴视图中选中一个区域时，在当前选中帧的细分视图中(时间轴视图下方)会显示子系统的更多详细信息。根据在时间轴视图中选中的区域的不同，细分视图将显示不同类型的信息。

单击区域右上角的 X 可以将区域从时间轴视图中移除。通过控件条中的 Add Profiler 可以将区域重新添加到时间轴视图。

在任何时候，都可以单击时间轴视图的图形部分，查看给定帧的更多信息。此时会显示一个大的垂直白条(通常在线图的两边会附带一些额外的信息)，说明选中了哪一帧。

根据当前选中的区域(该区域是高亮蓝色的)，在细分视图中会显示不同的信息，细分视图控件栏中也会有不同的选项。要改变选中的区域，只需要单击时间轴视图左边的复选框或单击图形区域，但是在图形区域内单击也可能会改变当前选中的帧，因此，如果期望看到同一帧的细分视图信息时，单击图形区域就请小心。

3. 细分视图控件栏

根据时间轴上选中的区域，细分视图控件栏内将显示不同的下拉框和切换按钮选项。不同区域提供不同的控件，这些选项声明了什么信息是可见的，以及这些信息如何呈现在细分视图中。

4. 细分视图

根据当前选择的区域以及在细分视图控件栏中选择的选项，细分视图中显示的信息会有很大的不同。例如，一些区域在细分视图控件栏的下拉框中提供不同的模式，以显示信息的简单视图或详细视图，甚至是同一信息的图形布局，这样分析起来就更容易。

接下来介绍每个区域，以及细分视图中可用的不同类型的信息和选项。

CPU 使用区域

这个区域显示 CPU 所有的使用情况和统计数据。它可能是最复杂、最有用的，因为它包括 Unity 的大量子系统，诸如 MonoBehaviour 组件、摄像机、一些渲染和物理处理、用户界面(如果通过 Editor 运行，还包括编辑器的界面)、音频处理、Profiler 等。

在细分视图中，显示 CPU 使用情况数据有 3 种不同的模式。

- Hierarchy 模式
- Raw Hierarchy 模式
- Timeline 模式

Hierarchy 模式显示大部分调用栈的调用，为了方便起见，还会合并类似的数据元素和 Unity 的全局函数调用。例如，渲染分隔符，如 BeginGUI()和 EndGUI()调用，在这个模式中合并到一起。Hierarchy 模式有助于作为第一步，来决定执行哪个函数调用会花费最多的 CPU 时间。

Raw Hierarchy 模式和 Hierarchy 模式很像，但前者会将全局 Unity 函数调用隔离到单独的条目中，而不是合并到一个大条目中。这将使细分视图更加难以阅读，如果尝试统计某个全局方法调用了多少次，或者确认这些调用中的某次调用比预计消耗了更多的 GPU 和内存，Raw Hierarchy 模式会很有用。例如，每个 BeginGUI()和 EndGUI()调用都会放在不同的条目中，与 Hierarchy 模式相比，这样能更清楚每个函数被调用了多少次。

对于 CPU 使用情况区域最有用的模式可能是 Timeline 选项(不要和主 Timeline 视图混淆)。这个模式根据处理期间调用栈的展开和收缩方式，组织当前帧的 CPU 使用情况信息。

Timeline 模式将细分视图垂直组织到不同的部分，代表运行时的不同线程，例如主线程、渲染线程和各种后台工作线程，称为 Unity Job System，用于加载诸如场景和其他资源等活动。水平轴表示时间，所以以宽方块消耗的 CPU 时间比窄方块更多，方块的水平大小也表示相对时间，更容易比较两个调用所消耗的时间。垂直轴代表调用栈，因此更深的链表示在那个栈上有更多调用。

在 Timeline 模式下，细分视图顶部的方块是由 Unity 引擎在运行时调用的函数(从技术上说是回调)，例如 Start()、Awake()或 Update()，而下面的方块是那些函数里面调用的函数，可以是其他组件上的函数或常规 C#对象。

Timeline 模式提供了一种非常清晰、条理分明的方式，以明确调用栈中的哪个方法消耗的时间最多，以及处理时间如何与同一帧中调用的其他方法进行比较。这允许用最少的努力来评估导致性能问题的最大原因。

例如，假设查看图 1-5 中的性能问题。快速浏览一下就可以指出，有 3 个方法导致问题，它们消耗的处理时间类似，因为它们的宽度类似。

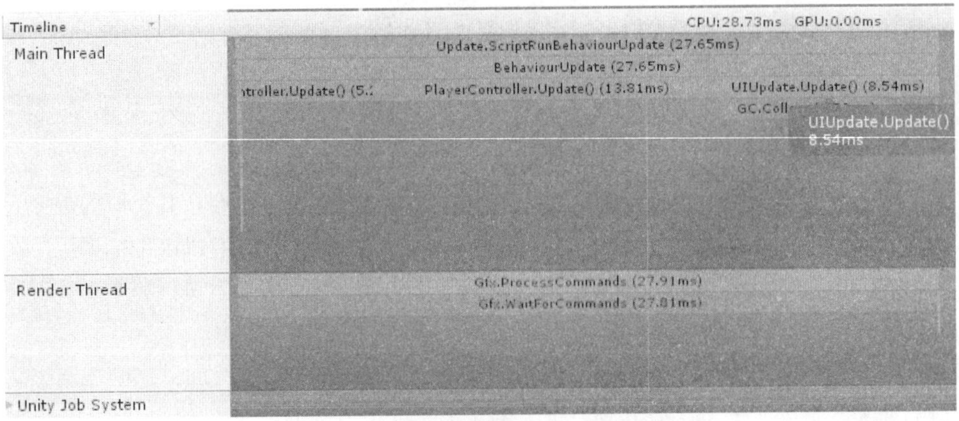

图 1-5   Timeline 模式的性能数据视图

在图 1-5 中，调用了 3 个不同的 MonoBehaviour 组件，超出了 16.667 毫秒的预算。好消息是，有 3 种可能的方法改进性能，这意味着有很多机会找到可以改进的代码。坏消息是，提高一个方法的性能，只会提升那一帧整个处理效率的 1/3。因此，可能需要检查和优化这 3 个方法，以回到预算之内。

> **提示：**
> 当使用 Timeline 模式时，最好折叠 Unity Job System 列表，因为它妨碍了 Main Thread 块中的各项显示出来，而 Main Thread 块可能是我们最感兴趣的内容。

通常，"CPU 使用情况"区域对于检测问题最有效，这些问题能通过第 2 章中研究的方案来解决。

"GPU 使用情况"区域

"GPU 使用情况"区域和"CPU 使用情况"区域类似，但前者展示的是发生在 GPU 上的方法调用和处理时间。这个区域中的相关 Unity 方法调用与摄像机、绘制、不透明的和透明的几何图形、光照和阴影等有关。

"GPU 使用情况"区域提供了类似"CPU 使用情况"区域的层级信息，并估计调用各种渲染函数(如 Camera.Render())所花费的时间(假定渲染是在当前在时间轴视图中选择的帧期间发生的)。

开始阅读第 6 章"动态图形"时，会发现"GPU 使用情况"区域是很有用的工具。

"渲染"区域

"渲染"区域提供了一些常用的渲染统计数据，关注 GPU 为渲染而准备的相关活动，这一系列活动发生在 CPU 上(与渲染行为不同，渲染是在 GPU 内部处理的，在"GPU 使用情况"区域显示详情)。细分视图提供了有用的信息，诸如 SetPass 调用的数量(也称为 Draw Call)、渲染到场景的批次总数、通过动态批处理和静态批处理节省的批次数量和它们的生成方式，以及纹理的内存消耗。

"渲染"区域通常提供一个按钮，用于打开 Frame Debugger，详见第 3 章"批处理的优势"。阅读第 3 章和第 6 章后，会发现这个区域的其他信息很有用。

"内存"区域

"内存"区域允许在细分视图时以两种模式检视应用程序的内存使用情况：

- Simple 模式
- Detailed 模式

Simple 模式只提供子系统内存消耗的高层次概览。包括 Unity 底层引擎、Mono 框架(由垃圾回收管理的整个堆的大小)、图形资源、音频资源、缓冲区，甚至用于保存 Profiler 收集的数据的内存。

Detailed 模式显示每个 GameObjects 和 MonoBehaviours 为其 Native 和 Managed 表示所消耗的内存。它还有一列，解释为什么对象可能消耗内存以及它可能何时被销毁。

> **注意：**
> 垃圾回收是由 Unity 支持的许多语言提供的通用特性，它自动释放为存储数据而分配的内存，但如果它处理不好，有可能使应用程序出现短时间卡顿。这个话题，以及与本地和托管内存空间相关的更多话题，参见第 8 章"掌握内存管理"。

注意，单击 Take Sample: < TargetName >按钮，信息仅在 Detailed 模式下通过手动采样来显示。这是在使用 Detailed 模式时收集信息的唯一方法，因为为每次更新自动执行这种分析的代价非常高昂。

细分视图通常提供标签为 Gather Object References 的按钮，它可以收集一些对象更深层的内存信息。

第 8 章在深入学习内存管理的复杂性，Native 和 Managed 内存和垃圾回收时，"内存"区域会是有用的工具。

"音频"区域

"音频"区域是音频统计数据的预览，它也可以用于估量音频系统的 CPU 消耗，以及 (所有播放中或暂停的) 音源和音频剪辑的总内存消耗。

细分视图提供了很多有用信息，可以洞悉音频系统的运行方式，以及各种音频通道和组的用法。

"音频"区域在第 4 章讨论艺术资源时会很有用。

> **提示:**
>
> 进行性能优化时音频通常被忽略,但如果没有正确管理,音频可能会成为性能瓶颈的重要来源,因为音频需要大量潜在的磁盘访问和 CPU 处理。不要忽略它!

Physics 3D 和 Physics 2D 区域

有两个不同的"物理"区域,一个是"3D 物理"(Nvidia 的 PhysX),另一个是"2D 物理"系统(Box2D)。这个区域提供不同的物理统计数据,例如 Rigidbody、Collider 和 Contact 计数。

每个"物理"区域的细分视图为子系统的内部工作情况提供了一些基本信息,但通过浏览 Physics Debugger 可以更深入地洞悉问题,详见第 5 章"加速物理"。

"网络消息"和"网络操作"区域

这两个区域提供了 Unity 网络系统的信息,该系统是在 Unity5 发布时引入的。所显示的信息取决于应用程序是否使用 Unity 提供的高级 API(HLAPI)或传输层 API(TLAPI)。HLAPI 是一个更易用的系统,用于管理 Player 和 GameObject 自动网络同步,而 TLAPI 只是套接字层级上操作的一个薄层,它允许 Unity 开发者构建自己的网络系统。

网络拥塞优化是一个自身就可以写一整本书的主题,而正确的解决方案通常非常依赖应用程序的特定需求。这不是 Unity 特有的问题,因此本书不介绍网络拥塞优化的主题。

"视频"区域

如果应用程序使用 Unity 的 VideoPlayer API,就会发现这个区域对于分析视频回放行为很有效果。

媒体回放优化也是一个很复杂的非 Unity 特定的话题,本书不予讨论。

UI 和 "UI 详情"区域

这些区域是 Unity 2017 新增的,用于洞察使用 Unity 内建 UI 系统的应用程序。如果使用自定义生成的或第三方的 UI 系统(例如 NGUI),这些区域可能就没什么用处了。

优化差的 UI 通常会影响 CPU 和/或 GPU,因此第 2 章会提出 UI 的一些代码优化策略,第 6 章则介绍一些图形相关方法。

"全局光照"区域

"全局光照"(Global Illumination，GI)区域是 Unity 2017 中的另一个新区域，为
Unity 的全局光照系统提供了大量优秀的细节。如果应用程序使用 GI，就应该参考这
个区域，以验证应用程序是否正常执行。

这个区域在第 6 章研究光照和阴影时会很有用。

1.2　性能分析的最佳方法

良好的代码实践和项目资源管理通常使性能问题的根源查找变得相对简单，唯一
的真正问题是如何改进代码。例如，如果方法只处理一个巨大的 for 循环，则可以安
全地假定，性能问题要么是循环迭代了太多次，要么循环由于以非顺序的方式读取内
存导致缓存丢失，要么每次循环做了太多工作，要么循环为准备下一次迭代做了太多
工作。

当然，无论是单独工作还是在团队中工作，许多代码并不总是以最干净的方式编
写，我们肯定要时不时地分析较差的代码。有时被迫为了速度而实现一个笨拙的解决
方案，我们并不总是有时间回去重构所有代码，以遵循最佳编码实践。实际上，以性
能优化的名义所做的许多代码更改往往显得非常奇怪或晦涩难懂，常使代码库更难阅
读。软件开发的通用目标是使代码简洁，功能丰富且快速。实现其中一个相对容易，
但实现两个将花费更多的时间和精力，而实现 3 个几乎是不可能的。

在最基本的层次上，性能优化只是解决问题的另一种形式，而在解决问题时忽略
明显的问题可能是代价高昂的错误。我们的目标是使用基准分析来观察应用程序，寻
找问题行为的实例，然后使用指令注入工具在代码中寻找关于问题源自何处的线索。
遗憾的是，我们常常很容易被无效的数据分散注意力，或者因为缺乏耐心或者忽略了
一个细微的细节而匆忙得出结论。许多人在软件调试过程中都遇到过这样的情况：如
果简单地挑战并验证前面的假设，就可以更快地找到问题的根源。查找性能问题也
一样。

一份任务清单有助于让我们专注于这个问题，而不是浪费时间去追逐所谓的"幽
灵"。当然，每个项目都是不同的，有自己独特的困难需要克服，但是下面的检查表足
够通用，适用于任何 Unity 项目：

- 验证目标脚本是否出现在场景中
- 验证脚本在场景中出现的次数是否正确
- 验证事件的正确顺序
- 最小化正在进行的代码更改

- 尽量减少内部干扰
- 尽量减少外部干扰

1.2.1　验证脚本是否出现

有时，有些事情我们期待看到，却没有看到。这通常很容易发现，因为人类的大脑非常擅长模式识别和发现没有预料到的差异。同时，我们有时会假设某些事情已经发生了，但事实并非如此。这些通常更难注意到，因为我们经常扫描第一类问题，假设没有看到的部分是按预期工作的。在 Unity 的环境中，有一个问题以这种方式表现出来，那就是验证我们期望操作的脚本是否确实存在于场景中。

为了快速验证脚本是否存在，可以在 Hierarchy 窗口的文本框中输入以下内容：

```
t:<monobehaviour name>
```

例如：在 Hierarchy 文本框中输入 t:mytestmonobehaviour(注意不区分大小写)，将显示一个包含 GameObject 的短列表，该列表当前至少有一个 MyTestMonoBehaviour 脚本作为组件。

提示：
注意这个短名单还包括其组件是从给定脚本名称派生的 GameObjects。

还应该再次检查它们所连接的 GameObjects 是否仍然处于激活状态，因为我们可能在之前的测试中意外地停用了该对象而禁用了它们。

1.2.2　验证脚本次数

如果查看 Profiler 数据时，注意到某个 MonoBehaviour 方法执行的次数比预期的多，或者执行的时间比预期的长，就可能需要再次检查它在场景中出现的次数是否与预期的一样多。完全有可能是有人在场景文件中创建对象的次数比预期多，或者是意外地在代码中实例化对象的次数比预期多。如果是这样，问题可能源自于调用了冲突或重复的方法，产生了性能瓶颈。可以使用 1.2 节 "性能分析的最佳方法" 中的短列表方法来验证计数。

如果场景中期望出现特定数量的组件，但是短列表显示的组件数比这更多(或更少)，最好编写一些初始化代码来防止这种情况再次发生。也可以编写一些自定义编辑器辅助函数，给可能犯这个错误的关卡设计师显示警告。

防止这样的偶然错误对提高工作效率至关重要，因为经验表明，如果没有明确地不允许某件事，那么无论出于什么原因，某个地方的某个人就会在某个时候做这件事。这可能会花费一个令人沮丧的下午去查找问题，而最终发现那是人为错误导致的。

1.2.3　验证事件的顺序

Unity 应用程序主要执行从本机代码到托管代码的一系列回调。这一概念详见第 8 章，这里仅简要讨论，Unity 的主线程并不像简单的控制台应用程序那样运行。在这样的应用程序中，代码执行时有明显的起点(通常是 main()函数)，然后我们直接控制游戏引擎，在那里初始化主要子系统，接着游戏运行在一个很大的 while 循环(通常称为游戏循环)中，检查用户输入，更新游戏，渲染当前的场景，重复下去。此循环只在玩家选择退出游戏时退出。

相反，Unity 负责处理游戏循环，我们期望在特定时刻调用诸如 Awake()、Start()、Update()和 FixedUpdate()等回调。最大的区别在于，我们不能对调用相同类型事件的顺序进行细粒度控制。当加载一个新场景时(无论是游戏的第一个场景，还是之后的场景)，都会调用每个 MonoBehaviour 组件的 Awake()回调，但是无法确定调用的顺序。

如果一组对象在 Awake()回调中配置一些数据，另一组对象在自己的 Awake()回调中对这些已配置数据执行一些处理，则场景对象的一些重组或重建，代码库和编译过程中的一个随机变化(还不清楚究竟是什么原因)就可能会导致这些wake()调用的顺序发生改变，然后依赖对象可能尝试对未按预期方式初始化的数据进行处理。MonoBehaviour 组件提供的所有其他回调也是如此，如 Start()和 Update()。

在一组 MonoBehaviour 组件中，无法确定调用同类型回调的顺序，所以要非常小心，不要假设对象回调是以特定的顺序发生的。实际上，基本实践是编写代码时，永远不要假定这些回调需要以某种顺序来调用，因为它可能在任何时候中断。

处理后期初始化的一个更好的地方是 MonoBehaviour 组件的 Start()回调，它总是在每个对象的 Awake()之后，第一个 Update()之前调用。后期更新也可以在 LateUpdate()回调中完成。

如果在确定事件的实际顺序时遇到困难，最好使用带 IDE (MonoDevelop、Visual Studio 等)的逐步调试器来处理，或者使用 Debug.Log()打印简单的日志语句。

提示：

注意，Unity 的日志器非常昂贵。日志不太可能改变回调的顺序，但如果使用得太频繁，可能会导致一些不必要的性能峰值。更好的做法是，只对代码库中最相关的部分进行有针对性的日志记录。

　　协程通常用于编写一些事件序列的脚本，它们何时触发取决于所使用的 yield 类型。最难调试/最不可预测的类型可能是 WaitForSeconds yield 类型。Unity 引擎是不确定的，这意味着即使在相同的硬件上，一个会话和下一个会话中的行为也会稍微不同。例如，在一个会话中，可能会在应用程序运行时的第一秒内调用 60 个更新，在下一秒中调用 59 个更新，在之后的一秒中调用 62 个更新。在另一个会话中，可能在第一秒内获得 61 个更新，第二秒是 60 个，第三秒是 59 个。

　　在协调程序启动和结束之间调用的 Update()回调数量是可变的，因此，如果协调程序依赖于某个对象的 Update()特定调用次数，就会出问题。一旦协同程序启动，最好保持它的简单性和独立性，不受其他行为的影响。违反这条规则可能很诱人，但若违反，将来的一些更改肯定会以意想不到的方式与协程交互，从而导致调试过程漫长而痛苦，其中有一个很难重现的能破坏游戏的错误。

1.2.4　最小化正在进行的代码更改

　　为了查找性能问题而对应用程序进行代码更改最好谨慎进行，因为随着时间的推移，更改很容易被忘记。向代码中添加调试日志语句可能很诱人，但是请记住，引入这些调用，重新编译代码并在分析完成后删除这些调用需要花费大量时间。此外，如果忘记删除它们，它们可能会在最终的构建版本中消耗不必要的运行时开销，因为 Unity 的调试控制台窗口日志记录在 CPU 和内存中都非常昂贵。

　　解决这个问题的一个好方法是在做了更改的地方用自己的名字添加一个标记或注释，以便以后很容易找到并删除它。还可以明智地使用源代码控制工具，使代码库易于区分任何修改过的文件的内容，并将它们恢复到原始状态。这种方式能很好地确保不必要的修改不会进入最终版本。当然，如果同时应用了一个修复程序，但在提交更改之前没有对所有修改过的文件进行复查,这就不是一个有保证的解决方案。

　　在调试期间使用断点是首选方法，因为此时可以跟踪完整的调用栈、变量数据和条件代码路径(例如 if-else 块)，而没有任何更改代码的风险，也不会在重新编译上浪费时间。当然，这个方法并不总是可行。例如，试图确定在一千帧的某一帧中是什么导致奇怪的事情发生了。此时，最好确定要查找的阈值，并添加包含断点的 if 语句，当该值超过阈值时将触发该语句。

1.2.5　最小化内部影响

　　Unity 编辑器有它自己的小怪癖和细微差别，这有时会使调试某些类型的问题变得混乱。

首先，如果一帧需要很长时间去处理，比如游戏出现明显的卡顿，那么 Profiler 可能无法获取结果并记录在 Profiler 窗口中。如果希望在应用程序/场景的初始化期间捕获数据，会很麻烦。后面的"自定义 CPU 分析"将提供一些解决此问题的备选方案。

一个常见的错误是，如果试图通过按键启动测试，且已经打开了 Profiler，则在按键之前，不要忘了单击回到编辑器的 Game 窗口。如果 Profiler 是最近单击的窗口，那么编辑器将击键事件发送到该窗口，而不是运行的应用程序，因此没有 GameObject 会捕获该击键事件。这也会影响 GameView 的渲染任务，甚至是使用 WaitForEndOfFrame yield 类型的协同程序。如果 Game 窗口在编辑器中不可见但处于活动状态，则不会向该视图渲染任何内容，因此不会触发依赖 Game 窗口渲染的事件。请注意!

垂直同步(或称为 VSync) 用于将应用程序的帧率匹配到它将显示到的设备帧率，例如监视器的帧率可能是 60Hz(每秒 60 个循环)，而如果游戏的渲染循环比这快，游戏就会等待，直到输出渲染的帧为止。该特性减少了屏幕撕裂，即在前一幅图像完成之前，就将新图像推送到监视器，于是在短时间内新图像的一部分会与旧图像重叠。

执行启用了 VSync 的 Profiler 可能会在 WaitForTargetFPS 标题下的"CPU 使用情况"区域中产生许多嘈杂的峰值，因为应用程序故意降低速度，以匹配显示器的帧率。这些峰值通常在编辑器模式下显得非常大，因为编辑器通常渲染到一个非常小的窗口上，这并不需要很多 CPU 或 GPU 工作来渲染。

这将产生不必要的混乱，更难发现真正的问题。在性能测试期间监视 CPU 峰值时，应该确保在"CPU 使用情况"区域下禁用 VSync 复选框。导航到 Edit | Project Settings | Quality，然后导航到当前选择的平台的子页面，就可以完全禁用 VSync 功能。

还应该确保性能下降不是因为在编辑器控制台窗口中出现了大量异常和错误消息而导致的直接结果。Unity 的 Debug.Log()和类似的方法，如 Debug.LogError()和 Debug.LogWarning()，在 CPU 使用率和堆内存消耗方面非常昂贵，这会导致发生垃圾回收，甚至丢失 CPU 循环。

对于以编辑器模式查看项目的人员来说，这种开销通常是不明显的，因为在编辑器模式中，大多数错误来自编译器或配置错误的对象。然而，在任何类型的运行时过程中使用它们都可能会有问题，特别是在分析期间，希望观察在没有外部中断的情况下游戏如何运行。例如，如果丢失了一个通过编辑器分配的对象引用，但它在 Update() 回调中使用，那么一个 MonoBehaviour 就会在每次更新时抛出新的异常。这给数据的分析增加了很多不必要的干扰。

注意，可以使用图 1-6 所示的按钮隐藏不同的日志级别类型。额外的日志记录即使没有显示出来，也需要 CPU 和内存来执行，但允许过滤掉不想要的垃圾。尽管如此，启用所有这些选项通常是一个很好的实践，以验证我们没有遗漏任何重要的内容。

图 1-6　控制不同的日志级别的按钮

1.2.6　最小化外部影响

这很简单，但绝对必要。应该再次检查没有后台进程消耗 CPU 周期或占用大量内存。可用内存不足通常会干扰测试，因为它会导致更多的缓存丢失，对虚拟内存页文件交换的硬盘访问，应用程序的响应速度通常较慢。如果应用程序突然表现得比预期的糟糕得多，请再次检查系统的任务管理器(或等效的其他程序)是否有任何 CPU/内存/硬盘活动，这可能会导致问题。

1.2.7　代码片段的针对性分析

如果性能问题没有通过前面提到的检查表解决，我们可能面临一个需要进一步分析的实际问题。Profiler 窗口可以有效地展示性能的大致概况，帮助找到需要调查的特定帧，并可快速确定哪个 MonoBehaviour 和/或方法导致了问题。然后，我们需要确定问题是否可以重现，在什么情况下出现性能瓶颈，以及问题代码块中问题的确切来源。

为了完成这些任务，需要对代码的目标部分执行一些分析。可以为这项任务使用一些有用的技术。对于 Unity 项目，它们基本上分为两类:

- 从脚本代码控制 Profiler
- 自定义定时和日志记录方法

注意:

下一节的重点是如何通过 C#代码调查脚本瓶颈。检测其他引擎子系统中瓶颈的来源将在相关章节中讨论。

1. Profiler 脚本控制

可以通过 Profiler 类在脚本代码中控制 Profiler。在这个类中有几个有用的方法，可以在 Unity 文档中使用它们，但是最重要的方法是在运行时激活和禁用分析功能的分隔符方法。这些可以通过 UnityEngine.Profiling.Profiler 类的 BeginSample() 和 EndSample() 方法来访问。

提示：
请注意，分隔符方法 BeginSample() 和 EndSample() 仅在开发构建过程中编译，因此，它们不会在未选中开发模式的版本构建过程中编译或执行。这通常称为非操作或非操作代码。

BeginSample() 方法有一个重载版本，允许样本的自定义名称出现在 "CPU 使用情况" 区域的 Hierarchy 模式中。例如，下面的代码将分析此方法的调用，并使数据出现在自定义标题下的细分视图中，如下所示：

```
void DoSomethingCompletelyStupid() {
  Profiler.BeginSample("My Profiler Sample");
  List&lt;int&gt; listOfInts = new List&lt;int&gt;();
  for(int i = 0; i &lt; 1000000; ++i) {
    listOfInts.Add(i);
  }
  Profiler.EndSample();
}
```

提示：
可以通过 http:// www.packtpub.com 从自己的账户上下载所有从 Packt 出版社购买的书的示例代码文件。如果在其他地方购买了本书，则可以访问 http://www.packtpub.com/support 并注册，文件就可以直接通过电子邮件发送过来。

调用这个设计不良的方法(生成一个列表，其中包含一百万个整数，但之后完全不操作该列表)应该会导致一个巨大的 CPU 使用峰值，吞噬了几兆字节内存，显示在 Profiler 细分视图的 My Profiler Sample 标题下，如图 1-7 所示。

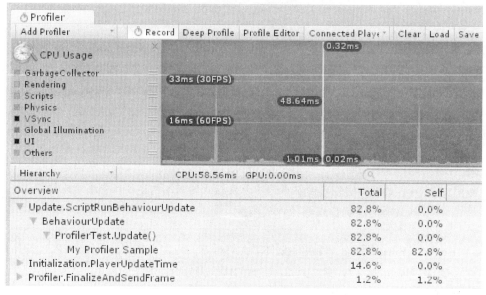

图 1-7　分析视图显示自定义的标题 My Profiler Sample

2. 自定义 CPU 分析

Profiler 只是我们可用的工具之一。有时我们可能希望对代码执行定制的分析和日志记录。也许我们不确定 Unity Profiler 是否给出了正确的答案，也许认为它的开销太大了，或者只是想完全控制应用程序的每个方面。不管我们的动机是什么，了解一些对代码执行独立分析的技术是一项有用的技能。毕竟我们不太可能在整个游戏开发生涯中都使用 Unity。

分析工具通常非常复杂，因此我们不太可能在合理的时间范围内自己生成一个类似的解决方案。在测试 CPU 使用情况时，真正需要的是一个准确的计时系统，一种快速、低成本的信息记录方法，以及一些用于测试它们的代码。.NET 库(从技术上说，是 Mono 框架)在 System.Diagnostics 名称空间中提供了一个 Stopwatch 类。可以随时停止和启动 Stopwatch 对象，很容易度量自秒表启动以来经过了多长时间。

遗憾的是，这个类并不完全准确，它只能精确到毫秒，最多精确到 1/10 毫秒。使用 CPU 时钟计算高精度的实时时间是一项非常困难的任务；因此，为了避免对这个话题的详细讨论，下面尝试找到一种方法使 Stopwatch 类满足需求。

精度很重要，提高精度的一个有效方法是多次运行相同的测试。假设测试代码块既容易重复又不是特别长，测试就应该能在一个合理的时间内运行成千上万次，甚至上百万次，然后总消耗时间除以测试运行的次数，就得到单次测试的更准确时间。

在开始高精度的话题之前，应该先问问自己是否需要它。大多数游戏希望以 30FPS 或 60FPS 的速度运行，这意味着它们分别只有 33 毫秒或 16 毫秒来计算整个帧的所有内容。因此，假设只需要将特定代码块的运行时间降低到 10 毫秒以下，那么为了获得微秒精度而重复数千次测试就太不值得了。

下面是一个自定义计时器的类定义，它使用 Stopwatch 计算给定测试次数的时间：

```
using System;
using System.Diagnostics;

public class CustomTimer : IDisposable {
    private string _timerName;
    private int _numTests;
    private Stopwatch _watch;

    // 给定计时器的名称
    // 我们期望运行的测试次数
    public CustomTimer( string timerName, int numTests) {
        _timerName = timerName;
        _numTests = numTests;
        if (_numTests <= 0) {
            _numTests = 1;
        }
        _watch = Stopwatch.StartNew();
    }

    // 当使用 using() 块结束时自动调用
    public void Dispose() {
    _watch.Stop();
    float ms = _watch.ElapsedMilliseconds;
    UnityEngine.Debug.Log( string.Format("{ 0} finished: {1: 0.00}
    " + "milliseconds total, {2: 0.000000} milliseconds per-test "
    + "for {3} tests", _timerName, ms, ms / _numTests, _numTests));
    }
}
```

提示：
在成员变量名之前添加下画线，可以区分类的成员变量(也称为字段)与方法的参数和局部变量，是一种常用、有用的方法。

下面是 CustomTimer 类的用法示例：

```
const int numTests = 1000;
using(new CustomTimer("My Test", numTests)) {
    for(int i = 0; i < numTests; ++i) {
        TestFunction();
    }
}    //这里会自动调用 timer 的 Dispose()方法
```

在使用这种方法时，要注意三点。第一，我们只是对多个方法调用时间进行平均。如果处理时间在不同的调用之间存在很大差异，那么在最终的平均值中就不能很好地表示出来。

第二，如果内存访问是很常见的，那么重复请求相同的内存块将导致人为提高缓存命中率(CPU 能很快找到内存中的数据，因为它是最近访问的同一区域)。与普通的调用相比，这将降低平均时间。

第三，由于类似的人为原因，实时(JIT)编译的效果被有效地隐藏起来，因为它只影响方法的第一次调用。JIT 编译是一个.NET 功能，详见第 8 章。

using 块通常用于安全地确保非托管资源在超出作用域时被正确销毁。当 using 块结束时，它将自动调用对象的 Dispose()方法来处理任何清理操作。为了实现这一点，对象必须实现 IDisposable 接口，这迫使它定义 Dispose()方法。

但是，可以使用相同的语言特性创建一个不同的代码块，该代码块创建一个短期对象，该对象在代码块结束时自动处理一些有用的东西，在前面的代码块中就是这样使用的。

提示：

注意，using 块不应与 using 语句相混淆，using 语句用于脚本文件的开头，以获取其他名称空间。非常讽刺的是，C#中管理名称空间的关键字与另一个关键字有命名冲突。

因此，using 块和 CustomTimer 类提供了一种干净的方法来打包测试代码，这种方法清楚地指明了使用它的时间和场合。

另一个需要担心的问题是应用程序的预热时间。当场景启动时，如果大量数据需要从磁盘上加载，初始化复杂的子系统，如物理和渲染系统，在执行其他操作之前需要解析大量的 Awake()和 Start()回调，则 Unity 有很大的启动成本。这种早期的开销可能只持续一秒钟，但如果代码也在早期初始化期间执行，则会对测试结果产生重大影响。如果想要准确地测试，任何运行时测试都应该在应用程序达到稳定状态之后才开始，这一点至关重要。

理想情况下，可以在目标代码块的初始化完成后，在自己的场景中执行它。这并不总是可行的，因此作为备份计划，可以将目标代码块打包到 Input.GetKeyDown()检查中，以便在调用它时进行控制。例如，下面的代码只在按下空格键时执行测试方法：

```
if(Input.GetKeyDown(KeyCode.Space)) {
    const int numTests = 1000;
    using(new CustomTimer("Controlled Test", numTests)) {
        for(int i = 0; i < numTests; i++) {
            TestFunction();
        }
    }
}
```

如前所述，Unity 的控制台窗口日志记录机制是非常昂贵的。因此，不应在分析测试中(或在进行游戏期间)使用这些日志方法。如果绝对需要详细的分析数据，打印出大量的各种消息(如在一个循环中执行计时测试，找出哪个迭代花的时间比其他迭代更多)，则明智之举是缓存日志数据，将它们全部打印出来，这与 CustomTimer 类相同。这将减少运行时开销，但会消耗一些内存。反之，如果在测试期间打印每个 Debug.Log() 消息，则会导致每次耗费数毫秒的时间，这会影响测试结果。

CustomTimer 类还利用了 string.Format()。简短的解释是，使用此方法是因为使用 +操作符(例如，Debug.Log("Test: " + output);等代码)生成自定义 string 对象会导致惊人的内存分配量，令系统进行垃圾回收。否则，将与实现准确计时和分析的目标相冲突，应该避免。

1.3 关于分析的思考

考虑性能优化的一种方式是剥离那些消耗宝贵资源的不必要任务。可以最小化任何浪费，来最大化生产率。有效地利用手中的工具是极为重要的。了解一些最佳实践和技术来优化工作流是很有帮助的。

关于如何正确使用任何一种数据收集工具的建议，可以归纳为 3 种不同的战略：

- 理解 Profiler 工具
- 减少干扰
- 关注问题

1.3.1 理解 Profiler 工具

Profiler 是一种设计良好、直观的工具，因此，只需要花一两个小时通过一个测试项目研究其选项并阅读文档，就可以了解它的大部分特性。对工具的优点、缺陷、特性和限制了解得越多，就越能理解它提供的信息，所以花时间在场景设置下使用它是值得的。我们不希望离发布还有两周的时间，有 100 个性能缺陷需要修复，却不知道如何有效地进行性能分析。

例如，应该始终注意时间轴视图中显示的图形的相对性质。时间轴视图不提供其垂直轴上的值，而是根据最后 300 帧的内容自动调整该轴；它可以使小的峰值因为有相对变化，看起来似乎问题较严重。因此，仅仅因为时间轴上的峰值或静止状态看起来很大，具有威胁性，但并不一定意味着存在性能问题。

时间轴视图中的几个区域提供了有用的基准分析条，它们以水平线的形式显示，并带有与它们相关的时间和 FPS 值。这些应该用来确定问题的严重程度。不要被 Profiler 工具骗了，以为大的峰值总是不好的。与往常一样，只有在用户注意到它时才重要。

例如，如果一个很高的 CPU 使用峰值没有超过 60 FPS 或 30 FPS 基准条(取决于应用程序的目标帧率)，那么明智的方法是忽略它，搜索别处的 CPU 性能问题，因为无论怎么改进有问题的代码块，最终用户也可能永远不会注意到它，因此并不是一个影响用户体验的关键问题。

1.3.2 减少干扰

干扰的经典定义(至少在计算机科学领域)是没有意义的数据，而盲目捕获的没有特定目标的一批分析数据总是充满了我们不感兴趣的内容。更多的数据来源需要更多的时间来处理和过滤，这会让人分心。避免这种情况的最佳方法之一是删除对当前情况来说不重要的数据，来减少需要处理的数据量。

减少 Profiler 图形界面中的混乱，将便于确定哪些子系统导致资源使用的峰值。记住在每个时间轴视图区域中使用彩色复选框来缩小搜索范围。

提示:

请注意，这些设置是在编辑器中自动保存的，因此请确保在下一个分析会话中重新启用它们，因为这可能会导致下次丢失一些重要的内容。

此外，GameObjects 可以停用，以防止它们生成分析数据，这也有助于减少分析数据中的混乱。这自然会对停用的每个对象带来轻微的性能提升。然而，如果逐渐停用对象，在停用特定对象时，性能突然变得更容易接受，那么显然该对象与问题的根源有关。

1.3.3 关注问题

前面讨论了减少干扰，这个类别似乎是多余的。我们应该做的就是解决眼前的问题，对吧?不完全是。专注是指不让自己因无关紧要的任务和徒劳无益的追求而分心。

回想一下，使用 Unity Profiler 进行分析的性能代价很小。在使用 Deep Profiling 选项时，这种代价甚至更低。通过额外的日志记录可能将更小的性能成本引入应用程序中。如果搜索持续几个小时，很容易忘记何时何地引入了分析代码。

通过度量来有效地改变结果。在数据采样期间实现的任何更改有时可能导致我们跟踪应用程序中不存在的 bug，而如果尝试在不使用其他分析工具的情况下复制场景，则可以节省大量时间。如果在没有分析的情况下，瓶颈是可重现的、很明显的，就可以开始调查了。然而，如果在现有的调查中不断出现新的瓶颈，它们可能是测试代码引入的瓶颈，而不是新暴露出来的问题。

最后，当完成了分析，完成了修复程序并准备好进行下一个调查时，应该确保对应用程序进行最后一次分析，以验证更改是否达到了预期效果。

1.4 本章小结

本章介绍了如何检测和分析应用程序中的性能问题的很多知识。讨论了 Profiler 的许多特性和秘密，探索了各种策略，以更实际的方法研究性能问题。了解了各种不同的技巧和策略，只要欣赏它们背后的智慧，并在情况允许的时候利用它们，就可以极大地提高效率。

本章介绍了发现性能问题所需的技巧和策略。后续章节将探讨修复问题并尽可能提高性能的方法。所以，在学习了本章后，来看看优化 C#脚本的一些方法。

第2章

脚本策略

由于编写脚本会占据大量的开发时间,因此学习一些最佳实践对开发者大有裨益。脚本编写是一个含义宽泛的术语,因此本章中的脚本仅限于与 Unity 相关的脚本,关注围绕 MonoBehaviour、GameObject 和相关功能的问题。

提示:
第8章讨论 C#语言、.NET 库和 Mono Framework 的细节和高级话题。

本章探索将性能优化应用于下述领域的方式:

- 访问组件
- 组件回调(Update()、Awake()等)
- 协程
- GameObject 和 Transform 的使用
- 对象间通信
- 数学计算
- 场景和预制加载等的反序列化

无论是有要解决的特定问题,还是只想学习一些技术作为以后的参考,本章都介绍一系列可以现在或将来用于提升脚本编写效率的方法。对于每种方法,都探索产生性能问题的方式和原因,出现问题的一个示例情形,以及一个或多个应对该问题的解决方案。

2.1 使用最快的方法获取组件

GetComponent()方法有一些变体,它们的性能消耗不同,因此要谨慎地调用该方

法的最高效版本。3 个可用的重载版本是 GetComponent(string)，GetComponent<T>( )
和 GetComponent(typeof(T))。由于这些方法每年都做一些优化，因此最高效的版本取
决于所使用的 Unity 版本。然而，在 Unity 5 的所有后续版本以及 Unity 2017 的首发版
本中，最好使用 GetComponent<T>()变体。

接下来，通过一些简单的测试验证这一点：

```
int numTests = 1000000;
TestComponent test;
using (new CustomTimer("GetComponent(string)", numTests)) {
  for (var i = 0; i < numTests; ++i) {
    test = (TestComponent)GetComponent("TestComponent");
  }
}

using (new CustomTimer("GetComponent<ComponentName>", numTests)) {
  for (var i = 0; i < numTests; ++i) {
    test = GetComponent<TestComponent>();
  }
}

using (new CustomTimer("GetComponent(typeof(ComponentName))",
numTests)){
  for (var i = 0; i < numTests; ++i) {
    test = (TestComponent)GetComponent(typeof(TestComponent));
  }
}
```

以上代码对每个 GetComponent()重载进行了 100 万次测试。调用次数虽然远远超
过普通项目中合理的次数，但有助于清晰地比较这几个方法的相对性能消耗。

图 2-1 所示是测试完成时得到的结果。

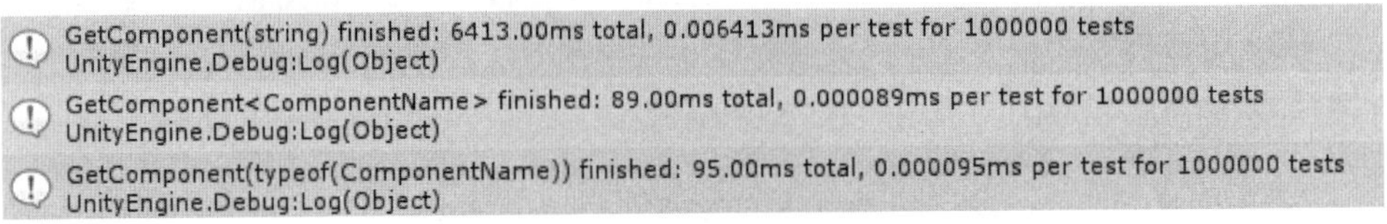

GetComponent(string) finished: 6413.00ms total, 0.006413ms per test for 1000000 tests
UnityEngine.Debug:Log(Object)
GetComponent<ComponentName> finished: 89.00ms total, 0.000089ms per test for 1000000 tests
UnityEngine.Debug:Log(Object)
GetComponent(typeof(ComponentName)) finished: 95.00ms total, 0.000095ms per test for 1000000 tests
UnityEngine.Debug:Log(Object)

图 2-1 不同的 GetComponent 方法的测试结果

如图 2-1 所示，GetComponent<T>( )方法只比 GetComponent(typeof(T))方法快一点
点，而 GetComponent(string)方法明显比其他两个方法慢得多。因此，可以相当安全地

使用 GetComponent()方法基于类型的版本，因为它们的性能差距较小。然而，应该确保永远都不使用 GetComponent(string)方法，因为这几个方法的结果一样，而 GetComponent(string)方法的性能消耗没有任何优势。有一些非常罕见的例外，如果为 Unity 编写一个自定义调试控制台，它可能会解析用户输入的字符串，来获取一个组件。在任何情况下，GetComponent(string)方法只用于调试和诊断，在这些情况下，性能不是太重要。对于产品级的应用程序，使用 GetComponent(string)方法只是一种不必要的浪费。

2.2　移除空的回调定义

Unity 中编写脚本的主要意义是在从 MonoBehaviour 继承的类中编写回调函数，Unity 会在必要时调用它们。最常使用的 4 个回调是 Awake()、Start()、Update()和 FixedUpdate()。

在第一次创建 MonoBehaviour 时调用 Awake()，无论是在场景初始化期间，还是在运行时从预制组件中实例化包含 MonoBehaviour 的新 GameObject 时。Start()在 Awake()之后不久，第一个 Update()之前调用。在场景初始化期间，每个 MonoBehaviour 组件的 Awake()回调在 Start()回调之前调用。

之后，每次渲染管线呈现一个新图像时，都会重复调用 Update()。如果 MonoBehaviour 仍然出现在场景中，它就是激活的，并且它的父 GameObject 是活动的，那么将继续调用 Update()。

最后，在物理引擎更新之前调用 FixedUpdate()。FixedUpdate()在希望 activity 的行为类似于 Update()的时候使用，但它并没有直接绑定到渲染帧率上，而是随着时间的推移调用的频率更一致。

参考下面 Unity 文档的页面，更准确地了解 Unity 的不同回调函数何时调用：

https://docs.unity3d.com/Manual/ExecutionOrder.html。

MonoBehaviour 在场景中第一次实例化时，Unity 会将任何定义好的回调添加到一个函数指针列表中，它会在关键时刻调用这个列表。然而，重要的是要认识到，即使函数体是空的，Unity 也会挂接到这些回调中。核心 Unity 引擎没有意识到这些函数体可能是空的，它只知道方法已经定义，因此，它必须获取方法，然后在必要时调用它。因此，如果将这些回调的空定义分散在整个代码库中，那么由于引擎调用它们的开销，它们将浪费少量的 CPU。

这可能是一个问题，因为每当在 Unity 中创建新的 MonoBehaviour 脚本文件时，

它都会自动为 Start()和 Update()生成两个样板回调存根:

```
// Use this for initialization
void Start () {

}

// Update is called once per-frame
void Update () {

}
```

很容易意外地将这些空定义留在实际上并不需要它们的脚本中。空的 Start()定义会导致对象的初始化无形中变慢。这种情形对于少量 MonoBehaviour 可能不是特别明显，但随着项目的继续开发，场景会填充数千个定制的 MonoBehaviour 和大量空的 Start() 定义，这就会成为一个问题，场景的初始化会变慢，只要通过 GameObject.Instantiate()创建新的预制，就会浪费 CPU 时间。

这种调用通常发生在关键的游戏事件中；例如，当两个对象发生碰撞时，可能会产生一个粒子效果，创建一些浮动的损坏文本，播放声音效果等。这对性能而言可能是很关键的，因为 CPU 突然需要进行许多复杂的更改，但是在当前帧结束之前，只有有限的时间完成这些更改。如果这个过程花费的时间太长，就可能掉帧，因为在所有的 Update()回调(包括场景中的所有 MonoBehaviour)完成之前，渲染管线是不允许呈现新帧的。因此，此时调用一堆空的 Start()定义是一种不必要的浪费，可能会在关键时刻削减本就紧张的时间预算。

同时，如果场景包含数千个带有这些空 Update()定义的 MonoBehaviour，就会在每一帧上浪费大量的 CPU 周期，这可能会严重降低帧率。

下面用一个简单的测试来证明。测试场景中的 GameObject 应该有两个组件类型: EmptyClassComponent 没有定义任何方法，EmptyCallbackComponent 定义了一个空的 Update()回调:

```
public class EmptyClassComponent : MonoBehaviour {
}

public class EmptyCallbackComponent : MonoBehaviour {
  void Update () {}
}
```

以下是每种类型 30 000 个组件的测试结果。如果在运行时启用所有带有附加

EmptyClassComponent 的 GameObject，在 Profiler 的"CPU 使用情况"区域中就不会发生什么有趣的事情。会有少量的后台活动，但这些活动都不是由 EmptyClassComponent 引起的。然而，一旦使用 EmptyCallbackComponent 启用所有对象，就会看到 CPU 使用量的巨大增长，见图 2-2。

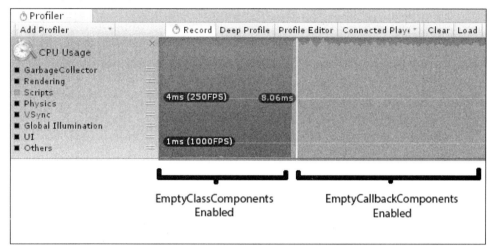

图 2-2　30 000 个没有回调函数的组件与 30 000 个有回调函数的组件的开销对比

很难想象一个场景有超过 30 000 个对象，但请记住，MonoBehavior 包含 Update() 回调，而不是 GameObjects。单个 GameObject 可以同时包含多个 MonoBehavior，而它们的每个子对象可以包含更多的 MonoBehavior，以此类推。几千个空的 Update() 回调将对帧速率预算造成显著影响，因为潜在的收益为零。这在 Unity UI 组件中特别常见，它们倾向于在一个非常深的层次结构中附加许多不同的组件。

解决方法很简单：删除空的回调定义。Unity 将没有什么可以挂接了，也不会调用什么函数。在可扩展的代码库中查找这样的空定义可能比较困难，但如果使用一些基本的正则表达式(称为 regex)，应该能够相对容易地找到空的回调定义。

提示:

所有通用的 Unity 代码编辑工具，如 MonoDevelop、Visual Studio，甚至 Notepad++，都提供了一种方法，可以在整个代码库上执行基于 regex 的搜索。查看该工具的文档以获得更多信息，因为该方法可能因工具及其版本的不同而有很大差异。

下面的 regex 表达式应搜索出代码中的空 Update() 定义：

```
void\s*Update\s*?\(\s*?\)\s*?\n*?\{\n*?\s*?\}
```

这个 regex 检查 Update()回调的标准方法定义,同时包含可能分布在整个方法定义中的多余空白和换行符。

当然,上面的做法也可以查找非样板的 Unity 回调,例如 OnGUI()、OnEnable()、OnDestroy()和 LateUpdate()。唯一的区别是在新脚本中自动定义了 Start()和 Update()。查看 MonoBehaviour 的 Unity 文档页面,以获得完整的回调函数列表,网址是:

http://docs.unity3d.com/scriptreference/mono.html

似乎也不太可能有人在代码库中给这些回调生成这么多空版本,但万事无绝对。例如,如果在所有自定义组件中使用公共基类 MonoBehaviour,那么基类中的一个空回调定义就会渗透到整个游戏中,这将使我们付出巨大代价。要特别注意 OnGUI()方法,因为它可以在同一帧或 UI 事件中多次调用。

也许在 Unity 脚本中,性能问题的最常见来源是执行以下一个或多个操作,而误用 Update()回调:

- 反复计算很少或从不改变的值。
- 太多的组件计算一个可以共享的结果。
- 执行工作的频率远超必要值。

记住,在 Update()回调中编写的每一行代码,以及那些回调调用的函数,都会消耗帧速率预算。要达到 60FPS,每帧应在 16.667 毫秒内完成所有 Update()回调中的所有工作。开始制作原型时,这似乎是一段很长的时间,但是在开发过程中,执行开始变得越来越慢,响应也越来越慢,因为预算在逐渐消耗,我们往项目中塞入更多东西时不受任何约束。

接着谈谈直接解决这些问题的一些提示。

2.3　缓存组件引用

在 Unity 中编写脚本时,反复计算一个值是常见的错误,特别是在使用 GetComponent()方法时。例如,下面的脚本代码试图检查一个生物的健康值,如果该值低于 0,将禁用一系列组件来准备一个死亡动画:

```
void TakeDamage() {

    RigidBody rigidbody = GetComponent<RigidBody>();
    Collider collider = GetComponent<Collider>();
    AIControllerComponent ai = GetComponent<AIControllerComponent>();
    Animator anim = GetComponent <Animator>();
```

```
    if (GetComponent<HealthComponent>().health < 0) {
        rigidbody.enabled = false;
        collider.enabled = false;
        ai.enabled = false;
        anim.SetTrigger(" death");
    }
}
```

每次执行这个优化不良的方法时，都将重新获得 5 个不同的组件引用。这对 CPU 的使用而言不是很友好。如果在执行 Update()期间调用了主方法，这个问题尤其严重。即使不是这样，仍然可能同时发生其他重要事件，例如创建粒子效果，用 Ragdoll 替换对象(从而调用物理引擎中的各种活动)，等等。这种编码风格看起来是无害的，但它会导致很多长期的问题，运行时的工作也不少，却几乎没有什么好处。

它消耗了少量的内存空间(根据 Unity 版本、平台和段申请,每次只有 32 或 64 位),缓存这些引用以备将来使用。所以，除非内存非常有限，否则更好的方法是在初始化过程中获取引用，并保存它们，直到需要使用它们为止：

```
private HealthComponent _healthComponent;
private Rigidbody _rigidbody;
private Collider _collider;
private AIControllerComponent _ai;
private Animator _anim;

void Awake() {
    _healthComponent = GetComponent<HealthComponent>();
    _rigidbody = GetComponent<Rigidbody>();
    _collider = GetComponent<Collider>();
    _ai = GetComponent<AIControllerComponent>();
    _anim = GetComponent<Animator>();
}

void TakeDamage() {
    if (_healthComponent.health < 0) {
        _rigidbody.detectCollisions = false;
        _collider.enabled = false;
        _ai.enabled = false;
        _anim.SetTrigger(" death");
    }
```

```
}
```

以这种方式缓存组件引用，就不必在每次需要它们时重新获取，每次都会节省一些 CPU 开销。代价是少量的额外内存消耗，这通常是值得的。

同样的技巧也适用于在运行时决定计算的任何数据块。不需要要求 CPU 在每次执行 Update()时都重新计算相同的值，因为可以将它存储在内存中，供将来参考。

2.4　共享计算输出

让多个对象共享某些计算的结果，可节省性能开销；当然，只有这些计算都生成相同的结果，才有效。这种情形通常很容易发现，但是重构起来很困难，因此利用这种情况将非常依赖于实现方案。

示例包括在场景中找到对象，从文件中读取数据，解析数据(如 XML 或 JSON)，在大列表或深层的信息字典中找到内容，为一组人工智能(AI)对象计算路径，复杂的数学轨迹，光线追踪等。

每次执行一个昂贵的操作时，考虑是否从多个位置调用它，但总是得到相同的输出。如果是这样，重构就是明智的，这样就计算一次结果，然后将结果分发给需要它的每个对象，以最小化重新计算的量。最大的成本通常只是牺牲了一点代码的简洁性，尽管传递值可能会造成一些额外的开销。

请注意，通常很容易养成在基类中隐藏大型复杂函数的习惯，然后定义使用该函数的派生类，完全忘记了该函数的开销，因为我们很少再次查看该代码。最好使用 Unity Profiler 来指出，这个昂贵的函数可能调用了多少次，像往常一样，不要预先优化那些函数，除非已经证明这是一个性能问题。无论它有多昂贵，只要它不超出性能限制(如帧率和内存消耗)，它就不是真正的性能问题。

2.5　Update、Coroutines 和 InvokeRepeating

另一个很容易养成的习惯是在 Update()回调中以超出需要的频率重复调用某段代码。例如，开始时情形如下：

```
void Update() {
    ProcessAI();
}
```

本例在每一帧中调用某个自定义 ProcessAI()子例程。这可能是一个复杂的任务，需要人工智能系统检查某个网格系统，以找出它要移动的目的地，或者为一组宇宙飞船决定一些转瞬即逝的策略，或者游戏为其 AI 需要的行为。

如果这个活动占用了太多的帧率预算，且任务完成的频率低于没有明显缺陷的每一帧，那么提高性能的一个好方法就是简单地减少 ProcessAI() 的调用频率：

```
private float _aiProcessDelay = 0.2f;
private float _timer = 0.0f;

void Update() {
    _timer + = Time.deltaTime;
    if (_timer > _aiProcessDelay) {
        ProcessAI();
        _timer -= _aiProcessDelay;
    }
}
```

本例每秒仅调用 ProcessAI()5 次，减少了 Update()回调的总成本，这改进了之前的情形，但代价是乍一看，代码可能要花一点时间了解，还需要一些额外的内存来存储浮点数据。虽然，最终 Unity 仍要调用一个空的回调函数。

这个函数是一个完美的示例，可以将它转换成协同程序，来利用其延迟的调用属性。如前所述，协程通常用于编写短事件序列的脚本，可以是一次性的，也可以是重复的操作。它们不应该与线程混淆，线程以并发方式在完全不同的 CPU 内核上运行，而且多个线程可以同时运行。相反，协程以顺序的方式在主线程上运行，这样在任何给定时刻都只处理一个协程，每个协程通过 yield 语句决定何时暂停和继续。下面的代码说明可以协程形式重写以上的 Update()回调：

```
void Start() {
    StartCoroutine(ProcessAICoroutine ());
}

IEnumerator ProcessAICoroutine () {
    while (true) {
        ProcessAI();
        yield return new WaitForSeconds(_aiProcessDelay);
    }
}
```

上述代码演示了，一个协程调用 ProcessAI()，在 yield 语句中暂停给定秒数(_aiProcessDelay 的值)，然后主线程再次恢复该协程。此时，它将返回到循环的开始，调用 ProcessAI()，再次在 yield 语句处暂停，并一直重复下去(通过 while(true)语句)，直到要求停止为止。

这种方法的主要好处是，这个函数只调用_aiProcessDelay 值指示的次数，在此之前它一直处于空闲状态，从而减少对大多数帧的性能影响。然而，这种方法有其缺点。

首先，与标准函数调用相比，启动协程会带来额外的开销成本(大约是标准函数调用的三倍)，还会分配一些内存，将当前状态存储在内存中，直到下一次调用它。这种额外的开销也不是一次性的成本，因为协程经常不断地调用 yield，这会一次又一次地造成相同的开销成本，所以需要确保降低频率的好处大于此成本。

注意:

在对 1000 个带有空 Update()回调的对象的测试中，处理时间为 1.1 毫秒，而在 WaitForEndOfFrame 上生成的 1000 个协程(与 Update()回调的频率相同)耗时 2.9 毫秒。所以，相对成本几乎是 3 倍。

其次，一旦初始化，协程的运行独立于 MonoBehaviour 组件中 Update()回调的触发，不管组件是否禁用，都将继续调用协程。如果执行大量的 GameObject 构建和析构操作，协程可能会显得很笨拙。

再次，协程会在包含它的 GameObject 变成不活动的那一刻自动停止，不管出于什么原因(无论它被设置为不活动的还是它的一个父对象被设置为不活动的)。如果 GameObject 再次设置为活动的，协程不会自动重新启动。

最后，将方法转换为协程，可减少大部分帧中的性能损失，但如果方法体的单次调用突破了帧率预算，则无论该方法的调用次数怎么少，都将超过预算。因此，这种方法最适用于如下情况：即由于在给定的帧中调用该方法的次数太多而导致帧率超出预算，而不是因为该方法本身太昂贵。这些情况下，我们别无选择，只能深入研究并改进方法本身的性能，或者减少其他任务的成本，将时间让给该方法，来完成其工作。

在生成协程时，有几种可用的 yield 类型。WaitForSeconds 容易理解；协程在 yield 语句上暂停指定的秒数。但是，它并不是一个精确的计时器，所以当这个 yield 类型恢复执行时，可能会有少量的变化。

WaitForSecondsRealTime 是另一个选项，与 WaitForSeconds 的唯一区别是，它使用未缩放的时间。WaitForSeconds 与缩放的时间进行比较，后者受到全局 Time.timeScale 属性的影响。而 WaitForSecondsRealTime 则不是，因此，如果要调整时间缩放值(例如，对于慢动作效果)，请注意使用哪种 yield 类型。

还有 WaitForEndOfFrame 选项，它在下一个 Update()结束时继续，还有 WaitForFixedUpdate，它在下一个 FixedUpdate()结束时继续。最后，Unity 5.3 引入了

WaitUntil 和 WaitWhile，在这两个函数中，提供了一个委托函数，协程根据给定的委托返回 true 或 false 分别暂停或继续。请注意，为这些 yield 类型提供的委托将对每个 Update()执行一次，直到它们返回停止它们所需的布尔值，因此它们非常类似于在 while 循环过程(在某个条件下结束)中使用 WaitForEndOfFrame 的协程。当然，同样重要的是，所提供的委托函数执行起来不会太昂贵。

提示:

委托函数是 C#中非常有用的结构，允许将本地方法作为参数传递给其他方法，通常用于回调。有关委托的更多信息，请参阅 MSDN C# 编程指南，网址是 https://docs.microsoft.com/en-us/dotnet/csharp / programming-guide /delegates /。

某些 Update()回调的编写方式可以简化为简单的协程，这些协程总是在其中一种类型上调用 yield，但应该注意前面提到的缺点。协程很难调试，因为它们不遵循正常的执行流程；在调用栈上没有调用者。可以直接指责为什么协程在给定的时间触发，如果协程执行复杂的任务，与其他子系统交互，就会导致一些很难察觉的缺陷，因为他们在其他代码不希望的时刻触发，这些缺陷也往往是极其难重现的类型。如果希望使用协程，最好使它们尽可能简单，且独立于其他复杂的子系统。

事实上，如果在上面的示例中协程很简单，可以归结为一个 while 循环，总是在 WaitForSeconds 或 WaitForSecondsRealtime 上调用 yield，则通常可以替换成 InvokeRepeating()调用，它的建立更简单，开销成本略小。下面的代码在功能上与前面使用协程定期调用 ProcessAI()方法的实现方案相同：

```
void Start() {
    InvokeRepeating("ProcessAI", 0f, _aiProcessDelay);
}
```

InvokeRepeating()和协程之间的一个重要区别是，InvokeRepeating()完全独立于 MonoBehaviour 和 GameObject 的状态。停止 InvokeRepeating()调用的两种方法：第一种方法是调用 CancelInvoke()，它停止由给定的 MonoBehaviour(注意它们不能单独取消)发起的所有 InvokeRepeating()回调；第二种方法是销毁关联的 MonoBehaviour 或它的父 GameObject。禁用 MonoBehaviour 或 GameObject 都不会停止 InvokeRepeating()。

注意:

处理包含1000 个 InvokeRepeating()调用的测试大约需要2.6毫秒，略快于1000 个同等的协程 yield 调用，它需要2.9毫秒。

以上覆盖了大多和 Update()回调相关的有用信息。接着看一些其他有用的脚本提示。

2.6　更快的 GameObject 空引用检查

事实证明，对 GameObject 执行空引用检查会导致一些不必要的性能开销。与典型的 C#对象相比，GameObject 和 MonoBehaviour 是特殊对象，因为它们在内存中有两个表示：一个表示存在于管理 C#代码的相同系统管理的内存中，C#代码是用户编写的(托管代码)，而另一个表示存在于另一个单独处理的内存空间中(本机代码)。数据可以在这两个内存空间之间移动,但是每次这种移动都会导致额外的 CPU 开销和可能的额外内存分配。

这种效果通常称为跨越本机-托管的桥接。如果发生这种情况，就可能会为对象的数据生成额外的内存分配，以便跨桥复制，这需要垃圾收集器最终执行一些内存自动清理操作。这一主题详见第 8 章。但目前只要知道，有许多微妙的方式会意外地触发这种额外的开销，对 GameObject 的简单空引用检查就是其中之一:

```
if (gameObject != null) {
    // 对 gameObject 做一些事情
}
```

另一种方法是 System.Object.ReferenceEquals()，它生成功能相当的输出，其运行速度大约是原来的两倍(尽管它确实稍微混淆了代码的用途)。

```
if (! System.Object.ReferenceEquals( gameObject, null)) {
    // 对 gameObject 做一些事情
}
```

这既适用于 GameObject，也适用于 MonoBehavior，还适用于其他 Unity 对象，这些对象既有原生的也有托管的表现形式，比如 WWW 类。然而，一些基本测试显示，在 Intel Core i5 3570K 处理器上，任何一个空引用检查方法仍然只消耗纳秒。因此，除非执行大量的空引用检查，否则最多只能获得很少的好处。然而，这是一个值得在未来记住的警告，因为它会经常出现。

2.7　避免从 GameObject 取出字符串属性

通常，从对象中检索字符串属性与检索 C#中的任何其他引用类型属性是相同的;这种检索应该不增加内存成本。然而，从 GameObject 中检索字符串属性是另一种意外跨越本机-托管桥接的微妙方式。

GameObject 中受此行为影响的两个属性是 tag 和 name。因此，在游戏过程中使用这两种属性是不明智的，应该只在性能无关紧要的地方使用它们，比如编辑器脚本。然而，Tag 系统通常用于对象的运行时标识，这对于某些团队来说是一个重要问题。

例如，下面的代码会在循环的每次迭代中导致额外的内存分配：

```
for (int i = 0; i < listOfObjects.Count; ++i) {
    if (listOfObjects[i].tag == "Player") {
        // 对这个对象做一些事
    }
}
```

根据对象的组件和类类型来标识对象，以及标识不涉及字符串对象的值，这通常是一种更好的实践，但有时会陷入困境。也许刚开始时并不知道，我们继承了别人的代码库，或者把它作为一种变通方法。假设出于某种原因，标记系统出了问题，我们希望避免本地-托管桥接的开销成本。

幸运的是，tag 属性最常用于比较，而 GameObject 提供了 CompareTag()方法，这是比较 tag 属性的另一种方法，它完全避免了本机-托管的桥接。

下面进行一个简单的测试，来证明这个简单的改变是如何改变代码的：

```
void Update() {

    int numTests = 10000000;

    if (Input.GetKeyDown( KeyCode.Alpha1)) {
        for( int i = 0; i < numTests; + + i) {
            if (gameObject.tag = = "Player") {
                // 做一些事情
            }
        }
    }

    if (Input.GetKeyDown( KeyCode.Alpha2)) {
        for( int i = 0; i < numTests; + + i) {
            if (gameObject.CompareTag (" Player")) {
                // 做一些事情
            }
        }
    }
}
```

```
}
```

按下 1 和 2 键触发相应的 for 循环，就可以执行这些测试。结果如图 2-3 所示。

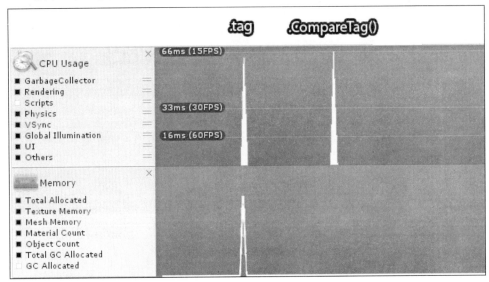

图 2-3 .tag 方法与.CompareTag()方法的性能对比

查看每个峰值的细分视图，可以看到两个完全不同的结果，见图 2-4。

图 2-4 单击每个尖刺看到的不同结果

提示：

值得注意的是，在时间轴视图中，两个峰值的高度相同，但是一个操作花费的时间是另一个操作的两倍。当超过 15FPS 标记时，Profiler 没有必要有垂直分辨率来生成相对准确的峰值。无论如何，这两种方法都会导致糟糕的游戏体验，所以精度并不重要。

检索 tag 属性 1000 万次(远远超出实际意义，但这对比较有用)，结果仅为字符串对象分配了大约 400 兆字节的内存。可以看到，在时间轴视图的内存区域中，GC Allocated 内的峰值发生了这种内存分配。此外，该进程的处理时间约为 2000 毫秒，当不再需要字符串对象时，将在垃圾回收上再花费 400 毫秒。

与此同时，使用 CompareTag() 1000 万次需要约 1000 毫秒来处理，不会导致内存分配，因此也不会导致垃圾回收。这一点可以从内存区域的 GC Allocated 元素中缺少峰值看出。这应该非常清楚地表明，必须尽可能避免访问 name 和 tag 属性。如果需要对标记进行比较，应该使用 CompareTag()。但是，name 属性没有对应的方法，因此应该尽可能使用 tag 属性。

提示：
请注意，向 CompareTag() 传递字符串字面量(如"Player")不会导致运行时内存分配，因为应用程序在初始化期间分配这样的硬编码字符串，在运行时只是引用它们。

2.8　使用合适的数据结构

C#在 System.Collections 名称空间中提供了许多不同的数据结构，我们不应该反复使用相同的名称空间。软件开发中一个常见的性能问题是简单地为了便利而使用不适当的数据结构来解决问题。最常用的两种数据结构是列表(List<T>)和字典(Dictionary<K,V>)。

如果希望遍历一组对象，最好使用列表，因为它实际上是一个动态数组，对象和/或引用在内存中彼此相邻，因此迭代导致的缓存丢失最小。如果两个对象相互关联，且希望快速获取、插入或删除这些关联，最好使用字典。例如，可以将一个关卡编号与特定的场景文件相关联，或者将一个代表角色不同身体部分的 enum 与这些身体部分的 Collider 组件相关联。

然而，数据结构通常需要同时处理两种情况：快速找出哪个对象映射到另一个对象，同时还能遍历组。通常，该系统的开发人员使用字典，然后对其进行迭代。然而，与遍历列表相比，这个过程非常慢，因为它必须检查字典中每个可能的散列，才能对其进行完全遍历。

在这些情况下，通常最好在列表和字典中存储数据，以便更好地支持这种行为。这需要额外的内存开销来维护多个数据结构，插入和删除操作需要每次从数据结构中添加和删除对象，但迭代列表 (通常更常发生) 的好处和迭代字典形成鲜明的对比。

2.9   避免运行时修改 Transform 的父节点

在 Unity 的早期版本(版本 5.3 和更早的版本)中，Transform 组件的引用通常是在内存中随机排列的。这意味着在多个 Transform 上的迭代是相当慢的，因为存在缓存丢失的可能性。这样做的好处是，修改 GameObject 的父节点为另一个对象并不会造成显著的性能下降，因为 Transform 操作起来很像堆数据结构，插入和删除的速度相对较快。这种行为是我们无法控制的，所以只能接受。

但是，自从 Unity 5.4 以后，Transform 组件的内存布局发生了很大的变化。从那时起，Transform 组件的父-子关系操作起来更像动态数组，因此 Unity 尝试将所有共享相同父元素的 Transform 按顺序存储在预先分配的内存缓冲区内的内存中，并在 Hierarchy 窗口中根据父元素下面的深度进行排序。这种数据结构允许在整个组中进行更快的迭代，这对物理和动画等多个子系统特别有利。这种变化的缺点是，如果将一个 GameObject 的父对象重新指定为另一个对象，父对象必须将新的子对象放入预先分配的内存缓冲区中，并根据新的深度对所有这些 Transform 排序。另外，如果父对象没有预先分配足够的空间来容纳新的子对象，就必须扩展缓冲区，以便以深度优先的顺序容纳新的子对象及其所有的子对象。对于较深、复杂的 GameObject 结构，这可能需要一些时间来完成。

通过 GameObject.Instantiate()实例化新的 GameObject 时，它的一个参数是希望将 GameObject 设置为其父节点的 Transform，它的默认值是 null，把 Transform 放在 Hierarchy 窗口的根元素下。在 Hierarchy 窗口根元素下的所有 Transform 都需要分配一个缓冲区来存储它当前的子元素以及以后可能添加的子元素(子 Transform 元素不需要这样做)。但是，如果在实例化之后立即将 Transform 的父元素重新修改为另一个元素，它将丢弃刚才分配的缓冲区！为了避免这种情况，应该将父 Transform 参数提供给 GameObject.Instantiate()调用，它跳过了这个缓冲区分配步骤。

另一种降低这个过程成本的方法是让根 Transform 在需要之前就预先分配一个更大的缓冲区，这样就不需要在同一帧中拓展缓冲区，给它重新指定另一个 GameObject 到缓冲区中。这可以通过修改 Transform 组件的 hierarchyCapacity 属性来实现。如果能够估计父元素包含的子 Transform 数量，就可以节省大量不必要的内存分配。

2.10   注意缓存 Transform 的变化

Transform 组件只存储与其父组件相关的数据。这意味着访问和修改 Transform 组件的 position、rotation 和/或 scale 属性会导致大量未预料到的矩阵乘法计算，从而通过其父 Transform 为对象生成正确的 Transform 表示。对象在 Hierarchy 窗口中的位置越深，确定最终结果需要进行的计算就越多。

然而，这也意味着使用 localPosition、localRotation 和 localScale 的相关成本相对较小，因为这些值直接存储在给定的 Transform 中，可以进行检索，不需要任何额外的矩阵乘法。因此，应该尽可能使用这些本地属性值。

遗憾的是，将数学计算从世界空间更改为本地空间，会使原本很简单(且已解决)的问题变得过于复杂，因此进行这样的更改会破坏实现方案，并引入大量意外的 bug。有时，为了更容易地解决复杂的 3D 数学问题，牺牲一点性能是值得的。

不断更改 Transform 组件属性的另一个问题是，也会向组件(如 Collider、Rigidbody、Light 和 Camera)发送内部通知，这些组件也必须进行处理，因为物理和渲染系统都需要知道 Transform 的新值，并相应地更新。

 提示：
如前所述，由于内存中 Transform 的重组，这些内部通知的速度在 Unity 5.4 中得到了极大的提高，但我们仍然需要了解它们的成本。

在复杂的事件链中，在同一帧中多次替换 Transform 组件的属性是很常见的(尽管这可能是过度工程设计的警告信号)。每次发生这种情况时，都会触发内部消息，即使它们发生在同一帧甚至同一个函数调用期间。因此，应该尽量减少修改 Transform 属性的次数，方法是将它们缓存在一个成员变量中，只在帧的末尾提交它们，如下所示：

```
private bool _positionChanged;
private Vector3 _newPosition;

public void SetPosition( Vector3 position) {
    _newPosition = position;
    _positionChanged = true;
}

void FixedUpdate() {
    if (_positionChanged) {
        transform.position = _newPosition;
        _positionChanged = false;
    }
}
```

这段代码仅在下一个 FixedUpdate()方法中提交对 position 的更改。

注意，以这种方式改变 Transform 不会在游戏过程中出现奇怪的行为或传送对象。这些内部事件的目的是确保物理和渲染系统始终与当前 Transform 状态保持同步。因此，Unity 不会跳过更改，而是在每次 Transform 组件发生更改时都会触发内部事件，以确保不会遗漏任何内容。

2.11　避免在运行时使用 Find()和 SendMessage()方法

众所周知，SendMessage()方法和 GameObject.Find()方法非常昂贵，应该不惜一切代价避免使用。SendMessage()方法比一个简单的函数调用慢很多，而 Find()方法的开销随着场景复杂度的增加而变化很小，因为它必须迭代场景中的每个 GameObject 对象。在场景初始化期间调用 Find()有时是可以原谅的，例如在 Awake()或 Start()回调期间。即使在这种情况下，它也只能用于获取已经确定存在于场景中的对象，以及只有少量 GameObjects 的场景。无论如何，在运行时使用这两种方法进行对象间通信会产生非常明显的开销，还可能丢失帧。

依赖 Find()和 SendMessage()通常是很糟糕的设计，缺乏使用 C#和 Unity 编程的经验，或者仅仅是原型开发期间的懒惰。它们的使用在入门级和中级项目中已经成为一种流行病，以至于 Unity Technologies 觉得有必要不断提醒用户，不要在文档和会议中反复使用它们。它们只是作为一种不太像程序员的方式而存在，用于向新用户介绍对象间通信，在某些特殊情况下，它们可以以可靠的方式使用(这种情况很少)。换句话说，它们太昂贵，打破了不预先优化代码的规则，如果项目已经完成了原型阶段，就应该避免使用它们。

公平地说，Unity 的目标用户群非常广泛，从业余爱好者、学生、专业人士，到那些有奇思妙想的人，从单个开发人员到数百人的团队。这些用户的软件开发能力参差不齐。开始使用 Unity 时，可能很难确定应该做些什么与众不同的事情，特别是考虑到 Unity 引擎并没有遵循我们所熟悉的许多其他游戏引擎的设计范例。它有一些关于场景和预制的奇怪概念，没有内置的 God Class 入口点，也没有任何明显的原始数据存储系统。

注意:

God Class 是在应用程序中创建的第一个对象的花哨名称，它的工作是根据当前上下文(加载什么关卡，激活哪个子系统等)创建所需的所有其他对象。如果希望在应用程序的整个生命周期中有一个集中式位置来控制事件的顺序，该功能就特别有用。

这不仅对于性能来说是一个重要的主题，对于任何实时事件驱动的系统设计(包括但不限于游戏)也是一个重要的主题，因此有必要对这个主题进行一些详细的探讨，并评估一些用于对象间通信的替代方法。

下面从一个最坏的示例开始，它使用 Find()和 SendMessage()在对象之间进行通信，然后研究改进它的方法。

下面是一个简单的 EnemyManagerComponent 的类定义，它可以跟踪游戏中表示敌人的 GameObject 列表，并提供一个 KillAll()方法，用于在需要时销毁它们：

```
using UnityEngine;
using System.Collections.Generic;

class EnemyManagerComponent : MonoBehaviour {
    List<GameObject> _enemies = new List<GameObject>();

    public void AddEnemy(GameObject enemy) {
        if (!_enemies.Contains(enemy)) {
            _enemies.Add( enemy);
        }
    }

    public void KillAll() {
        for (int i = 0; i < _enemies.Count; ++i) {
            GameObject.Destroy(_enemies[ i]);
        }
        _enemies.Clear();
    }
}
```

接着在场景中放置包含此组件的 GameObject，并命名为 EnemyManager。

下面的示例方法尝试从给定预制中实例化一些敌人，并将它们的存在通知给 EnemyManager 对象：

```
public void CreateEnemies( int numEnemies) {
    for( int i = 0; i < numEnemies; + + i) {
        GameObject enemy = (GameObject) GameObject.Instantiate
                            (_enemyPrefab, 5.0f * Random.insideUnitSphere,
                            Quaternion.identity);
        string[] names = { "Tom", "Dick", "Harry" };
        enemy.name = names[Random.Range( 0, names.Length)];
```

```
        GameObject enemyManagerObj = GameObject.Find("EnemyManager");
        enemyManagerObj.SendMessage("AddEnemy",
                                    enemy,
                                    SendMessageOptions.DontRequireReceiver);
    }
}
```

初始化数据并将方法调用放在任何循环中(总是输出相同的结果)都是性能低下的危险信号,处理昂贵的方法(如 Find())时,应该始终寻找尽可能少地调用它们的方法。因此,可以做的一个改进是将 Find()调用移出 for 循环,并将结果缓存到一个局部变量中,这样就不需要不断地重新获取 EnemyManager 对象。

提示:

将 names 变量的初始化移到 for 循环之外不一定很关键,因为编译器通常足够聪明,可以意识到它不需要不断地重新初始化在其他地方没有更改的数据。然而,它确实使代码更容易阅读。

可以实现的另一个重大改进是,使用 GetComponent()调用替换 SendMessage()方法来进行优化。这就用等价的便宜得多的方法代替了非常昂贵的方法。

结果如下:

```
public void CreateEnemies( int numEnemies) {
    GameObject enemyManagerObj = GameObject.Find(" EnemyManager");
    EnemyManagerComponent enemyMgr =
enemyManagerObj.GetComponent<EnemyManagerComponent>();
    string[] names = { "Tom", "Dick", "Harry" };

    for( int i = 0; i < numEnemies; ++i) {
        GameObject enemy = (GameObject) GameObject.Instantiate
                           (_enemyPrefab, 5.0f * Random.insideUnitSphere,
                           Quaternion.identity);
        enemy.name = names[Random.Range(0, names.Length)];
        enemyMgr.AddEnemy(enemy);
    }
}
```

如果在场景的初始化过程中调用了这个方法,且不太关心加载时间,就可以认为已经完成了优化工作。

但是,我们经常需要在运行时实例化的新对象来查找要通信的现有对象。在这个示例中，希望新的敌人对象注册到 EnemyManager 组件中，这样它就可以在场景中跟踪和控制敌人对象。EnemyManager 还要处理所有与敌人相关的行为，这样调用其函数的对象就不需要执行相关的工作。这将改善应用程序的耦合(代码库与相关行为的分离程度)和封装(类如何防止外部对它们管理的数据进行更改)。最终的目标是找到一个可靠和快速的方法，让新对象查找场景中现有的对象，而不需要使用 find()方法，以便最小化复杂性和性能成本。

可以采取多种方法来解决这个问题，每一种方法都有其优缺点：

- 将引用分配给预先存在的对象
- 静态类
- 单例组件
- 全局信息传递系统

2.11.1　将引用分配给预先存在的对象

解决对象间通信问题的一个简单方法是使用 Unity 内置的序列化系统。软件设计的纯粹主义者对这个特性有一点争论，因为它破坏了封装性，使任何标记为私有的字段(成员变量的 C#术语)都像公共字段一样处理。但它是改进开发工作流程的非常有效的工具。当艺术家、设计师和程序员都在修补同一种产品时尤其如此，因为每个人的计算机科学和软件编程知识水平差别很大，他们中的一些人更不愿意修改代码文件。有时，为了提高工作效率而改变一些规则是值得的。

只要在 MonoBehaviour 中创建公共字段，当组件被选中时，Unity 会自动序列化并在 Inspector 窗口中显示该值。然而，从软件设计的角度来看，公共字段总是危险的。这些变量可以在任何时间、任何地点通过代码进行更改，因此很难跟踪变量，还很可能会引入许多意想不到的 bug。

更好的解决方案是获取类的任何私有成员变量或受保护的成员变量，并使用 [SerializeField]属性将其显示给 Inspector 窗口。对于 Inspector 窗口，该值现在将表现为一个公共字段，允许通过编辑器界面方便地更改它，但将数据安全地封装在代码库的其他部分中。

例如，下面的类向 Inspector 窗口公开了 3 个私有字段：

```
using UnityEngine;

public class EnemyCreatorComponent : MonoBehaviour {
    [SerializeField] private int _numEnemies;
    [SerializeField] private GameObject _enemyPrefab;
```

```
[SerializeField] private EnemyManagerComponent _enemyManager;

void Start() {
    for (int i = 0; i < _numEnemies; ++i) {
        CreateEnemy();
    }
}

public void CreateEnemy() {
    _enemyManager.CreateEnemy(_enemyPrefab);
}
}
```

提示:

注意,上面代码中显示的 private 访问说明符在 C#中是多余的,因为字段和方法默认为 private,除非另外指定。但是,最佳实践通常是显式指定访问级别。

查看这个组件在 Inspector 窗口中显示的 3 个值,最初的默认值为 0,或 null,可以通过编辑器界面修改,见图 2-5。

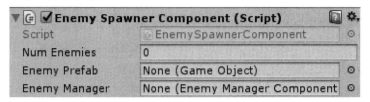

图 2-5　Inspector 窗口中出现组件的 3 个带有默认值的字段

可以从 Project 窗口将一个预制引用拖到 Inspector 窗口中的 Enemy Prefab 字段。

提示:

请注意 Unity 如何自动采用大小写混合的字段名,并为它创建一个方便的 Inspector 窗口名。_numEnemies 变成 Num Enemies,_enemyPrefab 变成 Enemy Prefab,以此类推。

同时,_enemyManager 字段很有趣,因为它是一个特定的 MonoBehaviour 类类型的引用。如果将 GameObject 拖放到这个字段中,它将引用给定对象上的组件,而不是引用 GameObject 本身。请注意,如果 GameObject 不包含预期的 MonoBehaviour,

就不会为该字段分配任何内容。

提示：
这种组件引用技术的一个常见用法是获取对附加到 GameObject 上的其他组件的引用。这是一种零成本缓存组件的替代方法。

使用这种方法有一定的危险。很多代码会假设把一个预制块分配给一个像预制块一样使用的字段，把一个 GameObject 分配给一个引用 GameObject 实例的字段。然而，由于预制组件本质上是 GameObject，任何预制组件或 GameObject 都可以分配到序列化的 GameObject 引用字段中，这意味着可能不小心分配了错误的类型。

如果分配了错误的类型，就可能会意外地实例化一个新的 GameObject，它来自于先前修改过的已有的 GameObject，或者可能会对一个 Prefab(预置)做出改变，这会改变所有从中实例化的 GameObject 的状态。更糟糕的是，对预置的任何意外更改都是永久性的，因为无论 Play 模式是否激活，预置都会占用相同的内存空间。即使预置只在 Play 模式下修改，也是如此。

然而，这种方式对于解决对象间通信问题是团队友好的，但它不是最理想的，因为它涉及以下风险：团队成员会意外留下空引用，将预制赋予期望存在于场景中的 GameObject 实例的字段，反之亦然。

需要注意的是，并不是所有对象都可以序列化并显示在 Inspector 窗口中。Unity 可以序列化所有的基本数据类型(int, float, string, bool)，各种内置类型(Vector3, Quaternion 等)；可以序列化枚举、类、结构和包含其他可序列化类型的各种数据结构(如 List)。但是，它无法序列化静态字段、只读字段、属性和字典。

提示：
一些 Unity 开发人员喜欢通过两个单独的键和值列表，以及自定义编辑器脚本来实现字典的伪序列化，或者通过一个包含键和值的结构对象列表来实现字典的伪序列化。这两种解决方案都有点笨拙，很少像合适的字典那样具有良好的性能，但是它们仍然是有用的。

另一个解决对象间通信问题的方法是尝试使用全局可访问的对象，以最小化需要进行的自定义赋值的数量。

2.11.2　静态类

这种方法涉及在任何时候创建一个对整个代码库全局可访问的类。任何类型的全局管理器类在软件工程圈中都是不受欢迎的，部分原因是"管理器"的名称很模糊，没有说明它应该做什么，但主要是因为问题很难调试。更改可以在运行期间的任何位置和任何点发生，并且此种类倾向于维护其他系统所依赖的状态信息。它可能也是最难更改或替换的方法，因为许多类可能包含对它的直接函数调用，如果要替换它，则需要在将来的某个日期对每个类进行修改。尽管存在这些缺点，但它是迄今为止最容易理解和实现的解决方案。

　　单例设计模式是确保某个对象类型的实例在内存中只存在一个的常用方法。这个设计模式是通过给类提供一个私有构造函数来实现的，维护一个静态变量来跟踪对象实例，类只能通过它提供的静态属性来访问。单例模式对于管理共享资源或繁重的数据流量(如文件访问、下载、数据解析和消息传递)非常有用。单例模式确保了有一个入口点来进行这些活动，而不是让大量不同的子系统来竞争共享资源，并可能造成彼此的瓶颈。

　　单例并不一定是全局可访问的对象——它们最重要的特性是一次只存在一个对象实例。然而，在大多数项目中主要使用单例模式的方式作为一些共享功能的全局访问点，并设计为在应用程序的初始化期间创建一次，存在于应用程序的整个生命周期，只在应用程序关闭期间销毁。因此，在C#中实现这种行为的一种更简单方法是使用静态类。换句话说，在C#中实现典型的单例设计模式只提供与静态类相同的行为，但是需要更多的时间和代码来实现。

　　在前面的示例中，与 EnemyManagerComponent 功能非常相似的静态类可以定义如下：

```
using System.Collections.Generic;
using UnityEngine;

public static class StaticEnemyManager {
    private static List <Enemy> _enemies;

    public static void CreateEnemy(GameObject prefab) {
        string[] names = { "Tom", "Dick", "Harry" };
        GameObject enemy = GameObject.Instantiate(prefab, 5.0f *
        Random.insideUnitSphere, Quaternion.identity);
        Enemy enemyComp = enemy.GetComponent<Enemy>();
        enemy.gameObject.name = names[Random.Range(0, names.Length)];
        _enemies.Add(enemyComp);
    }
```

```
public static void KillAll() {
    for (int i = 0; i < _enemies.Count; ++i) {
        _enemies[i].Die();
        GameObject.Destroy(_enemies[i].gameObject);
    }
    _enemies.Clear();
    }
}
```

请注意，静态类中的每个方法、属性和字段都必须附加 static 关键字，这意味着在内存中永远只驻留该对象的一个实例。这也意味着它的公共方法和字段可以从任何地方访问。根据定义，静态类不允许定义任何非静态字段。

如果静态类的字段需要初始化(比如_enemies 字段，它最初设置为 null)，那么静态类字段可以像这样内联初始化：

```
private static List <Enemy> _enemies = new List <Enemy>();
```

但是，如果对象的构造需要比这更复杂，可以给静态类提供一个静态构造函数。当类首次通过其任意字段、属性或方法来访问时，自动调用静态类的构造方法。构造方法的定义如下：

```
static StaticEnemyManager() {
    _enemies = new List <Enemy>();
    // more complicated initialization activity goes here
}
```

这次实现了 CreateEnemy()方法，因此它处理了创建敌人对象的大部分活动。但是，静态类仍然必须有一个对预制块的引用，它可以从预制块中实例化一个敌人对象。静态类只能包含静态成员变量，因此不能像 MonoBehaviour 那样轻松地与 Inspector 窗口交互，而需要调用者向它提供一些特定于实现的信息。为了解决这个问题，可以为静态类实现一个伙伴组件，以保持代码恰当地解耦。下面的代码演示了这个类：

```
using UnityEngine;

public class EnemyCreatorCompanionComponent : MonoBehaviour {
    [SerializeField] private GameObject _enemyPrefab;

    public void CreateEnemy() {
        StaticEnemyManager.CreateEnemy(_enemyPrefab);
    }
```

```
}
```

尽管存在这些缺陷，但 StaticEnemyManager 类举例说明了如何使用静态类来提供外部对象之间的信息或通信，从而提供了比使用 Find()或 SendMessage()更好的选择。

2.11.3　单例组件

如前所述，静态类很难和与 Unity 相关的功能交互，不能直接利用 MonoBehaviour 特性，如事件回调、协程、分层设计和预制块。另外，由于在 Inspector 窗口中没有选择的对象，无法在运行时通过 Inspector 窗口检查静态类的数据，因此很难调试。我们可能希望在全局类中使用这些特性。

这个问题的一个常见解决方案是实现一个类似于单例的组件——它提供静态方法来授予全局访问权，在任何给定时间只允许 MonoBehaviour 的一个实例存在。

下面是 SingletonComponent 类的定义:

```
using UnityEngine;

public class SingletonComponent<T> : MonoBehaviour where T :
SingletonComponent<T> {
  private static T __Instance;

  protected static SingletonComponent<T> _Instance {
    get {
      if(!__Instance) {
        T [] managers = GameObject.FindObjectsOfType(typeof(T)) as T[];
        if (managers != null) {
          if (managers.Length == 1) {
            __Instance = managers[0];
            return __Instance;
          } else if (managers.Length > 1) {
            Debug.LogError("You have more than one " +
                            typeof(T).Name +
                            " in the Scene. You only need " +
                            "one - it's a singleton!");
            for(int i = 0; i < managers.Length; ++i) {
              T manager = managers[i];
              Destroy(manager.gameObject);
            }
```

```
      }
    }
    GameObject go = new GameObject(typeof(T).Name, typeof(T));
    _Instance = go.GetComponent<T>();
    DontDestroyOnLoad(_Instance.gameObject);
  }
  return _Instance;
}
set {
  _Instance = value as T;
}
  }
}
```

这个类的工作方式是在第一次被访问时创建一个包含组件的 GameObject。因为希望它是一个全局的、持久的对象，所以需要在创建 GameObject 后不久调用 DontDestroyOnLoad()。这是一个特殊的函数，它告诉 Unity，只要应用程序在运行，就希望对象在场景之间持久存在。从那时起，加载新的场景时，对象不会被破坏，并保留它的所有数据。

这个类定义有两个假设。首先，因为它使用泛型来定义它的行为，所以为了创建具体的类，必须派生它。其次，必须定义一个方法来分配_Instance 属性(该属性设置私有的_Instance 字段)，并将其转换为正确的类类型。

例如，下面是成功生成一个名为 EnemyManagerSingletonComponent 的新 SingletonComponent 派生类所需的最少代码：

```
public class EnemyManagerSingletonComponent : SingletonComponent<
EnemyManagerSingletonComponent > {
  public static EnemyManagerSingletonComponent Instance {
    get { return ((EnemyManagerSingletonComponent)_Instance); }
    set { _Instance = value; }
  }

  public void CreateEnemy(GameObject prefab) {
    // same as StaticEnemyManager
  }

  public void KillAll() {
    // same as StaticEnemyManager
  }
```

```
    }
```

让任何其他对象在任何时候访问 Instance 属性，可以在运行时使用这个类。如果组件在场景中还不存在，那么 SingletonComponent 基类将实例化它自己的 GameObject，并将派生类的一个实例作为组件附加到它上面。从那时起，通过 Instance 属性的访问将引用创建的组件，并且一次只存在该组件的一个实例。

注意，这意味着不需要在单例组件的类定义中实现静态方法。例如，可以简单地调用 EnemyManagerSingletonComponent.Instance.KillAll() 来访问 KillAll() 方法。

请注意，可以将 SingletonComponent 的实例放在 Hierarchy 窗口中，因为它派生自 MonoBehaviour。不过要注意的是，DontDestroyOnLoad() 方法永远不会被调用，这将在加载下一个场景时阻止单例组件的 GameObject 对象持久化。可能需要在派生类的 Awake() 回调中调用 DontDestroyOnLoad() 来实现这个功能，当然，除非确实需要可销毁的单例对象。有时允许这样的单例在场景之间被销毁是有意义的，这样每次都可以重新开始；这完全取决于特定的用例。

在上述两种情况下，单例组件的关闭都有点复杂，原因是 Unity 销毁场景的方式。对象在运行时销毁时调用 OnDestroy() 回调。在应用程序关闭期间也调用这个方法，每个 GameObject 上的每个组件都有一个被 Unity 调用的 OnDestroy() 回调。在编辑器中结束 Play 模式时返回 Edit 模式，会发生相同的活动。然而，对象的销毁是随机发生的，不能假设 SingletonComponent 对象是最后销毁的对象。

因此，如果任何对象试图在其 OnDestroy() 回调中使用单例组件执行任何操作，它们可能正在调用 SingletonComponent 对象的实例属性。但是，如果单例组件在此之前已经被销毁，那么在应用程序关闭期间将创建单例组件的新实例。

这可能会破坏场景文件，因为单例组件的实例会留在场景中。如果发生这种情况，Unity 将抛出以下错误消息：

"有些对象在关闭现场时没有清理干净。(是否从 OnDestroy 中衍生了新的 GameObjects？)

明显的解决方法是，在任何 MonoBehaviour 组件的 OnDestroy() 回调期间都不要调用 SingletonComponent 对象。然而，这样做最好有一些合理的理由。最值得注意的是，单例模式常常被设计成利用 Observer 设计模式。这种设计模式允许其他对象注册/注销某些任务，类似于 Unity 锁定回调方法(如 Start() 和 Update())的方式，但以更严格的方式锁定。

使用 Observer 设计模式，对象在创建时通常会注册到系统，在运行时使用它，然后在使用结束时从系统注销，或者为了清理而在关机时注销。下一节会介绍这种设计模式的一个示例，但如果假设 MonoBehaviour 使用这样的系统，那么执行关机时注销任务最方便的地方是在 OnDestroy()回调中。因此，这样的对象可能会遇到前面提到的问题，即在应用程序关闭期间意外地创建了 SingletonComponent 的新 GameObject。

为了解决这个问题，需要做 3 个改变。首先，需要向 SingletonComponent 添加一个额外的标记，该标记跟踪其活动状态，并在适当的时候禁用它。这包括单例自身的销毁，以及应用程序的关闭(OnApplicationQuit()是 MonoBehaviour 的另一个有用的 Unity 回调函数，在这个时候调用):

```
private bool _alive = true;
void OnDestroy() { _alive = false; }
void OnApplicationQuit() { _alive = false; }
```

其次，应该实现一种外部对象验证单例当前状态的方法:

```
public static bool IsAlive {
  get {
    if (_Instance == null)
      return false;
    return _Instance._alive;
  }
}
```

最后，任何对象在其自身的 OnDestroy()方法中尝试调用单例对象时，必须首先使用 IsAlive 属性来验证状态，然后再调用实例，如下所示:

```
public class SomeComponent : MonoBehaviour {
  void OnDestroy() {
    if (MySingletonComponent.IsAlive) {
        MySingletonComponent.Instance.SomeMethod();
    }
  }
}
```

这将确保在销毁期间没有人试图访问单例实例。如果不遵循这个规则，就会遇到问题：在返回到 Edit 模式后，单例对象的实例将留在场景中。

SingletonComponent 方法的讽刺之处在于，在尝试分配_Instance 引用变量之前，使用 Find()调用来确定场景中是否已经存在这些 SingletonComponent 对象。幸运的是，这只会发生在第一次访问单例组件时，如果场景中没有太多 GameObject，这通常不是一个问题，但单例组件的初始化不一定发生在场景初始化期间，因此，第一次获取实例，调用 Find()时，在游戏过程的某个糟糕时刻，性能消耗会有一个峰值。解决这个问题的方法是让一些 God 类通过简单地访问每个单例对象的 Instance 属性，来确认在场景初始化期间重要单例对象的实例化。

这种方法的另一个缺点是，如果后来决定一次执行多个单例，或者希望将其行为分离出来，使其更加模块化，就需要修改很多代码。

最后探索的方法将试图解决前述解决方案揭示的许多问题，提供一种方法来获得它们的所有优点，且具有易于实现、易于扩展和用法严格的特点，在配置过程中也降低了人为错误的可能性。

2.11.4　全局消息传递系统

解决对象间通信问题的最后建议的方法是实现一个全局消息传递系统，任何对象都可以访问该系统，并将消息通过该系统发送给任何可能对侦听特定类型的消息感兴趣的对象。对象可以发送消息或侦听消息(有时两者都可以)，侦听器的职责是确定它们感兴趣的消息。消息发送者可以广播消息而不关心正在听的人，可以通过系统发送消息，而不管消息的具体内容。到目前为止，这种方法是最复杂的，可能需要一些努力来实现和维护，但它是一个优秀的长期解决方案，可以在应用程序变得越来越复杂时保持对象通信的模块化、解耦和快速。

我们希望发送的消息类型可以有多种形式，包括数据值、引用、侦听器的指令等，但是它们都应该有一个通用的基本定义，消息传递系统可以使用它来确定消息是什么以及消息的目标用户。

下面是一个 Message 对象的简单类定义：

```
public class Message {
    public string type;
    public Message() { type = this.GetType().Name; }
}
```

Message 类的构造函数将消息的类型缓存在本地字符串属性中，以便稍后用于编目和分发。缓存这个值很重要，因为每次调用 GetType().Name 将导致分配一个新字符串，如前所述，我们希望尽可能地最小化这个活动。

任何自定义消息都可以包含它们希望包含的任何多余数据，只要它们是从这个基类派生的，这将允许它通过消息传递系统发送。注意，尽管通过基类的构造函数获得对象的类型，name 属性仍然包含派生类的名称，而不是基类的名称。

对于 MessagingSystem 类，应通过它需要实现的需求种类定义它的特性：

● 它应该可以全局访问。

- 任何对象都应该能够注册/注销为侦听器，来接收特定的消息类型(即 Observer 设计模式)。
- 当从其他地方广播给定的消息时，注册对象应该提供一个调用方法。
- 系统应该在合理的时间范围内将消息发送给所有侦听器，但不要同时处理太多的请求。

1. 全局可访问的对象

第一个需求使消息传递系统成为单例对象的最佳候选对象，因为只需要系统的一个实例。尽管如此，在决定实现单例之前，最好还是仔细考虑一下。

如果以后决定这个对象应存在多个实例，希望允许系统在运行时创建/销毁，甚至希望创建测试用例，以在测试期间能够创建/销毁它们，则在代码库的外部重构单例是很困难的。这是由于随着系统越来越多地被使用，会在代码中逐步引入越来越多的依赖项。

如果由于上述缺点而希望避免使用单例，那么较简单的做法是在初始化期间创建消息传递系统的一个实例，然后根据需要把它从子系统传递到子系统，或者进一步探索"依赖注入"的概念，试图解决这些问题。然而，为了简单起见，假设一个单例符合需求，并相应地设计 MessagingSystem 类。

2. 注册

要实现第二个和第三个需求，可以提供一些允许向消息传递系统注册的公共方法。如果强制监听对象在广播消息时提供一个委托函数来调用，那么就允许侦听器自定义为哪个消息调用哪个方法。如果根据要处理的消息来为委托命名，就可以使代码库容易理解。

在某些情况下，我们可能希望广播一个通用通知消息，并让所有侦听器执行一些操作来响应，例如发送"敌人已创建"的消息。在其他情况下，可能会发送一条消息，专门针对组中的单个侦听器。例如，可能想要发送一个"敌人的健康值已改变"的消息，该消息用于特定的"健康栏"对象，该对象附加到被打击的敌人身上。然而，场景中可能有许多"健康栏"对象，所有对象都对这种消息类型感兴趣，但是每个对象都只为某些敌人提供健康信息，也只对这些敌人的健康更新消息感兴趣。因此，如果实现了一种方法，使系统在处理之后停止检查，那么当有许多侦听器在等待相同的消息类型时，可能会节省大量的 CPU 周期。

因此，我们定义的委托应该提供一种通过参数检索消息的方法，并返回一个响应，该响应确定侦听器是否应该停止处理消息，以及何时停止处理。决定是否停止处理可以通过返回一个简单的布尔值来实现，该值为 true 意味着这个侦听器已处理完消息，消息的处理必须停止，该值为 false 意味着此侦听器未处理消息，消息传递系统应该尝试下一个侦听器。

以下是委托的定义:

```
public delegate bool MessageHandlerDelegate(Message message);
```

侦听器必须以这种形式定义方法,并在注册期间将委托引用传递给消息传递系统,从而为消息传递系统提供一种方法,以便在消息广播时通知侦听对象。

3. 消息的处理

消息传递系统的最后一个要求是,这个对象应该内置某种基于时间的机制,以防止它同时处理过多的消息。这意味着,在代码库的某个地方,需要利用 MonoBehaviour 事件回调来告诉消息传递系统,在 Unity 的 Update()期间执行工作,本质上使它能够计算时间。

这可以通过静态类 Singleton(在前面定义)来实现,这需要一些基于 MonoBehaviour 的 God 类来调用它,通知它场景已经更新。或者,可以使用单例组件来实现相同的功能,它有自己的方法来确定何时调用 Update(),因此可以独立于任何 God 类来处理其工作负载。这两种方法最显著的区别在于系统是否依赖于对其他对象的控制以及管理单例组件的各种利弊(这样它就不会在场景之间被破坏;我们不想在关机时意外地重新创建它)。

单例组件方法可能是最好的,因为在大多数情况下,都希望系统能独立运行,即使游戏逻辑很大程度上依赖于它。例如,即使游戏暂停了,也不希望游戏逻辑暂停消息传递系统。消息传递系统应该仍然能够继续接收和处理消息,例如,当游戏处于暂停状态时,与 UI 相关的组件之间仍能通信。

4. 实现消息传递系统

下面从 SingletonComponent 类中派生来定义消息传递系统,并提供一个对象注册方法:

```
using System.Collections.Generic;
using UnityEngine;

public class MessagingSystem : SingletonComponent <MessagingSystem> {

    public static MessagingSystem Instance {
        get { return ((MessagingSystem)_Instance); }
        set { _Instance = value; }
    }
```

```
        private Dictionary <string, List<MessageHandlerDelegate>>
_listenerDict = new Dictionary<string, List <MessageHandlerDelegate>>();

        public bool AttachListener(System.Type type,
MessageHandlerDelegate handler) {
            if (type == null) {
                Debug.Log("MessagingSystem: AttachListener failed due to
having no " + "message type specified");
                return false;
            }

            string msgType = type.Name;
            if (!_listenerDict.ContainsKey(msgType)) {
                _listenerDict.Add(msgType, new
List<MessageHandlerDelegate>());
            }

            List <MessageHandlerDelegate> listenerList =
_listenerDict[msgType];
            if (listenerList.Contains(handler)) {
                return false; // listener already in list
            }

            listenerList.Add(handler);
            return true;
        }
    }
```

　　_listenerDict 字段是一个字符串字典，它映射到包含 MessageHandlerDelegate 的列表。这个字典将侦听器委托组织成他们希望侦听的消息类型的列表。因此，如果知道发送的消息类型，则可以快速检索为该消息类型注册的所有委托的列表。然后可以遍历列表，查询每个侦听器，以检查其中一个是否希望处理它。

　　AttachListener() 方法需要两个参数：System.Type 形式的消息类型和 MessageHandlerDelegate，以便在给定的消息类型从系统中产生时将消息发送给它。

5. 消息的查询和处理

　　为了处理消息，消息传递系统应维护一个入站消息对象队列，以便按它们广播的顺序处理：

```
private Queue <Message> _messageQueue = new Queue <Message>();

public bool QueueMessage(Message msg) {
    if (!_listenerDict.ContainsKey(msg.type)) {
        return false;
    }
    _messageQueue.Enqueue(msg);
    return true;
}
```

QueueMessage()方法只是在将给定的消息类型添加到队列之前，检查它是否出现在字典中。这有效地测试了一个对象在将其排队等待稍后处理之前，是否真正想要监听消息。为此，引入了一个新的私有字段_messageQueue。

接下来添加 Update()的定义。这个回调由 Unity 引擎定期调用。它的目的是遍历消息队列的当前内容，每次一个消息，验证自开始处理以来是否经过了太长时间。如果没有，将它们传递到处理的下一阶段：

```
private const int _maxQueueProcessingTime = 16667;
private System.Diagnostics.Stopwatch timer = new
System.Diagnostics.Stopwatch();

void Update() {
    timer.Start();
    while (_messageQueue.Count > 0) {
        if (_maxQueueProcessingTime > 0.0f) {
            if (timer.Elapsed.Milliseconds > _maxQueueProcessingTime) {
                timer.Stop();
                return;
            }
        }

        Message msg = _messageQueue.Dequeue();
        if (!TriggerMessage(msg)) {
            Debug.Log(" Error when processing message: " + msg.type);
        }
    }
}
```

若基于时间的保护措施到位，可以确保不超过处理时间的限制阈值。如果消息传递系统压入的消息太多太快，这可以防止游戏卡顿。如果超过总时间限制，则所有消息处理将停止，剩下的消息将在下一帧中处理。

提示：

注意，在创建 Stopwatch 对象时使用完整的名称空间。可以添加 using System.Diagnostics 语句。但这将导致 System.Diagnostics.Debug 和 UnityEngine.Debug 之间的名称空间冲突。省略它允许继续使用 Debug.Log()调用 Unity 的调试日志程序，而不必每次都显式地调用 UnityEngine.Debug.Log()。

最后，需要定义 TriggerMessage()方法，将消息分发到侦听器：

```
public bool TriggerMessage(Message msg) {
    string msgType = msg.type;
    if (!_listenerDict.ContainsKey(msgType)) {
        Debug.Log(" MessagingSystem: Message \"" + msgType + "\" has no
listeners!");
        return false; // no listeners for message so ignore it
    }

    List <MessageHandlerDelegate> listenerList = _listenerDict[msgType];

    for( int i = 0; i < listenerList.Count; ++i) {
        if (listenerList[i](msg))
            return true; // message consumed by the delegate
    }
    return true;
    }
}
```

前面的方法是消息传递系统背后的主要工作负载。TriggerEvent()方法的目的是获取给定消息类型的侦听器列表，并为每个侦听器提供处理它的机会。如果其中一个委托返回 true，则停止对当前消息的处理并退出方法，从而允许 Update()方法处理下一个消息。

通常，希望使用 QueueEvent()来广播消息，还提供了对 TriggerEvent()的直接访问作为替代。直接使用 TriggerEvent()允许消息发送者强制立即处理其消息，而不必等待下一个 Update()事件。这就绕过了节流机制，而对于那些需要在游戏的关键时刻发送的消息来说，该机制是非常必要的，因为等待额外的帧可能会导致奇怪的行为。

例如，如果打算销毁两个对象，在它们彼此碰撞的时刻创建一个粒子效果，这个工作由另一个子系统处理(因此需要为它发送一个事件)，就应通过 TriggerEvent()发送消息，来防止对象在处理事件前继续存在一帧。相反，如果想执行一些对帧不那么重要的操作，比如当玩家进入新区域时创建弹出消息，就可以安全地使用 QueueEvent()调用来处理它。

尽量避免习惯对所有事件使用 TriggerEvent()，因为可能会在同一帧中同时处理太多的调用，导致帧率突然下降。确定哪些事件对帧很重要，哪些不重要，并适当地使用 QueueEvent()和 TriggerEvent()方法。

6. 实现自定义消息

前面创建了消息传递系统，而如何使用它的示例将帮助理解这个概念。从定义一对简单的类开始，它们派生自 Message，可以用来创建新的敌人，并通知代码库的其他部分，敌人已经创建:

```
public class CreateEnemyMessage : Message {}

public class EnemyCreatedMessage : Message {

    public readonly GameObject enemyObject;
    public readonly string enemyName;

    public EnemyCreatedMessage( GameObject enemyObject, string
    enemyName) {
        this.enemyObject = enemyObject;
        this.enemyName = enemyName;
    }
}
```

CreateEnemyMessage 是最简单的消息形式，它不包含任何特殊数据，而 EnemyCreatedMessage 包含对敌人的 GameObject 及其名称的引用。消息对象的良好实践是不仅将其成员变量设置为 public，而且设置为 readonly。这确保数据很容易访问，但是在对象构造之后不能更改。这保护了消息内容不被修改，因为它们在侦听器之间传递。

7. 消息发送

要发送这些消息对象之一，只需要调用 QueueEvent()或 TriggerEvent()，并将希

望发送的消息实例传递给它。下面的代码演示了如何在按下空格键时广播
CreateEnemyMessage 对象：

```
public class EnemyCreatorComponent : MonoBehaviour {
    void Update() {
        if (Input.GetKeyDown(KeyCode.Space)) {
            MessagingSystem.Instance.QueueMessage(new CreateEnemyMessage());
        }
    }
}
```

如果现在测试这段代码，什么也不会发生，因为即使通过消息传递系统发送消息，
也没有针对这种消息类型的侦听器。下面讨论如何向消息传递系统注册侦听器。

8. 消息注册

下面的代码包含一对简单的类，它们在消息传递系统中注册，只要代码库中广播
某些类型的消息时，每个类都请求调用它们的一个方法：

```
public class EnemyManagerWithMessagesComponent : MonoBehaviour {
    private List<GameObject> _enemies = new List<GameObject>();
    [SerializeField] private GameObject _enemyPrefab;

    void Start() {
     MessagingSystem.Instance.AttachListener(typeof(CreateEnemyMessage),
                                    this.HandleCreateEnemy);
    }

    bool HandleCreateEnemy(Message msg) {
        CreateEnemyMessage castMsg = msg as CreateEnemyMessage;
        string[] names = {"Tom", "Dick", "Harry"};
        GameObject enemy = GameObject.Instantiate(_enemyPrefab,
                        5.0f * Random.insideUnitSphere,
                        Quaternion.identity);
        string enemyName = names[Random.Range(0, names.Length)];
        enemy.gameObject.name = enemyName;
        _enemies.Add(enemy);
        MessagingSystem.Instance.QueueMessage(new EnemyCreatedMessage
(enemy, enemyName));
        return true;
```

```
        }
    }

public class EnemyCreatedListenerComponent : MonoBehaviour {
    void Start () {
        MessagingSystem.Instance.AttachListener(typeof
(EnemyCreatedMessage), HandleEnemyCreated);
    }
    bool HandleEnemyCreated(Message msg) {
        EnemyCreatedMessage castMsg = msg as EnemyCreatedMessage;
        Debug.Log(string.Format(" A new enemy was created! {0}",
                            castMsg.enemyName));

        return true;
    }
}
```

在初始化期间，EnemyManagerWithMessagesComponent 类注册为接收 CreateEnemy-Message 类型的消息，并通过它的 HandleCreateEnemy()委托处理消息。在此方法期间，它可以将消息类型转换为适当的派生消息类型，并以自己独特的方式解析消息。其他类可以注册相同的消息，并通过自己的自定义委托方法以不同的方式解析它(假设前一个侦听器没有从自己的委托中返回 true)。

我们知道 HandleCreateEnemy()方法的 msg 参数将提供什么类型的消息，因为在注册期间通过 AttachListener()调用定义了它。由于这一点，可以确定类型转换是安全的，而且可以节省时间，不需要执行空引用检查，尽管从技术上讲，完全可以使用同一个委托来处理多个消息类型。但是，在这些情况下，需要实现一种方法来确定传递的是哪个消息对象，并相应地处理它。然而，最好的方法是为每种消息类型定义一个唯一的方法，以便适当地解耦。尝试使用单一方法来处理所有消息类型确实没有什么好处。

注意，HandleEnemyCreated()方法定义匹配了 MessageHandlerDelegate()的函数签名(即相同的返回类型和参数列表)，而它在 AttachListener()调用中被引用。这是我们告知消息传递系统：在广播给定的消息类型时调用哪个方法以及委托如何确保类型安全的方式。如果函数签名有不同的返回值或不同的函数列表，那么它就是 AttachListener()方法的非法委托，而生成编译错误。另外，注意 HandleEnemyCreated()还是一个私有方法，而目前只有 Messaging System 类可以调用它。这是委托的一个有用特性，允许只有给定权限的系统才能调用这个消息处理器。将这个方法设置为 public 会导致代码的 API 变得混乱，开发者可能会认为他们可以直接调用该方法，而这不是该方法的设计意图。

优点是可以随意给委托命名。最明智的做法是用所处理的消息命名方法。这样阅读代码的人就清楚该方法的作用，以及为了调用它必须发送什么类型的消息。于是代码未来的分析和调试更加直观，因为可以通过匹配消息和它们的处理委托来跟踪事件链。

在 HandleCreateEnemy()方法中，还将另一个事件入队，这将广播一个 Enemy CtreatedMessage 消息。第二个类 EnemyCreatedListenerComponent 注册以接受这些消息，接着打印包含该信息的消息。这是在一个子系统变化时通知其他子系统的方式。在真正的程序中，可以注册 UI 系统，以监听这些类型的消息，在屏幕上更新计数器，以展示有多少敌人当前是激活的。在这种情况下，敌人管理器和 UI 系统相对解耦，因此双方都不需要了解另一方的操作情况，就可以完成指定的任务。

如果现在将 EnemyManagerWithMessagesComponent、EnemyCreatorComponent 和 EnemyCreatedListenerComponent 添加到场景中，并数次按下空格键，应该能看到日志消息出现在 Console 窗口中，提示测试成功，如图 2-6 所示。

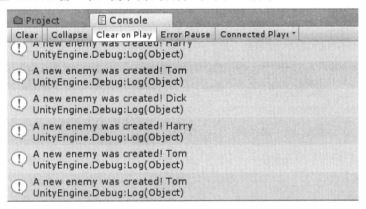

图 2-6　Console 窗口显示成功创建敌人的消息

注意，当调用 EnemyManagerWithMessagesComponent 或 EnemyCreatedListener-Component 对象的 Start()方法(不管哪个先发生)时，MessagingSystem 单例对象会在场景初始化时创建，因为当它们通过消息传递系统注册其委托时，访问了 Instance 属性，所以创建了包含单例组件所需的 GameObject。创建 MessagingSystem 对象不需要额外操作。

9. 消息清理

由于消息对象是类，它们会在内存中动态创建，并在消息处理完毕、分发给所有的侦听器后不久销毁。然而，如第 8 章所述，内存随着时间会累积大量消息，最终将导致垃圾回收。如果程序运行得足够久，最终将导致偶然的垃圾回收，这是在 Unity 程序中突发 CPU 性能峰值的最常见原因。因此，明智的做法是谨慎使用消息传递系统，避免在每次更新时过于频繁地产生消息。

需要考虑的更重要的清理操作是，如果需要销毁某个对象，就注销委托。如果处理不当，则消息传递系统将挂起委托引用，从而防止对象被完全销毁并从内存中释放。

本质上，当对象被销毁、禁用或决定不再需要在发送消息时查询它时，需要将每个 AttachListener()调用与一个适当的 DetachListener()调用配对。

MessagingSystem 类中的以下方法定义为特定的事件分离侦听器:

```
public bool DetachListener(System.Type type, MessageHandlerDelegate
handler) {
  if (type == null) {
    Debug.Log(" MessagingSystem: DetachListener failed due to having no "
              + "message type specified");
    return false;
  }

  string msgType = type.Name;

  if (!_listenerDict.ContainsKey(type.Name)) {
    return false;
  }

  List<MessageHandlerDelegate> listenerList = _listenerDict[msgType];
  if (!listenerList.Contains(handler)) {
    return false;
  }
  listenerList.Remove(handler);
  return true;
}
```

接下来是使用 DetachListener()方法的示例，它添加到 EnemyManagerWith-MessagesComponent 类中:

```
void OnDestroy() {
  if (MessagingSystem.IsAlive) {
    MessagingSystem.Instance.DetachListener(typeof(EnemyCreatedMessage),
     this.HandleCreateEnemy);
   }
}
```

注意这个定义如何使用 SingletonComponent 类中声明的 IsAlive 属性。这避免了在应用程序关闭期间意外创建新 MessagingSystem 的问题，因为无法保证单例对象最后被销毁。

10. 总结消息传递系统

祝贺你，我们终于构建了一个功能齐全的全局消息传递系统，所有对象都可以与之交互，并使用它在彼此之间发送消息。这种方法的一个有用特性是它与类型无关，这意味着消息发送者和侦听器甚至不需要从任何特定的类派生，来与消息传递系统进行交互；派生时，只要类提供了消息类型和匹配函数签名的委托函数即可，所以普通类和 MonoBehavior 都可以访问它。

对 MessagingSystem 类进行基准测试，会发现它能在一帧中处理数百条(不是数千条)消息，而 CPU 开销最少(当然，这取决于 CPU)。不管将一条消息分发给 100 个不同的侦听器，还是将 100 条消息分发给一个侦听器，CPU 的使用情况基本上是相同的。不管怎样，成本都差不多。

即使主要是在 UI 或游戏的事件中发送消息，这也可能比我们需要的更强大。因此，如果它确实会导致性能问题，则更可能是由侦听器委托对消息所做的操作引起的，而不是由消息传递系统处理这些消息的能力引起的。

有很多方法可以增强消息传递系统，以提供将来可能需要的更有用的功能，方法如下：

- 允许消息发送者在消息传递给侦听器之前建议延迟(以时间或帧数的形式)。
- 允许消息侦听器为它接收消息的紧急程度定义一个优先级，与等待相同消息类型的其他侦听器相比。如果该侦听器注册的时间比其他侦听器晚，这就是侦听器跳到队列前面的一种方法。
- 实现一些安全检查来处理这样的情况：当正在处理特定类型的消息，消息侦听器就添加到该类消息的消息侦听器列表中。目前，由于委托列表会在 TriggerEvent() 方法中迭代时被 AttachListener() 修改，因此 C# 会抛出 EnumerationException 异常。

现在，探讨完了消息传递系统，如果能在游戏中自如地使用这个解决方案，这些任务就留作学术练习。下面探索通过脚本代码提高性能的更多方法。

2.12 禁用未使用的脚本和对象

场景有时会变得非常繁忙，特别是构建大型的、开放的世界时。在 Update()回调中，调用代码的对象越多，它的伸缩性就越差，游戏也就越慢。然而，如果许多正在处理的内容在玩家的视野之外，或者只是太远而显得不重要，就完全不必要处理它们。这可能不适合建立模拟大型城市的游戏，因为必须总是处理整个仿真。但它通常适用于第一人称和赛车游戏：因为玩家活动在开阔的区域，而非可视对象可以临时禁用，而不会对游戏过程产生任何明显的影响。

2.12.1　通过可见性禁用对象

有时，希望组件或 GameObject 在不可见时禁用。Unity 带有内置的渲染功能，以避免渲染对玩家的相机视图不可见的对象(通过被称为"视锥剔除"的技术，该技术会自动处理)，避免渲染隐藏在其他对象后面的对象(遮挡剔除，详见第 6 章)，但这些只是渲染层面的优化。它不会影响在 CPU 上执行任务的组件，比如 AI 脚本、用户界面和游戏逻辑。我们必须自己控制这种行为。

解决这个问题的一个好方法是使用 OnBecameVisible()和 OnBecameInvisible()回调。顾名思义，这些回调方法是在可渲染对象对于场景中的任何相机变得可见或不可见时调用的。此外，当一个场景中有多个摄像机(例如，本地的多人游戏)时，只有当对象对任何一个摄像机可见，以及对所有摄像机不可见时，才会分别调用这两个回调。这意味着上述回调将在期望的正确时间调用；如果没有人可以看到它，就调用 OnBecameInvisible()，如果至少有一个玩家可以看到它，就调用 OnBecameVisible()。

由于可见性回调必须与渲染管线通信，因此 GameObject 必须附加一个可渲染的组件，例如 MeshRenderer 或 SkinnedMeshRenderer。必须确保希望接收可见性回调的组件也与可渲染对象连接在同一个 GameObject 上，而不是连接到其父或子 GameObject 上，否则它们不会调用。

提示：

请注意，Unity 还计算 Scene 窗口中对 OnBecameVisible()和 OnBecame Invisible()回调隐藏的摄像头数。如果发现在播放模式测试期间，这些方法没有被正确调用，请确保将 Scene 窗口的摄像机背对所有对象，或完全禁用 Scene 窗口。

为了使用可见性回调开启/禁用独立组件，需要添加下述方法：

```
void OnBecameVisible() { enabled = true; }
void OnBecameInvisible() { enabled = false; }
```

为了开启/禁用 Component 所附加的整个 GameObject，可以下面的方式实现方法：

```
void OnBecameVisible() { gameObject.SetActive(true); }
void OnBecameInvisible() { gameObject.SetActive(false); }
```

不过，请注意，禁用包含可渲染对象的 GameObject 或它的父对象之一，就不可能调用 OnBecameVisible()，因为现在摄像机没有图形表示来查看和触发回调。应该将组件放在一个子 GameObject 上，并让脚本禁用它，使可渲染的对象始终可见(或者找到另一种方法重新启用它)。

2.12.2　通过距离禁用对象

在其他情况下，如果组件或 GameObject 离玩家足够远，以至于几乎看不见它们，但因为太远，玩家并不关注它们，此时可能希望禁用它们。这类活动的一个很好的候选是漫游的 AI 生物，我们想要在远处看到它们，但处理任何操作都不需要它，它可以闲着，直到我们走近。

下面的代码是一个简单的协程，它定期检查与给定目标对象的总距离，如果它偏离目标太远，就禁用它自己:

```
[SerializeField] GameObject _target;
[SerializeField] float _maxDistance;
[SerializeField] int _coroutineFrameDelay;

void Start() {
    StartCoroutine( DisableAtADistance());
}

IEnumerator DisableAtADistance() {
    while(true) {
        float distSqrd = (transform.position -
_target.transform.position).sqrMagnitude;
        if (distSqrd < _maxDistance * _maxDistance) {
            enabled = true;
        } else {
            enabled = false;
        }

        for (int i = 0; i < _coroutineFrameDelay; + + i) {
            yield return new WaitForEndOfFrame();
        }
```

```
        }
    }
```

应该将玩家的角色对象(或任何想让它与之进行比较的对象)分配给 Inspector 窗口中的_target 字段，在_maxDistance 中定义最大距离，并修改使用_coroutineFrameDelay 字段调用协程的频率。任何时候，如果对象与分配给_target 的对象之间的距离超过_maxDistance，就会禁用它。如果它回到这个距离范围内，它将被重新启用。

此实现的一个微妙的性能增强特性是与距离的平方进行比较，而不是与原始距离进行比较。这就方便地引入了下一节。

2.13   使用距离平方而不是距离

可以肯定地说，CPU 比较擅长将浮点数相乘，但是不擅长计算它们的平方根。每次使用 magnitude 属性或 Distance()方法要求 Vector3 计算距离时，都要求它执行平方根计算(根据勾股定理)，与许多其他类型的向量数学计算相比，这会消耗大量的 CPU 开销。

然而，Vector3 类也提供了 sqrMagnitude 属性，它提供了同样可作为距离的结果，只是该值是平方。这意味着如果也将需要比较的距离进行平方，就可以执行基本相同的比较，而不需要昂贵的平方根计算。

例如，如下代码:

```
float distance = (transform.position - other.transform.position)
.Distance();
if (distance < targetDistance) {
    // do stuff
}
```

可以用下面的代码替换，得到近乎一致的结果:

```
float distanceSqrd = (transform.position -
other.transform.position). sqrMagnitude;
if (distanceSqrd < (targetDistance * targetDistance)) {
    // do stuff
}
```

结果几乎相同的原因是浮点精度。可能会失去一些使用平方根值的精度，因为该值调整为具有不同密度的可表示数字区域；它可以准确地落在(或更接近)一个更精确的可表示数字区域，更有可能落在一个精度较低的数字区域上。结果，比较并不完全相同，但是，在大多数情况下，它非常接近，不会引起注意，对于以这种方式替换的每条指令，性能收益可能相当可观。

如果这个小的精度损失不重要，那么应该考虑这个性能技巧。然而，如果精度是非常重要的(例如运行一个精确的大型星系空间模拟)，就可能要忽略这个技巧。

注意，此技术可用于任何平方根计算，而不只是用于距离。这是最常见的示例，它揭示了 Vector3 类的 sqrMagnitude 属性的重要性。这是 Unity Technologies 有意以这种方式向我们展示的一个属性。

2.14　最小化反序列化行为

Unity 的序列化系统主要用于场景、预制件、ScriptableObjects 和各种资产类型(往往派生自 ScriptableObject)。当其中一种对象类型保存到磁盘时，就使用 YAML (Yet Another Markup Language，另一种标记语言)格式将其转换为文本文件，稍后可以将其反序列化为原始对象类型。所有的 GameObject 及其属性都会在序列化预制件或者场景时序列化，包括私有的和受保护的字段，它们的所有组件，及其子 GameObjects 和组件等。

构建应用程序时，这些序列化的数据会捆绑在大型二进制数据文件中，这些文件在 Unity 内部被称为序列化文件。在运行时从磁盘读取和反序列化数据是一个非常慢的过程(相对而言)，因此所有的反序列化活动都伴随着显著的性能成本。

这种反序列化在调用 Resources.load()时发生，用于在名为 Resources 的文件夹中查找文件路径。一旦数据从磁盘加载到内存中，以后重新加载相同的引用会快得多，但是在第一次访问时总是需要磁盘活动。当然，需要反序列化的数据集越大，此过程所需的时间就越长。由于预制组件的每个组件都是序列化的，因此层次结构越深，需要反序列化的数据就越多。这对于具有很深层次结构的预制块，带有许多空 GameObject 对象的预制块(因为每个 GameObject 对象总是至少包含一个 Transform 组件)来说是一个问题，对于用户界面(UI)预制块来说尤其是个问题，因为它们往往比典型的预制块容纳更多的组件。

像这样加载大型序列化数据集可能会在第一次加载时造成 CPU 的显著峰值，如果在场景开始时立即需要它们，则会增加加载时间。更重要的是，如果在运行时加载它们，可能会导致掉帧。可以使用两种方法来最小化反序列化的成本。

2.14.1　减小序列化对象

我们的目标应该是使序列化的对象尽可能小，或者将它们分割成更小的数据块，然后一块一块地组合在一起,这样它们就可以一次加载一块。这对于预制板来说是很棘手的,因为 Unity 本身并不支持嵌套的预制板,所以我们将自己实现这样一个系统,这在 Unity 中是一个非常难解决的问题。UI 预制块很适合分割成更小的块,因为通常在任何时候都不需要整个 UI,所以通常可以一次加载一个。

2.14.2　异步加载序列化对象

可以通过 Resources.LoadAsync()以异步方式加载预制块和其他序列化的内容,这将把从磁盘读取的任务转移到工作线程上,从而减轻主线程的负担。将序列化的对象变为可用需要一些时间,可以通过检查前面方法调用返回的 ResourceRequest 对象的 isDone 属性,判断是否完成序列化对象加载。

这对于在游戏开始时立即需要的预制组件来说并不理想,但如果愿意创建管理这种行为的系统,那么所有未来的预制组件都是异步加载的良好候选对象。

2.14.3　在内存中保存之前加载的序列化对象

如前所述,一旦序列化对象加载到内存中,它就会保留在内存中,如果以后需要,可以复制它,例如实例化更多的预制副本。通过显式地调用 Resources.Unload()可以释放这些数据,这将释放内存空间,供以后重用。但是,如果在应用程序的预算中有很多剩余的内存,就可以选择将这些数据保存在内存中,这将减少以后从磁盘重新加载数据的需要。这自然会消耗大量内存来保存越来越多的序列化数据,使其成为内存管理的一种风险策略,因此应该只在必要时才这样做。

2.14.4　将公共数据移入 ScriptableObject

如果有许多不同的预制件,其中的组件包含许多倾向于共享数据的属性,例如游戏设计值,如命中率、力量、速度等,那么所有这些数据都将序列化到使用它们的每个预制件中。更好的方法是将这些公共数据序列化到 ScriptableObject 中,然后加载并使用它。这减少了存储在预制文件中的序列化数据量,并可以避免过多的重复工作,显著减少场景的加载时间。

2.15　叠加、异步地加载场景

可以加载场景来替换当前场景,也可以添加内容到当前场景中,而不卸载前一个场景。这可以通过 SceneManager.LoadScene()函数家族的 LoadSceneMode 参数进行切换。

另一种场景加载模式是同步或异步完成，两者各有千秋。同步加载是通过调用 SceneManager.LoadScene()加载场景的典型方法，其中主线程将阻塞，直到给定的场景完成加载。这通常会导致糟糕的用户体验，因为游戏在加载内容时似乎会卡住(无论是替换还是附加方式)。如果想让玩家尽快进行后续操作，或没有时间等待场景对象出现，最好使用同步加载模式。如果在游戏的第一关加载或者返回到主菜单，通常会使用这种模式。

然而，对于未来的场景加载，可能希望减少性能影响，让玩家继续操作下去。加载场景需要很多工作，场景越大，加载时间越长。然而，异步叠加式加载选项提供了巨大的优势：可以让场景逐渐加载到背景中，而不会对用户体验造成明显的影响。为此，可以使用 SceneManager.LoadSceneAsync()并传递 LoadSceneMode.Additive，以加载模式参数。

重要的是要意识到，场景并不严格遵循游戏关卡的概念。在大多数游戏中，玩家通常被限制在一个关卡中，但 Unity 可以通过叠加式加载，支持多个场景同时加载，允许每个场景代表一个关卡的一小块。因此，可以为关卡初始化第一个场景(场景 1-1a)，并在玩家接近下一章节时，异步并叠加式加载下一章节(场景 1-1b)，并在玩家穿越关卡时不断重复这一过程。

提示：

Unity Technologies 在 Unity 5 的中间版本中将场景系统重新构建为一个全局 SceneManager 类，尽管这更像是一个命名约定的改变，以明确关卡和场景不是一回事。在 Unity 的老版本中也有完全相同的功能，只是 Application 类的 API 略有不同。

利用这一功能需要一个系统不断检查玩家在关卡中的位置，直到他们接近为止，或者使用 Trigger Volumes 广播"玩家即将进入下一章节"的消息，并在适当的时候开始异步加载。另一个重要的考虑是场景的内容不会立即出现，因为异步加载可以有效地将加载分散到几个帧上，从而使可见影响尽可能小。需要确保触发场景的异步加载有足够的时间，以便玩家不会看到对象弹出到游戏中。

场景也可以卸载，从内存中清除出来。这将删除任何不再需要的使用 Update()的组件，节省一些内存或提升一些运行时性能。同样，这可以通过 SceneManager.UnloadScene()和 SceneManager.UnloadSceneAsync()同步或异步地完成。这是一个巨大的性能优势，因为根据玩家在关卡中的位置只使用需要的内容，但请注意，不可能卸载单一场景的小块。如果原始场景文件很大，那么卸载它将卸载所有内容。原来的场景必须分解成更小的场景，然后根据需要加载和卸载。同样，应该只在确定玩家不再能看到场景的组成对象时才开始卸载场景，否则玩家将看到物体凭空消失。最后要考虑的是，场景卸载会导致许多对象被销毁，这可能会释放大量内存并触发垃圾回收。在使用这个技巧时，有效地使用内存也很重要。

这种方法需要大量的场景重新设计、脚本编写、测试和调试工作，这是不可低估的，但是改进用户体验的好处是非常多的。在游戏中拥有区域间的无缝过渡是一种经常受到玩家和评论家称赞的优点，因为它不会打断玩家的操作。如果适当地使用它，就可以显著提升运行时性能，进一步改善用户体验。

2.16　创建自定义的 Update()层

在本章前面讨论了使用这些 Unity Engine 特性来避免在大多数帧中出现过多 CPU 工作负载的优缺点。不管采用哪种方法，都存在一个额外的风险，即需要编写大量的 MonoBehavior 来定期调用某个函数，这意味着在同一帧中同时触发了太多的方法。

想象一下，成千上万的 MonoBehaviour 在场景开始时一起初始化，每个 MonoBehaviour 同时启动一个协程，每 500 毫秒处理一次 AI 任务。它们极有可能在同一帧内触发，导致 CPU 使用率在一段时间内出现一个巨大的峰值，接着会临时下降，然后在处理下一轮 AI 时再次出现峰值。理想情况下，我们希望随时间分散这些调用。

下面是这个问题的可能解决方案：

- 每次计时器过期或协程触发时，生成一个随机等待时间。
- 将协程的初始化分散到每个帧中，这样每个帧中只会启动少量的协程初始化。
- 将调用更新的职责传递给某个 God 类，该类对每个帧的调用数量进行了限制。

前两个选项很有吸引力，因为它们相对简单，而且协程可以潜在地减少大量不必要的开销。然而，如前所述，这种剧烈的设计更改会带来许多危险和意想不到的副作用。

优化更新的一个可能更好的方法是根本不使用 Update()，或者更准确地说，只使用一次。当 Unity 调用 Update()时，实际上是调用它的任何回调，都要经过前面提到的本机-托管的桥接，这可能是一个代价高昂的任务。换句话说，执行 1000 个单独的 Update()回调的处理成本比执行一个 Update()回调要高，后者调用 1000 个常规函数。调用 Update()数千次的工作量并不是 CPU 很容易承担的，这主要是因为桥接。因此，让一个 God 类 MonoBehaviour 使用它自己的 Update()回调来调用自定义组件使用的自定义更新样式的系统，可以最小化 Unity 需要跨越桥接的频率。

事实上，许多 Unity 开发人员更喜欢从项目一开始就实现这个设计，因为它可以让他们更好地控制更新何时以及如何在整个系统中传播；这可以用于菜单暂停、冷却时间操作效果，或对重要任务进行优先级排序，以及如果发现即将达到当前帧的 CPU 预算，就暂停低优先级任务。

所有想要与这样一个系统集成的对象必须有一个公共的入口点。为此，可以使用 interface 关键字的接口类。接口类本质上建立了一个契约，任何实现接口类的类都必须提供一系列特定的方法。换句话说，如果知道对象实现了一个接口类，就可以确定哪些方法是可用的。在 C#中，类只能从单个基类派生，但可以实现任意数量的接口类(这避免了 C++程序员所熟悉的"死亡之钻"问题)。

下面的接口类定义就足够了，它只需要实现类定义一个名为 OnUpdate()的方法：

```
public interface IUpdateable {
    void OnUpdate(float dt);
}
```

提示：
通常的做法是用大写的 I 来开始接口类定义，以清楚地表明我们正在处理的是接口类。接口类的优点在于它们改善了代码库的解耦能力，允许替换大型子系统，只要坚持使用接口类，它就能继续按预期工作。

接下来定义一个实现该接口类的 MonoBehaviour 类型：

```
public class UpdateableComponent : MonoBehaviour, IUpdateable {
    public virtual void OnUpdate(float dt) { }
}
```

注意将方法命名为 OnUpdate()而不是 Update()。我们定义了相同概念的自定义版本，但要避免和内建 Update()回调的命名冲突。

UpdateableComponent 类的 OnUpdate()方法检索当前的时间增量(dt)，节省了大量不必要的 Time.deltaTime 调用。该调用通常用于 Update()回调。还将该函数设为虚函数，以允许派生类对其进行自定义。

这个函数将永远不会被调用，因为目前正在写此函数。Unity 会自动获取并调用用 Update()名称定义的方法，但是没有 OnUpdate()函数的概念，所以需要实现一些功能，在适当的时候调用这个方法。例如，某种 GameLogicGod 类可以用于此目的。

在这个组件的初始化期间，应该执行一些操作，来通知 GameLogic 对象它的存在和销毁，这样它就知道什么时候开始和停止调用其 OnUpdate()函数。

在下面的示例中，假设 GameLogic 类是一个 SingletonComponent，就像在 2.11.3

节 "单例组件" 中定义的那样，且具有为注册和注销而定义的适当的静态函数。记住，可以很容易地使用前面提到的消息传递系统，来通知 GameLogic 它的创建/销毁。

为了 MonoBehaviour 挂载进此系统，最合适的地方是在它们的 Start()和 OnDestroy() 回调中处理：

```
void Start() {
    GameLogic.Instance.RegisterUpdateableObject(this);
}

void OnDestroy() {
    if (GameLogic.Instance.IsAlive) {
        GameLogic.Instance.DeregisterUpdateableObject(this);
    }
}
```

最好使用 Start()方法来完成注册任务，因为使用 Start()意味着可以确定所有其他已经存在的组件至少在此之前已经调用了 Awake()方法。这样，在开始调用对象的更新之前，任何关键的初始化工作都已经在对象上完成了。

注意，因为在 MonoBehaviour 基类中使用 Start()，如果在派生类中定义 Start()方法，它将有效地覆盖基类定义，而 Unity 将获取派生的 Start()方法作为回调。因此，明智的做法是实现一个 Initialize()虚方法，这样派生类就可以覆盖它来定制初始化行为，而不会影响基类通知 GameLogic 对象组件存在的任务。

下面的代码演示了如何实现 Initialize()虚方法：

```
void Start() {
    GameLogic.Instance.RegisterUpdateableObject(this);
    Initialize();
}
protected virtual void Initialize() {
    // 派生类应该覆盖此方法以实现初始化代码，而不是实现 Start()方法
}
```

最后，需要实现 GameLogic 类。不管它是 SingletonComponent 还是 MonoBehaviour，不管它是否使用消息传递系统，实现代码实际上都是相同的。不管怎样，UpdateableComponent 类必须注册并注销为 IUpdateable 对象，而 GameLogic 类必须使用它自己的 Update()回调，来遍历每个注册的对象，并调用其 OnUpdate()函数。

这是 GameLogic 类的定义：

```
public class GameLogicSingletonComponent :
```

```
SingletonComponent<GameLogicSingletonComponent> {
    public static GameLogicSingletonComponent Instance {
        get { return ((GameLogicSingletonComponent)_Instance); }
        set { _Instance = value; }
    }

    List<IUpdateable> _updateableObjects = new List<IUpdateable>();

    public void RegisterUpdateableObject(IUpdateable obj) {
        if (!_updateableObjects.Contains(obj)) {
            _updateableObjects.Add(obj);
        }
    }
    public void DeregisterUpdateableObject(IUpdateable obj) {
        if (_updateableObjects.Contains(obj)) {
            _updateableObjects.Remove(obj);
        }
    }

    void Update()
    {
        float dt = Time.deltaTime;
        for (int i = 0; i < _updateableObjects.Count; ++i) {
            _updateableObjects[i].OnUpdate(dt);
        }
    }
}
```

如果确保所有自定义组件都继承自 UpdateableComponent 类，那么实际上用一个 Update()回调和 N 个虚函数调用替换了 Update()回调的 N 次调用。这可以节省大量的性能开销，因为虽然调用虚函数(开销比非虚拟函数调用略多，因为它需要调用重定向到正确的地方)，仍然将更新行为的绝大多数放在托管代码中，尽可能避免 Native-Managed 桥。这个类甚至可以扩展为提供优先级系统，如果它检测到当前帧花费的时间太长，就可以跳过低优先级任务，还有许多其他的可能性。

根据对当前项目的深入程度，这样的更改可能令人生畏、耗时，并且可能会在更新子系统以利用一组完全不同的依赖项时引入大量 bug。然而，如果时间充裕，好处就会大于风险。明智的做法是对场景中的一组对象进行测试，这些对象与当前场景文件的设计类似，以验证收益大于成本。

2.17 本章小结

本章介绍了许多改进 Unity 引擎中脚本编写实践的方法，目的是在(且仅在)已经证明它们是导致性能问题的原因的情况下，提高性能。其中一些技术需要在实现之前进行一些预先的考虑和分析性的调查，因为它们常常会给新开发人员带来额外的风险或混淆代码库。工作流通常与性能和设计同样重要，因此在对代码进行任何性能更改之前，应该考虑是否在性能优化方面牺牲了太多。

第 8 章研究更高级的脚本改进技术，但先暂停对代码的关注，而探索使用一对称为"动态批处理"和"静态批处理"的内置 Unity 特性来改进图形性能的一些方法。

第3章

批处理的优势

在 3D 图形和游戏中，批处理是一个非常通用的术语，它描述了将大量任意数据块组合在一起并将它们作为单个大数据块进行处理的过程。这对于 CPU，特别是 GPU 是非常理想的，因为它可以使用多个内核同时处理多个任务。在内存中的不同位置来回切换内核是需要时间的，因此切换内核所花的时间越少越好。

在某些情况下，批处理的对象指的是网格、顶点、边、UV 坐标和其他用于描述 3D 对象的不同数据类型的大集合。然而，该术语也可以简单代表批处理音频文件、精灵、纹理文件和其他大数据集的行为。

因此，为了避免混淆，本文提到 Unity 中的批处理时，通常指的是两种用于批处理网格数据的主要机制：动态批处理和静态批处理。这两种方法本质上是几何体合并的两种不同形式，用于将多个对象的网格数据合并到一起，并在单一指令中渲染它们，而不是单独准备和绘制每个几何体。

将多个网格批处理为单个网格是可以实现的，因为没有规定网格对象必须是 3D 空间中连续的几何体。Rendering Pipeline(管线渲染)可以接受一系列没有共同边的顶点，因此可以将本来需要多个渲染指令的多个独立网格合并为单个网格，用单一指令渲染它。

多年来，关于动态批处理和静态批处理系统的触发条件，以及批处理在什么地方能够带来性能提升，一直存在许多困惑。毕竟，在某些情况下，如果没有正确使用批处理，它的确会恶化性能。正确理解这些系统将有助于我们掌握显著提升应用程序图形性能所需的知识。

本章尝试解开围绕这些系统的谜团。我们将通过实验、探索以及示例观察这两种批处理方法的工作原理。这有助于在使用它们提升应用程序的性能时做出明智的决定。

本章涵盖如下主题:

- 管线渲染和 Draw Call 概念的简单介绍
- Unity 的材质和着色器如何一起工作,以渲染对象
- 使用 Frame Debugger 可视化渲染行为
- 动态批处理的工作原理及优化方式
- 静态批处理的工作原理及优化方式

3.1 Draw Call

在单独讨论动态批处理和静态批处理之前,首先要明白它们在管线渲染中试图解决的问题。本章只简单讨论技术细节,这些内容将在第 6 章详细说明。

这些批处理方法的主要目标是减少在当前视图中渲染所有对象所需的 Draw Call 数量。就最基本的形式而言,Draw Call 只是一个从 CPU 发送到 GPU 中用于绘制对象的请求。

注意:

Draw Call 是这一过程的通用行业术语,但在 Unity 中有时也称为 SetPass Call,因为一些底层方法也命名为 SetPass Call。可以将 Draw Call 理解为初始化当前渲染过程之前的配置选项。本书剩余部分将其统称为 Draw Call。

在请求 Draw Call 之前,需要完成一些工作。首先,网格和纹理数据必须从 CPU 内存(RAM)推送到 GPU 内存(VRAM)中,这通常发生在场景初始化期间,但仅限于场景文件知道的纹理和网格。如果使用非场景中的纹理和网格数据在运行时动态实例化对象,那么必须在它们实例化时完成加载。场景不能提前预知我们计划在运行时实例化哪个预制体,因为它们大多数隐藏于条件语句下,且多数应用程序的行为取决于用户的输入。接着,CPU 必须配置处理对象(这些对象就是 Draw Call 的目标)所需的选项和渲染特性,为 GPU 做好准备。

这些 CPU 和 GPU 间的通信任务是通过底层 Graphics API 进行的,这可以是 DirectX、OpenGL、OpenGLES、Metal、WebGL 或 Vulkan,取决于针对的平台和指定的图形设置。这些 API 调用通过一个称为"驱动"的类库来执行,该类库包含一系列错综复杂、相互关联的设置、状态变量以及可以在应用程序中配置和执行的数据集(只是"驱动"库旨在同时服务多个程序,以及来自多个线程的渲染器调用)。可用的特性会根据我们使用的显卡和所针对的 Graphics API 发生巨大的变化;更高级的显卡支持

更高级的特性，但这需要由更新版本的 API 支持，因此需要更新的驱动程序来启用它们。多年来创建的各种设置、支持的特性和版本之间的兼容性级别(特别是诸如 DirectX 和 OpenGL 这样的旧 API)，其数量简直令人难以置信。幸运的是，在某种抽象级别上，所有这些 API 都倾向于以类似的方式运行，因此 Unity 可以通过一个公共接口支持很多不同的 Graphics API。

在渲染对象之前，必须为准备管线渲染而配置的大量设置常常统称为渲染状态 (Render State)。除非这些渲染状态选项发生了变化，GPU 将为所有传入的对象保持相同的渲染状态，并以类似的方式渲染它们。

更改渲染状态是一个耗时的过程。例如，如果将渲染状态设置为使用一个蓝色纹理文件，然后要求它渲染一个巨大的网格，那么渲染会非常快，整个网格都显示为蓝色。然后，可以再渲染 9 个完全不同的网格，它们都显示为蓝色，因为没有改变所使用的纹理。然而，如果想用 10 种不同的纹理渲染 10 个网格，就将花费更长的时间。这是因为在为每个网格发送 Draw Call 指令之前，需要使用新的纹理来准备渲染状态。

用于渲染当前对象的纹理在 Graphics API 中实际上是一个全局变量，而在并行系统内修改全局变量说起来容易做起来难。在诸如 GPU 这样的大规模并行系统中，实际上必须在修改渲染状态之前一直等待，直到所有当前的作业达到同一个同步点为止(换句话说，最快的内核需要停下，等待最慢的内核赶上，这浪费了它们可以用于其他任务的时间)，到达此同步点后，需要重新启动所有的并行作业。这会浪费很多时间，因此请求改变渲染状态的次数越少，Graphics API 越能更快地处理请求。

可以触发渲染状态同步的操作包括但不限于：立刻推送一张新纹理到 GPU 中，修改着色器、照明信息、阴影、透明度和其他任何图形设置。

一旦配置了渲染状态，CPU 就必须决定绘制哪个网格，使用什么纹理和着色器，以及基于对象的位置、旋转和缩放(这些都在一个名为变换的 4×4 矩阵中表示，这正是 Transform 组件名字的由来)决定在何处绘制对象，然后发送指令到 GPU 以绘制它。为了使 CPU 和 GPU 之间的通信保持活跃，新指令被推入一个名为 Command Buffer 的队列中。这个队列包含 CPU 创建的指令，以及 GPU 每次执行完前面的命令后从中提取的指令。

批处理提升此过程的性能的诀窍在于，新的 Draw Call 不一定意味着必须配置新的渲染状态。如果两个对象共享完全相同的渲染状态信息，那么 GPU 可以立刻开始渲染新对象，因为在最后一个对象完成渲染之后，还维护着相同的渲染状态，这消除了由于同步渲染状态而浪费的时间，也减少了需要推入 Command Buffer 中的指令数，减少了 CPU 和 GPU 上的工作负载。

3.2　材质和着色器

在 Unity 中，渲染状态本质上是通过材质呈现给开发者的。材质是着色器的容器，着色器是一种用于定义 GPU 应该如何渲染输入的顶点和纹理数据的简短程序。着色器本身没有必要的状态信息来完成任何有价值的工作。着色器需要诸如漫反射纹理、法线映像和光照信息之类的输入，并有效地规定了为了呈现传入的数据需要设置哪些渲染状态变量。

提示：
着色器之所以如此命名，是因为多年前，它们原本仅实现为处理对象的光照和着色(应用阴影，原本是没有阴影的)。现在它们的功能已经有了巨大的增长，现在更通用的功能是作为访问各种不同并行任务的可编程接口，但依然使用之前的名字。

每个着色器都需要一个材质，而每个材质必须有一个着色器。甚至新导入场景中的网格，如果没有赋予材质，就会自动被赋予默认(隐藏的)材质，为它们提供基本的漫反射着色器和白色色彩。因此，无法绕过这一关系。

提示：
注意一个材质只支持一个着色器。要对一个网格使用多个着色器，需要将多个材质赋予该网格的不同部位。

所以，如果想要最小化渲染状态修改的频率，可以减少场景中使用的材质数量。这将同时提升两个性能；CPU 每帧将花费更少的时间生成指令，并传输给 GPU；而 GPU 不需要经常停止，重新同步状态的变更。

为了理解材质和批处理的行为，下面介绍一个简单的场景。然而，在开始之前，应该禁用一些渲染选项，因为它们会产生一些额外的 Draw Call，这可能会令人分散注意力：

(1) 导航到 Edit | Project Settings | Quality，并设置 Shadows 为 Disable Shadows(或者选择默认的 Fastest 品质级别)。

(2) 导航到 Edit | Project Settings | Player，打开 Other Settings 选项卡，并禁用 Static Batching 和 Dynamic Batching(如果它们是开启的)。

下一步创建一个场景，其中包含一个方向光、4 个立方体和 4 个球体，每个对象都有独特的材质、位置、旋转和缩放。

在图 3-1 中，可以看到 Game 窗口的 Stats 弹出框中的 Batching 值共有 9 个批处理。该值严格等于渲染场景使用的 Draw Call 数量。当前视图将消耗其中一个批处理，来渲染场景的背景，场景的背景可以设置为 Skybox 或 Solid Color，这取决于摄像机对象的 Clear Flags 设置。

图 3-1　Game 窗口的 Stats 弹窗有 9 个批处理

剩余 8 个批处理用于绘制 8 个对象。对于每个对象，Draw Call 需要使用材质的属性准备管线渲染，并请求 GPU 以对象当前的变换设置渲染给定网格。给每个对象提供不同的纹理文件用于渲染，来确保材质是唯一的。因此，每个网格需要不同的渲染状态，所以这 8 个网格都需要各不相同的 Draw Call。

如前所述，理论上可以通过减少系统修改渲染状态信息的频率，来最小化 Draw Call 的数量。因此，我们的一部分目标是减少使用的材质数。然而，如果所有对象都设置为使用相同的材质，性能依然没有任何提升，批处理数量依然是 9，如图 3-2 所示。

图 3-2　Game 窗口的 Stats 弹窗依然显示 9 个批处理

这是因为渲染状态变更的数量没有真正减少，也没有高效地合并网格信息。遗憾的是，管线渲染不够智能，意识不到我们在重复写入完全相同的渲染状态，并要求它一次又一次地渲染相同的网格。

3.3　Frame Debugger

在深入讨论批处理如何减少 Draw Call 之前，先研究一个有用的工具 Frame Debugger，它能帮助确定批处理是如何影响场景的。

要打开 Frame Debugger，在主窗口中选择 Window | Frame Debugger 或者在 Profiler 的 Rendering 区域中单击 Breakdown View Options 中的 Frame Debugger 按钮，这两个操作都可以打开 Frame Debug 窗口。

单击 Frame Debug 窗口的 Enable 按钮，可以观察场景是如何构建的，每次执行一个 Draw Call。图 3-3 展示了 Frame Debugger 的用户界面，左边面板带有 GPU 指令列表，右边面板包含了详细信息。

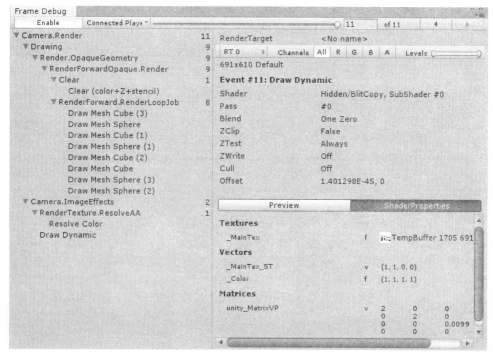

图 3-3　Frame Debug 左侧显示 GPU 指令列表，右侧显示选中的 Draw Call 的详情

这个窗口提供了很多有用的信息，可以用于调试单一 Draw Call 的行为，但最有用的区域是左边面板的 Drawing 部分，其中列出了场景中的所有 Draw Call。

这部分中的每一项表示一个唯一的 Draw Call 和它渲染的对象。该工具一个非常有用的特性是单击其中任一项，就能立刻在 Game 窗口中看到场景渲染到所单击的那一项所需的 Draw Call。这样就可以快速、直观地区分两个连续的 Draw Call。也很容易准确地指出给定的 Draw Call 渲染了哪些对象。这可以通过查看在 Draw Call 期间出现了多少个对象，来帮助确定是否对一组对象进行批处理。

提示：

Frame Debugger 有一个奇怪的 bug(在 Unity 2017 的早期版本中依然存在)，如果观察一个使用天空盒的场景，并单击 Drawing 部分下面的不同项，在 Game 窗口中只能观察到最终的场景图。需要将摄像机的 Clear Flags 设置为 Solid Color，临时禁用天空盒，才能在 Game 窗口中观察 Draw Call 一步步呈现的场景图。

如图 3-3 所示，一个 Draw Call 用于清除屏幕(标签为 Clear 的项)，接着 8 个网格在 8 个不同的 Draw Call 中渲染(标签为 RenderForward. RenderLoopJob 的项)。

3.4　动态批处理

动态批处理有下面 3 个重要优势：

- 批处理在运行时生成(批处理是动态产生的)。
- 批处理中包含的对象在不同的帧之间可能有所不同，这取决于哪些网格在主
  摄像机视图中当前是可见的(批处理的内容是动态的)。
- 甚至能在场景中运动的对象也可以批处理(对动态对象有效)。

因此，这些特性将引领我们使用动态批处理。

如果返回 Player Settings 页面并开启 Dynamic Batching，将看到批处理数量从 9 降
到 6，如图 3-4 所示。动态批处理自动识别共享材质和网格信息的对象，因此，将它
们合并到一个大的批次中以供处理。还应该看到 Frame Debugger 中有一列不同的项，
展示了正在进行动态批处理的网格。

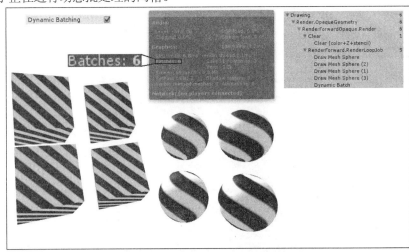

图 3-4　开启动态批处理之后 Draw Gall 从 9 降为 6

如图 3-3 所示，4 个立方体合并到一个名为 Dynamic Batch 的 Draw Call 中，但 4 个球体依然通过 4 个独立的 Draw Call 渲染。这是因为 4 个球体不满足动态批处理的要求。尽管它们使用的材质相同，但还必须满足很多其他要求。

对网格进行成功的动态批处理所需满足的需求列表可以在 Unity 文档中找到：http://docs.unity3d.com/ Manual/DrawCallBatching.html。

提示：

在英文书出版时，上述页面有点过时，更好的分类列表可以在下述博客中找到：

https://blogs.unity3d.com/2017/04/03/how-to-see-why-your-draw-calls-are-not-batched-in-5-6/。

如下所示包含了为给定网格执行动态批处理的要求：

- 所有网格实例必须使用相同的材质引用。
- 只有 ParticleSystem 和 MeshRenderer 组件进行动态批处理。SkinnedMeshRenderer 组件(用于角色动画)和所有其他可渲染的组件类型不能进行批处理。
- 每个网格至多有 300 个顶点。
- 着色器使用的顶点属性数不能大于 900。
- 所有网格实例要么使用等比缩放，要么使用非等比缩放，但不能两者混用。
- 网格实例应该引用相同的光照纹理文件。
- 材质的着色器不能依赖多个过程。
- 网格实例不能接受实时投影。
- 整个批处理中网格索引的总数有上限，这与所用的 Graphics API 和平台有关，一般索引值在 32～64K 之间(查看文档或前述的博客，以获得特定的数据)。

请重点关注术语"材质引用"，因为如果使用两个不同的材质，但它们的设置相同，则渲染管线的智能并不足以发现这一点，会把它们当成不同的材质，进而不执行动态批处理。其他要求已经解释过了；然而，有几个要求的描述并不直观、清楚，需要额外解释。

3.4.1　顶点属性

顶点属性只是网格文件中基于每个顶点的一段信息，每一段通常表示为一组浮点数。它包括但不限于顶点位置(相对于网格的根)，法线向量(一个从对象表面指向外面的向量，通常用于光照计算)，一套或多套纹理 UV 坐标(用于定义一张或多张纹理如何包裹网格)，甚至可能包括每个顶点的颜色信息(通常用于自定义光照或扁平化着色、低多边形风格的对象)。只有着色器使用的顶点属性总数小于 900 的网格才会进行动态批处理。

> **注意：**
>
> 查看网格的原始数据文件，其中包含的顶点属性信息会比 Unity 载入内存的少，这是由于引擎会将网格数据从几个原始数据格式转化为内部格式。因此，不要假设 3D 建模工具提供的顶点属性数量是最终的数量。验证属性数的最好方式是将网格对象拖到场景中，在 Project 窗口中找到 MeshFilter 组件，在 Inspector 窗口的 Preview 子区域中查看 verts 值。

在伴随的着色器中，每个顶点使用的属性数据越多，900 个属性预算就消耗得越多，从而减少了网格允许拥有的顶点数量，这些顶点不再能用于动态批处理。例如，简单的漫反射着色器只能给每个顶点使用 3 个属性：位置、法线和一组 UV 坐标。因此，动态批处理可以使用这个着色器来支持总共有 300 个顶点的网格。然而，在更复杂的着色器中，每个顶点需要 5 个属性，只能支持不超过 180 个顶点的网格的动态批处理。另外，请注意，即使在着色器中每个顶点使用不到 3 个顶点属性，动态批处理仍然只支持最多 300 个顶点的网格，因此只有相对简单的对象才适合动态批处理。

这些限制正是场景开启动态批处理之后，尽管所有对象共享相同的材质引用，也仅节省 3 个 Draw Call 的原因。Unity 自动生成的立方体网格仅包含 8 个顶点，每个顶点都带有位置、法线和 UV 数据，总共 24 个属性，远低于 300 个顶点和 900 个顶点属性的上限。然而，自动生成的球体包含 515 个顶点，因此总共有 1545 个顶点属性，明显超过 300 个顶点和 900 个顶点属性的限制，所以不能动态批处理。

如果单击 Frame Debugger 中的一个 Draw Call 项，就会显示标签为"Why this draw call can't be batched with the previous one(这个 Draw Call 为什么不能与前一个 Draw Call 批处理)"的部分。大多数情况下，下方的解释文本说明了哪个条件没有满足(至少是它检测到的首个条件)，以及有什么调试批处理行为的有用方法。

> **提示：**
>
> 注意解释文本在 Unity2017 的早期构建版本中有点儿问题，有时只有单击 DynamicBatch 项，才会显示真正的原因。例如，在之前的场景示例中，Draw Mesh Sphere(3)的解释是 "The material doesn't have GPU instancing enabled(材质没有启用 GPU 实例化)"，这有点含糊不清。然而，单击 DynamicBatch 项给出的正确原因是 "a submesh we are trying to dynamic-batch has more than 300 vertices(尝试动态批处理的子网格有超过 300 个顶点)"。

3.4.2　网格缩放

文档建议，对象应使用统一的等比缩放，或每个对象都有不一样的非等比缩放，才能包含在动态批处理中。等比缩放意味着缩放向量的 3 个分量(x，y，z)都是相同的(但不同的网格不需要满足这个条件)，非等比缩放意味着这些值中最少有一个和其他是不同的，而属于这两组的对象会放到两个不同的批处理中。

接下来举例说明。假设有以下 4 个对象：A 以(1，1，1)缩放，B 以(2，1，1)缩放，C 以(2，2，1)缩放，D 以(2，2，2)缩放。对象 A 和 D 是等比缩放，因为 3 个分量的值都一样。尽管 A、D 两个网格的缩放比例不同，但它们依然是等比缩放，会放在同一个动态批处理中。另外，B 和 C 都是非等比缩放，因为它们至少有一个分量的值和其他不同。它们的缩放也是不一样的，但它们依然是非等比缩放，会合并到另一个动态批处理中。

然而，请注意使用负数缩放会对动态批处理产生奇怪的效果。负数缩放通常是镜像场景中网格的快速方式，可以避免创建和导入完全不同的网格，来生成仅沿着某个轴翻转的对象。这个技巧通常用于创建一对门，或只是为了使场景看起来不同。然而，如果与没有缩放或对两个轴进行负数缩放的网格相比，只对网格的一个轴或 3 个轴进行负数缩放的网格，会放到一个不同的动态批处理中。这与 3 个值(x，y，z)中哪个是负数无关，仅和负数值的数量是奇数或偶数有关。

批处理分离行为的另一个奇怪副产品是，对象的渲染顺序可以决定什么网格能进行批处理。如果先前的对象出现在与当前对象不同的批处理组中，则无法对其进行批处理。同样，最好举例说明。再次假设有 5 个对象：V 以(1，1，1)缩放，W 以(-1，1，1)缩放，X 以(-1，-1，1)缩放，Y 以(-1，-1，-1)缩放，Z 和 V 一样以(1，1，1)缩放。对象 V 和 Z 使用相同的等比缩放，因此它们会被批处理到一起。然而，如果以上述顺序渲染所有对象到场景中，那么 V 会被渲染，接着 Unity 测试对象 W 和 V 是否可以批处理到一起。由于 W 有奇数个负数缩放，因此不能和 V 进行批处理。Unity 接着比较 X 和 W，以检查它们是否可以批处理到一起，依然不行，因为 W 有奇数个负数缩放，而 X 有偶数个。然后比较对象 W-Y 和 Y-Z，失败的原因都相同。最终结果是 5 个对象用 5 个 Draw Call 渲染，没有机会进行 V 和 Z 的批处理合并。注意，只有使用负数缩放，才会产生这个奇怪的效果。如果所有缩放仅仅是等比缩放和非等比缩放，那么 Unity 应能相应地进行对象的批处理合并。

据推测，这是用于检测有效可批处理组的算法的唯一副产品，由于在两个维度上镜像网格，在数学上等价于网格绕相同的轴旋转 180°，而没有哪种旋转等价于网格沿着一个轴或 3 个轴进行镜像。因此我们观察到的行为可能只是动态批处理系统自动转换了对象，尽管这并不完全清楚。无论如何，希望这能为我们在生成动态批处理时可能遇到的许多奇怪情况做好准备。

3.4.3　动态批处理总结

要渲染大量的简单网格时，动态批处理是非常有用的工具。使用大量外观几乎相同的简单物体时，该系统的设计是非常完美的。应用动态批处理的可能情况如下：

- 到处是石头、树木和灌木的森林。
- 有很多简单而常见的元素(计算机、走廊、管道等)的建筑、工厂或空间站。
- 一个游戏，包含很多动态的非动画对象，还包含简单的几何体和粒子特效(如几何战争这样的游戏)。

如果阻止两个对象动态批处理的唯一条件是，它们使用了不同的纹理，就应该花点时间和精力合并纹理(通常称为图集)，并重新生成网格 UV，以便进行动态批处理。这可能会牺牲纹理的质量，或者纹理文件会变大(这是需要知道的缺点，第 6 章深入讨论 GPU 内存带宽时详细论述)，但这是值得的。

动态批处理可能对性能造成损害的唯一情况是，设置一个场景，其中有数百个简单对象，而每个批处理中只有几个对象。在这种情况下，检测和生成这么多小批处理组的开销成本可能比为每个网格单独执行 Draw Call 所节省的时间还要多。即便如此，一般也不会发生这种情况。

如果有什么不同的话，简单地假设正在进行动态批处理，则更有可能给应用程序带来性能损失，而实际上我们忘记了其中一个必要条件。推送一个新的网格版本，可以意外地突破顶点限制，在 Unity 将一个原始对象(扩展名为.obj)转换成它自己的内部格式的过程中，生成的顶点属性比我们预期的要多。要突破顶点限制，还可以调整一些着色器代码，或添加额外的过程，但不会取消对象进行动态批处理的资格。甚至可以设置对象来启用阴影或光线探测，这会破坏另一个条件。

当这些意外发生时，并没有发出警告，只是指出在做出修改后 Draw Call 的数量在增加，性能也进一步下降了。为了使场景中动态批处理的数量保持合适的水平，需要连续不断地检查 Draw Call 数量，并观察 Frame Debugger 数据，以确保最新的修改不会意外取消对象的动态批处理资格。然而，与往常一样，如果证实这会造成性能瓶颈，那么仅需要关心 Draw Call 性能。

总之，每种情况都是各不相同的，需要使用网格数据、材质和着色器进行实验，以确定能动态批处理什么，不能动态批处理什么，并对场景不时地执行一些测试，以确保使用数量合理的 Draw Call。

3.5 静态批处理

Unity 通过静态批处理提供了第二种批处理机制。该批处理功能在几个方面类似于动态批处理，例如对哪些对象进行批处理，取决于运行时它对摄像机是否可见，批处理的内容每帧都不同。然而，这两种批处理机制有一个很重要的区别：它只处理标记为 Static 的对象，因此命名为静态批处理。

静态批处理系统有自己的要求：

- 顾名思义，网格必须标记为 Static(具体而言是 Batching Static)
- 每个被静态批处理的网格都需要额外的内存。
- 合并到静态批处理中的顶点数量是有上限的,并随着 Graphics API 和平台的不同而不同，一般为 32～64K 个顶点(具体信息请查看文档/前述的博客)。
- 网格实例可以来自任何网格数据源，但它们必须使用相同的材质引用。

接下来细述这些要求。

3.5.1 Static 标记

静态批处理只能应用于开启 static 标记的对象，具体而言是 Batching Static 子标记 (这些子标记称为 StaticEditorFlags)。单击 GameObject 的 Static 选项旁边的小下三角，会出现一个 StaticEditorFlags 下拉框，该框可以为不同的 Static 处理过程修改对象的行为。

该标记的一个明显的副作用是不能修改对象的变换。因此，任何想要使用静态批处理的对象都不能通过任何方式移动、旋转和缩放。

3.5.2 内存需求

静态批处理的额外内存需求取决于批处理的网格中复制的次数。静态批处理在工作时，将所有标记为 Static 的可见网格数据复制到一个更大的网格数据缓冲中，并通过一个 Draw Call 传到管线渲染中，同时忽略原始网格。如果所有进行静态批处理的网格都各不相同，那么与正常渲染对象相比，这不会增加内存使用量，因为存储网格需要的内存空间量是相同的。

然而，由于数据是高效复制过来的，因此这些静态批处理的副本会消耗额外的内存，其数量等于网格的数量乘以原始网格的大小。通常，渲染一个、十个或一百万个相同对象，消耗的内存是相同的，因为它们都引用相同的网格数据。在这种情况下，对象之间的唯一区别是每个对象的变换。然而，因为静态批处理需要把数据复制到一个大的缓冲区，所以这个引用会丢失，原因是原始网格的每个副本都会复制到缓冲区中，每个副本都带着各不相同的数据集，以及附着到顶点位置的硬编码变换。

因此，使用静态批处理渲染 1000 个相同的树对象，消耗的内存是不使用静态批处理渲染相同树的 1000 倍。如果没有正确地使用静态批处理，将导致一些严重的内存消耗和性能问题。

3.5.3　材质引用

如前所述，共享材质引用是减少渲染状态变更的一种方式，因此该要求显而易见。另外，有时静态批处理需要更多材质的网格。在这种情况下，所有使用不同材质的网格会划分到各自的静态批处理组，每个组使用不同的材质。

该要求的缺点是，静态批处理渲染所有静态网格时，使用的 Draw Call 数量最多只能等于所需的材质数量。

3.5.4　静态批处理的警告

静态批处理有几个缺点。它实现批处理的方式是将网格合并到一个更大的网格中，所以静态批处理系统有一些需要注意的警告。这些警告包括较小的不便和明显的缺点，这取决于场景：

- Draw Call 减少了，但不能直接在 Stats 窗口中看到，要在运行时才能看到。
- 在运行时向场景中引入标记为 Batching Static 的对象，不能自动包含进静态批处理中。

下面深入讨论这些问题的细节。

1. 静态批处理的 Edit 模式调试

试图确定静态批处理在场景中的整体效果有一些困难，因为在 Edit 模式下静态批处理没有生效。这些处理在运行时生效，因此在手动测试之前，难以确定静态批处理提供了什么优势。应该使用 Frame Debugger 来验证静态批处理是否正确生成，以及是否包含了预期的对象。

如果在项目后期才开始启用该特性，可能会有问题，因为此时需要花费大量的时间启动、调整、重启场景，以确保节省了期待节省的 Draw Call。所以，最好在构建新场景的早期开始进行静态批处理优化。

不言而喻，静态批处理创建工作并不完全是琐碎的，如果有许多批处理要创建，和/或有许多大型对象要批处理，那么场景初始化时间可能会显著增加。

2. 在运行时实例化静态网格

在运行时添加到场景中的任何新对象，即使它们标记为 Batching Static 对象，也不会由静态批处理系统自动合并到任何现有批处理中。这样做会在重新计算网格和与管线渲染同步之间造成巨大的运行时开销，所以 Unity 甚至不会尝试自动执行。

大多数情况下，应该尝试让任何期望被静态批处理的网格出现在场景的原始文件中。然而，如果需要动态实例化，或者使用叠加方式加载场景，就可以使用 StatciBatchUtility.Combine()方法控制静态批处理。该工具方法有两个重载形式：一个形式需要提供根 GameObject，该对象中所有带网格的子 GameObject 对象都会转换到新的静态批处理组中(如果使用了多个材质，就会创建多个组)，另一种重载形式需要提供 GameObject 列表和一个根 GameObject，该重载形式会自动将列表中的对象作为根对象的子节点，以相同的方式生成新的静态批处理组。

应该分析一下这个函数的用法，因为如果有许多顶点要合并，那么该操作将非常昂贵。它也不会将给定的网格与任何预先存在的静态批处理组合并在一起，即使它们使用相同的材质。因此，无法通过实例化或叠加加载的静态网格来减少 Draw 调用，这些静态网格使用的材质与场景中已经存在的其他静态批处理组相同(它只能与在 combine()调用中分组的网格合并)。

> **提示：**
>
>
>
> 注意，如果在调用 StaticBatchUtility.Combine()方法进行批处理之前，GameObject 没有标记为 Static，GameObject 就一直是非 Static，但网格自身是 Static。这意味着 GameObject、它的 Collider 组件和其他任何重要对象可能被意外移动，但网格依然留在原处。对于在静态批处理的对象中意外混合 Static 和非 Static 状态，要特别小心。

3.5.5　静态批处理总结

静态批处理是一种强大但危险的工具。如果使用得不明智，就很容易通过内存消耗(可能导致应用程序崩溃)和应用程序的渲染成本造成巨大的性能损失。它还需要大量的手动调整和配置，以确保正确生成批处理，也不会由于使用各种 Static 标记而意外引发一些不期望的负面效果。然而，它有一个显著的优势：它可以用于不同形状和巨大尺寸的网格，这是动态批处理无法提供的。

3.6　本章小结

显然，动态批处理和静态批处理系统不是银弹。我们不能盲目地将它们应用到任何场景上，并期望得到性能提升。如果应用程序和场景碰巧符合它的一系列参数，那么这些方法就能显著地减少 CPU 负载和渲染瓶颈。否则，就需要做一些额外的工作，给场景做一些准备，使之满足批处理特性的需求。总之，只有深刻理解了这些批处理系统以及它们的工作原理，才能帮助我们确定这项特性可以在何时何地使用。本章提供了做出明智决定所需的信息。

第 6 章将学习关于管线渲染和性能提升技术的更多信息。第 4 章讨论另一个主题，掌握性能提升的更微妙部分，以智能的方式来管理艺术资源。

第4章

着手处理艺术资源

艺术是一个非常主观的领域，由个人的意见和偏好所支配。很难说一件艺术品是否比另一件好，也很难说为什么好，我们很可能无法就某些观点达成完全一致。支持游戏艺术性的艺术资产背后的技术方面也是非常主观的。有一些变通方法能用于实现性能提升，但是这些方法往往会为了提高速度而降低质量。如果想要达到最高的性能，那么当决定对美术资产进行任何更改时，与团队成员进行协商是很重要的，因为这主要是一个平衡行为，形式上也可以归属于艺术。

无论是试图最小化运行时的内存占用，保持尽可能小的可执行文件大小，最大限度地提高加载速度，还是保持帧速率的一致性，都有许多选项可供探索。一些方法显然总是很理想的，但是大多数方法在采用之前需要更多的关注和考虑，因为它们会降低质量，或者增加在其他子系统中开发瓶颈的机会。

本章将探索如何提升下列资源类型的性能：

- 音频文件
- 纹理文件
- 网格和动画文件
- Asset Bundle 和 Resource

对于每个资源类型，我们都将研究 Unity 在应用程序的构建和运行时如何存储、加载和维护这些资源，将解释在面对性能问题时的观念，以及如何避免可能产生性能瓶颈的行为。

4.1 音频

Unity 作为一个框架，可以构建任何应用程序，从仅需要少数音效和单一背景音乐的程序，到需要数百万行对话、音乐和环境音效的大型角色扮演游戏。不管这些应用程序的实际范围如何，音频文件通常在程序构建之后对应用程序的大小有很大的贡献(有时称它为磁盘占用)。此外，很多开发人员意外发现，运行时音频处理会成为 CPU 和内存消耗的重要来源。

游戏行业的两方往往都忽视了音频；开发人员往往到最后一分钟才提交很多资源，而用户很少会注意到它。音频处理得很好，就没有人会注意，但我们都知道糟糕的音频是什么样子的——它会立即被识别出来，非常刺耳，还会引起不必要的注意。于是，不以性能的名义牺牲太多的音频清晰度变得至关重要。

产生音频瓶颈的缘由多种多样。过度压缩、过多的音频操作、过多的活动音频组件、低效的内存存储方法和访问速度都是导致内存和 CPU 性能低下的原因。然而，只要稍加努力，就可以在这里或那里做一些调整，将我们从用户体验灾难中拯救出来。

4.1.1 导入音频文件

在 Project 窗口中选中导入的音频文件时，Inspector 窗口将显示多个导入设置。这些设置决定了一切，包括加载行为、压缩行为、质量、采样率，以及(在 Unity 的后期版本中)是否支持双声道音频(多通道音频，通过球面谐波组合音轨，以创建更真实的音频体验)。

提示：
很多音频导入选项可以基于每个平台配置，允许在不同的目标平台上自定义行为。

4.1.2 加载音频文件

通过以下 3 种设置可以指定音频文件的加载方式：

- Preload Audio Data
- Load In Background
- Load Type

音频文件最初打包为与应用程序捆绑在一起的二进制数据文件，这些文件位于设备的硬盘上(但在某些情况下，它们从互联网上的某个地方下载)。加载音频数据仅仅意味着将其拉入主内存(RAM)，以便稍后由音频解码器进行处理，然后将数据转换为音频信号，送到耳机或扬声器。但是，根据前面的 3 个设置，加载的方式会有很大的不同。第一项设置 Preload Audio Data 决定了音频数据是在场景初始化期间自动加载，还是在以后加载。当加载音频数据时，第二项设置 Load In Background 确定此活动是在完成之前阻塞主线程，还是在后台异步加载。最后，Load Type 设置定义了将什么类型的数据拉入内存，以及一次拉入多少数据。如果使用不当，这 3 种设置都会对性能产生显著的负面影响。

音频文件的典型用例是将其分配给 AudioSource 对象的 audioClip 属性，该对象将音频文件包装在 AudioClip 对象中。然后可以通过 AudioSource.Play()或 AudioSource.PlayOneShot()触发播放。以这种方式分配的每个音频剪辑都将在场景初始化期间加载到内存中，因为场景包含对这些文件的即时引用，在需要这些文件之前必须先解析这些引用。这是启用 Preload Audio Data 时的默认情况。

禁用 Preload Audio Data 会告诉 Unity 引擎，在场景初始化期间跳过音频文件资源的加载，这会将加载活动推迟到需要使用音频文件时，换句话说，当调用 Play()或 PlayOneShot()时加载音频文件。禁用此选项将加快场景初始化，但这也意味着第一次播放文件时，CPU 需要立即访问磁盘，检索文件，将其加载到内存，解压缩并播放。这是一个同步操作，它将阻塞主线程直到其完成。可以通过一个简单的测试来证明这一点：

```
public class PreloadAudioDataTest : MonoBehaviour {
    [SerializeField] AudioSource _source;

    void Update() {
        if (Input.GetKeyDown(KeyCode.Space)) {
            using (new CustomTimer("Time to play audio file", 1)) {
                _source.Play();
            }
        }
    }
}
```

如果在场景中添加一个 AudioSource，为其分配一个大的音频文件，并将 AudioSource 分配给 PreloadAudioDataTest 组件的_source 字段，就可以按空格键并查看 Play()函数完成所需的时间。对启用了 Preload Audio Data 的 10 兆字节音频文件而言，执行此代码的简单测试，将显示调用实际上是即时的。但是，禁用 Preload Audio Data，将更改应用到文件并重复测试，调用就需要更长的时间(在带有 Intel i5 3570K 的台式电脑上约 700 ms)。这完全超出了单帧的预算，因此若希望使用此选项而得到快速响应，就需要提前将大部分音频素材加载到内存中。

调用 AudioClip.LoadAudioData() (可以通过 AudioSource 组件的 clip 属性获取)可以实现音频加载。但是，此活动仍然会阻塞主线程，时间长度与前一个示例中加载的时间相同，因此加载音频文件仍然会导致掉帧，无论是否选择提前加载。也可以通过 AudioClip.UnloadAudioData()卸载数据。

此时应使用 Load In Background 选项。该选项会将音频加载更改为异步任务；因此，加载不会阻塞主线程。启用此选项后，对 AudioClip.LoadAudioData()的实际调用将立即完成，但请记住，在单独线程上完成加载之前，文件还没准备好用于播放。可以通过 AudioClip.loadState 属性来复查 AudioClip 组件的当前加载状态。如果开启 Load In Background，并在不首先加载数据的情况下调用 AudioSource.Play()，Unity 仍将需要在播放之前将文件加载到内存中，因此在调用 AudioSource.Play()和音频文件实际开始播放之间会有延迟。如果试图在声音文件完全加载之前访问它，导致它与其他任务(如动画)不同步，则可能会导致不协调行为。

现代游戏通常在关卡中实现方便的停止点，以执行诸如加载或卸载音频数据之类的任务——例如，几乎不发生任何操作的楼间电梯或长走廊。涉及通过这些方法自定义加载和卸载音频数据的解决方案需要给特定的游戏量身定制，具体取决于何时需要音频文件，需要多长时间，场景如何组合以及玩家如何穿越场景。

这可能需要针对特殊情况的大量更改、测试和素材管理调整。因此，建议将此方法作为在生产后期使用的核武器，在其他技术没有如希望的那样成功时使用。

最后是 Load Type 选项，它指示音频数据如何加载。有 3 种选择：

- Decompress On Load
- Compressed in Memory
- Streaming

这 3 个选项的详细解释如下：

- Decompress On Load：此设置压缩磁盘上的文件以节省空间，并在首次加载时将其解压缩到内存中。这是加载音频文件的标准方法，应该在大多数情况下使用。解压缩文件需要一段时间，这会导致加载过程中的额外开销，但会减少播放音频文件时所需的工作量。

- Compressed In Memory：此设置在加载音频时只是将其直接从磁盘复制到内存中。只有在播放音频文件时，才会在运行期间对其进行解压缩。这将在播放音频剪辑时牺牲运行时 CPU，但在音频剪辑保持休眠状态时，提高了加载速度，减少了运行时内存消耗。因此，此选项最适合频繁使用的大型音频文件；或者在内存消耗上遇到难以置信的瓶颈，并且愿意牺牲一些 CPU 周期来播放音频剪辑。

- Streaming：最后，此设置(也称为缓冲)将在运行时加载、解码和播放文件，具体做法是逐步将文件推过一个小缓冲区，在缓冲区中一次只存在整个文件的一小部分数据。此方法对特定音频剪辑使用的内存量最小，但运行时 CPU 使用的内存量最大。由于文件的每个回放实例都需要生成自己的缓冲区，因此此设置有一个不幸的缺点，即多次引用音频剪辑，会导致内存中同一音频剪辑的多个副本必须单独处理，如果胡乱使用，会导致运行时 CPU 成本。因此，此选项最好用于定期播放的单实例音频剪辑，这种音频剪辑不需要与自身的其他实例或甚至与其他流式音频剪辑重叠。例如，此设置最好与背景音乐和环境音效一起使用，这些音效需要在场景的大多数时间里播放。

现在回顾一下。默认情况下，启用 Preload Audio Data，禁用 Load In Background 以及使用 Decompress On Load 的加载类型会导致场景加载时间过长，但可以确保在需要时立即准备好场景中引用的每个音频剪辑。当需要音频剪辑时，不会有加载延迟，音频剪辑将在调用 Play() 时播放。缩短场景加载时间的一个很好的折中方法是，为以后才需要的音频剪辑启用 Load In Background，但这不应该用于场景初始化后不久就需要的音频剪辑。然后通过 AudioClip.LoadAudioData() 和 AudioClip.UnloadAudioData() 手动控制音频数据加载的时间。可以在一个场景中使用所有方法，以达到最佳性能。

4.1.3　编码格式与品质级别

Unity 支持 3 种音频剪辑编码格式，在 Inspector 窗口中查看音频剪辑的属性时，由 Compression Format 选项决定哪种格式：

- Compressed (该选项真正的文本内容会随着平台的不同而不同)
- PCM
- ADPCM

导入 Unity 引擎中的音频文件可以是许多流行的音频文件格式之一，例如 Ogg Vorbis、MPEG-3(MP3) 和 Wave，但是捆绑到可执行文件中的实际编码将转换为不同的格式。

与 Compressed 设置一起使用的压缩算法取决于目标平台。独立的应用程序和其他非移动平台将文件转换为 Ogg Vorbis 格式，而移动平台使用 MP3 格式。

注意:
有一些平台总是使用特定类型的压缩，例如用于 PS Vita 的 HEVAG，用于 XBox One 的 XMA 和用于 WebGL 的 AAC。

在 Inspector 窗口中，在 Compression Format 选项后面的区域中提供当前所选格式的统计信息，显示了压缩所节省的磁盘空间预估值。请注意，第一个值显示原始文件大小，第二个值显示磁盘上的大小开销。音频文件在运行时加载后将消耗多少内存由所选压缩格式的效率决定。例如，Ogg Vorbis 压缩格式在解压缩时，其大小通常是压缩大小的 10 倍左右，而 ADPCM 在解压缩时，其大小是压缩大小的 4 倍左右。

提示:
在 Inspector 窗口中为音频文件显示的成本节省值仅适用于当前选定的平台和最近应用的设置。确保编辑器在 File | Build Settings 中切换到正确的平台，并在进行更改后单击 Apply，以查看当前配置的实际成本节省量(或成本增长量)。这对于 WebGL 应用程序尤其重要，因为 AAC 格式通常会导致音频文件过大。

所使用的编码/压缩格式会在运行期间对音频文件的质量、文件大小和内存消耗产生显著影响，只有 Compressed 设置才能在不影响文件采样率的情况下更改质量。与此同时，PCM 和 ADPCM 设置并没有提供这种功能，我们只能使用那些压缩格式决定提供给我们的文件大小——也就是说，除非我们愿意通过降低采样率来降低音频质量，从而降低文件的大小。

PCM 格式是一种无损的、未压缩的音频格式，提供接近模拟音频的效果。它以更大的文件大小换取更高的音频质量，最适用于极短暂且需要高清晰度的音效，否则任何压缩都会降低体验。

同时，ADPCM 格式在大小和 CPU 消耗方面都比 PCM 高效得多，但是压缩会产生相当大的噪声。如果将其作为具有大量混乱的短声音效果，例如爆炸、碰撞和冲击声音，则可以隐藏噪声，而我们不会注意到任何产生的失真。

最后，Compressed 格式将导致小文件的质量低于 PCM，但明显优于 ADPCM，代价是要使用额外的运行时 CPU。大多数情况下都应该使用这种格式。此选项允许自定义压缩算法的结果质量级别，以根据文件大小调整质量。使用 Quality 滑块的最佳实践是查找尽可能小但用户注意不到的质量级别。可能需要一些用户测试才能找到每个文件的最佳质量配置。

提示：
不要忘记，在运行时应用于文件的任何附加音频效果在编辑模式下都不会通过编辑器播放，因此任何更改都应在播放模式下通过应用程序进行完整测试。

4.1.4　音频性能增强

理解了音频文件格式、加载方法和压缩模式后，接着探索一些通过调整音频行为来提高性能的方法。

1. 最小化活动音源数量

由于每个播放中的音频源消耗特定数量的 CPU，因此禁用场景中冗余的音频源可以节省 CPU 周期。一种方法是限制可以同时播放音频剪辑的实例数。这涉及通过一个中介发送音频播放请求，该中介控制着音频源，从而对一个音频剪辑可以同时播放的实例数设置硬性的上限。

Unity Asset Store 中几乎所有可用的音频管理资产都实现了某种类型的音频限制功能(通常称为音频池)，而且理由充分：这是以最低的质量成本最小化过度音频播放的最佳折中方案。例如，同时播放 20 种脚步声与同时播放 10 种脚步声没有太大的区别，并且不太可能因为太大声而分心。因此，由于这些工具通常提供许多更微妙的性能增强功能，因此建议使用预先存在的解决方案，而不是推出自己的解决方案，因为从音频文件类型、立体声/3D 音频、分层、压缩、过滤器、跨平台兼容、高效内存管理等方面考虑有很多复杂性。

当涉及环境音效时，仍然需要将它们放在场景中的特定位置，以利用对数音量效果，这使其具有伪三维效果，因此音频池系统可能不是理想的解决方案。通过减少音频源的总数来限制对环境音效的播放是最好的。最好的方法是要么移除其中的一些音效，要么把它们减少到一个更大声的音频源。当然，这种方法会影响用户体验的质量，因为声音似乎来自一个源，而不是多个源，因此应该小心使用。

2. 为 3D 声音启用强制为单声道

在立体声音频文件上启用 Force to Mono(强制为单声道)设置会将来自两个音频通道的数据混合到一个通道中，文件的总磁盘和内存空间使用量有效地降低了 50%。一般不要给二维音效启用此选项，二维音效通常用于创建特定的音频体验。但是，在两个通道实际相同的 3D 位置音频剪辑上可以启用此选项，以节省一些空间。这些音频源类型使音频源和播放器之间的方向决定如何将音频文件播放到左/右耳，在这种情况下(两个声道实际相同)播放立体声效果通常没有意义。如果不需要立体声效果，将二维声音(以全音量播放到播放器耳朵中的声音，无论与音频源的距离/方向如何)强制为单声道也可能有意义。

3. 重新采样到低频

将导入的音频文件重新采样到较低的频率将减小文件和运行时内存占用。为此，可以将音频文件的 Sample Rate 设置为 Override Sample Rate，此时可以通过 Sample Rate 选项配置采样率。有些文件需要高采样率听起来才合理，例如高音调文件和大多数音乐文件。但是，在大多数情况下，较低的设置可以减小文件的大小，而不会明显降低质量。22050Hz 是源于人类语音和古典音乐的一个常见采样率。有些声音效果甚至可以用更低的频率值来消除。但是，每个声音效果都以独特的方式受此设置的影响，因此在最终确定采样率之前，最好花时间运行一些测试。

4. 考虑所有的压缩格式

如前所述，Compressed、PCM 和 ADPCM 压缩格式都有各自的优缺点。在适当的情况下，可以对不同的文件使用不同的编码格式，在内存占用、磁盘占用、CPU 使用和音频质量方面做出一些妥协。我们应该愿意在同一个应用程序中使用所有这些文件，并设计出一个适用于所使用的音频文件类型的系统，这样就不需要单独处理每个文件。否则，需要做大量的测试，以确保每个文件的音频质量没有降低。

5. 注意流媒体

Streaming 加载类型的优点是运行时内存成本低，因为它分配了一个小的缓冲区，文件像数据队列一样连续地推入缓冲区。这看起来很有吸引力，但是从磁盘流式传输文件应该仅限于大型的单实例文件，因为它需要运行时的硬盘访问；这是我们可用的最慢的数据访问形式之一(仅次于通过网络拉取文件)。使用 Streaming 选项时，分层或转换的音乐剪辑可能会遇到严重的问题，此时，最好考虑使用另一个 Load Type 并手动控制加载/卸载。还应该避免一次传输多个文件，因为它可能会在磁盘上造成大量缓存丢失，从而打断游戏。这就是为什么该选项主要用于背景音乐/环境音效，因为一次只需要一个背景音乐/环境音效。

6. 通过混音器组应用过滤效果以减少重复

过滤效果可用于修改通过音频源播放的音效，并可通过 FilterEffect 组件完成。每个单独的过滤效果都需要消耗一定的内存和 CPU，这是一个很好的方法，可以节省磁盘空间，同时保持音频播放的多样性，因为一个文件可以通过一组不同的过滤器进行调整，以产生完全不同的声音效果。

由于有额外的开销，在场景中过度使用过滤器效果会导致性能上的严重后果。更好的方法是利用 Unity 的音频混音器实用程序(Window | Audio Mixer)生成通用的过滤效果模板，多个音频源可以引用这些模板，以最小化内存开销。

音频混音器的官方教程非常详细地介绍了该主题:

https://unity3d.com/learn/tutorials/modules/beginner/5-pre-order-beta/audiomixer-and-audiomixer-groups

7. 谨慎地使用远程内容流

可以使用 Unity 通过 Web 动态加载游戏内容，这是减少应用程序磁盘占用的一种有效方法，因为需要打包到可执行文件中的数据文件更少，还提供了一种使用 Web 服务呈现动态内容的方法，以确定在运行时向用户呈现的内容。素材流可以通过 Unity 5 中的 WWW 类或 Unity 2017 中的 UnityWebRequest 类完成。

WWW 类提供 audioClip 属性，如果 AudioClip 对象是通过 WWW 对象下载的音频文件，则该属性用于访问 AudioClip 对象。但是，请注意，访问此属性将在每次调用时分配一个全新的 AudioClip 资源，类似于其他 WWW 资源获取方法。一旦不再需要此资源，就必须使用 Resources.UnloadAsset()方法释放它。

不像托管资源，丢弃引用(将引用设置为 null)不会自动释放这些资源，因而它会持续占用内存。因此，应当仅通过 audioClip 属性获取一次 AudioClip，此后仅使用该 AudioClip 引用，当不再需要时释放它。

同时，在 Unity 2017 中，WWW 类已被 UnityWebRequest 类替代，它使用了新的 HLAPI 和 LLAPI 网络层。这个类提供了各种实用程序来下载和访问以文本文件为主的内容。基于多媒体的请求应该通过 UnityWebRequestMultimedia 辅助类发送。因此，如果请求 AudioClip，就应调用 UnityWebRequestMultimedia.GetAudioClip()创建请求，调用 DownloadHandlerAudioClip.GetContent()在下载完成后取出音频内容。

新版本的 API 旨在更有效地存储和提供请求的数据，通过 DownloadHandlerAudio-Clip.GetContent()多次重新获取音频剪辑不会导致额外的分配。相反，它只返回对最初下载的音频剪辑的引用。

8. 考虑用于背景音乐的音频模块(Audio Module)文件

音频模块文件也称为音轨模块(Tracker Module)，是节省大量空间，并且没有任何明显质量损失的绝佳方式。Unity 中支持的文件扩展名有.it、.s3m、.xm 和.mod。在普通的音频格式中，音轨模块是以位流的形式读取的，必须在运行时解码以生成特定的声音，而音轨模块包含许多小的、高质量的样本，并将整个音轨组织成类似于音乐表的形式；定义每个样本的播放时间、位置、音量、音高以及特效。这样可以在保持高质量采样的同时显著节省占用的空间大小。因此，如果有机会为音乐文件使用音轨模块版本，就应好好探索一番。

4.2 纹理文件

在游戏开发中经常混淆纹理和精灵的概念，因此需要区分它们——纹理只是简单的图像文件、一个颜色数据的大列表，以告知插值程序，图像的每个像素应该是什么颜色，而精灵是网格的 2D 等价物，通常只是一个四边形(一对三角形合并成的长方形网格)，用于渲染面向当前相机的平面。还有一种被称为精灵表的事物，它是在一个大纹理文件内大量独立图像的集合，通常用于包含 2D 角色动画。这些文件可以用工具切分，例如 Unity 的 Sprite Atlas 工具，以形成角色动画帧所需的独立纹理。

网格和精灵都使用纹理,将图像渲染到它的表面。纹理图像文件通常由类似 Adobe Photoshop 或 Gimp 等工具生成，接着以类似音频文件的方式导入项目中。在运行时，这些文件加载进内存，推送到 GPU 的显存，并在给定的 Draw Call 期间，由着色器渲染到目标精灵或网格上。

4.2.1 纹理压缩格式

与音频文件类似，Unity 也用默认的设置列表导入纹理文件，以简化操作，在通常情况下这没有问题。但还有更多可用的导入设置，通过一些微调提升纹理的品质和性能。当然，如果不了解内部的处理过程就盲目做出改变，则很可能降低质量和性能。

第一个选项是文件的 Texture Type(纹理类型)。该设置决定什么选项是可见的，特别是 Advanced 下拉框里的选项。并不是所有的导入选项都能用于所有的纹理类型，因此最好设置该选项以明确纹理的目的，将其设置为 Normal Map(法线纹理)、Sprite(精灵)、Lightmap(光照纹理)等，设置纹理类型之后将显示相应的选项，见图 4-1。

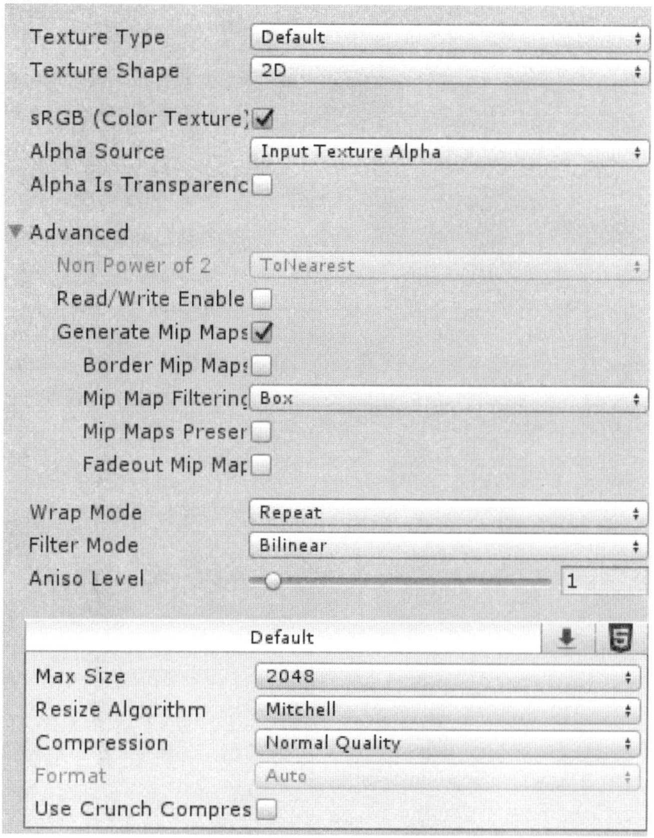

图 4-1　纹理的导入设置面板

与音频文件类似，可以以多种常见格式(诸如.jpg 和.png)导入纹理文件，但应用程序中内置的实际压缩格式可以根据给定平台的 GPU，从很多不同的纹理压缩格式中选择理想适配的一种。这些格式表示组织纹理颜色信息的不同方式；包括用于描述每个通道的不同位数(使用的位越多，可以表示的颜色就越多)，描述每个通道的不同位数(例如红色通道可能使用比绿色通道更多的位数)，用于所有通道的总位数(更多的位意味着更大的纹理、更多的磁盘和内存消耗)，是否包括 alpha 通道，最重要的是，还包括打包数据的不同方式，这允许 GPU 进行高效内存访问(如果选择了错误的包装类型，访问效率会非常低)。

修改压缩的简单方式是使用 Compression 纹理导入选项选择如下一个选项：

- None
- Low Quality
- Normal Quality
- High Quality

选择 None 意味着不进行压缩。在这种情况下，最终纹理依然会对导入的文件类型进行格式转化，但它会选择一种不压缩的格式，因此品质没有损失或损失很小，但纹理文件较大。其他 3 个选项将选择压缩格式，同样，根据平台的不同，Unity 将尝试选择匹配选项的压缩格式。例如选择 Low Quality 意味着 Unity 选择的压缩格式会显著减小纹理的大小，但将产生压缩失真；而选择 High Quality，纹理文件就会比较大，占用的内存较多，但失真很小。另外，这是由 Unity 自动选择的。

注意:
Unity 为每个平台的这些压缩设置选择的具体格式可以在 https://docs.unity3d.com/Manual/class-TextureImporterOverride.html 找到。

Unity 选择的压缩格式可以被覆盖，但可用的选项随平台的不同而不同，因为每个平台有最适合自己的自定义格式，如果单击 Default 选项卡旁边的某个特定于平台的选项卡(在 Max Size 选项上面)，就会看到特定平台的设置，并可以选择希望 Unity 使用的压缩格式。

提示:
还有一个 Crunch Compression 设置，它在 DXT 压缩格式之上应用额外级别的有损压缩。该选项仅在其他压缩设置获得 DXT 级别的压缩之后出现。根据 Compressor Quality 设置，该设置可以节省更多的空间，但可能有明显的压缩失真。

纹理的几个导入设置相对普通，例如决定文件是否包含 alpha 通道，在纹理的范围内的循环模式如何，过滤方法和文件最大的可能分辨率(一个全局限制，以防在特定平台上意外地超出纹理的原始大小)。然而，在这些导入设置中，其他几个选项比较有趣，将在其他适当的章节中讨论。

4.2.2　纹理性能增强

下面研究可以对纹理文件进行的一些更改，这可能有助于提高性能，具体取决于导入文件的情况和内容。在每种情况下，我们将探讨需要做出的变化和整体效果，这对内存或 CPU 产生正面还是负面影响，纹理质量是提高了还是下降了，这些技术在什么条件下可以利用。

1. 减小纹理文件的大小

给定的纹理文件越大，推送纹理所消耗的 GPU 内存带宽就越多。如果每秒推送的总内存超过图形卡的总内存带宽，就会产生瓶颈，因为在下一个渲染过程开始之前，GPU 必须等待所有纹理都上传完毕。小纹理自然比大纹理更容易通过管线推送到GPU，因此需要找出高质量和性能之间的平衡点。

为了确定是否在内存带宽存在瓶颈，一个简单的测试是降低游戏中最丰富、最大的纹理文件的分辨率，并重启场景。如果帧速率突然提高，那么应用程序很可能受到纹理吞吐量的限制。如果帧速率没有改善或者改善得很少，那么，要么仍然有一些内存带宽可以利用，要么管线渲染的其他地方存在瓶颈，所以看不到进一步的改进。

2. 谨慎地使用 Mip Map

对于渲染远处的小对象，例如石头，树等，如果玩家看不到细节，使用高精度细节的纹理就没有意义。当然，玩家可能看到轻微的效果提升，但这么微小的细节提升远不及其性能损耗。Mip Map 的开发解决了此问题(同时也帮助消除了困扰电子游戏的混叠问题)，它通过提前生成相同纹理的低分辨率替代品，保证它们占据相同的内存空间。在运行时，GPU 根据透视图中的表面大小选择相应的 Mip Map 级别(大体基于对象渲染时的纹理到像素的比例)。

通过开启 Generate Mip Maps 设置，Unity 自动处理纹理的这些低分辨率副本的生成。这是在编辑器内通过高质量重采样和过滤方法生成的，而不是运行时生成。Mip Map 的生成有其他几个选项，它们可以影响生成的品质级别，因此需要一些微调，以获取高质量的 Mip Map 集合。我们需要决定是否值得花费时间微调这些值，因为 Mip Map 最初的总体目的是故意降低质量，以提高性能。

图4-2展示了一张1024×1024纹理如何执行 Mip Map 而变成多张低分辨率的副本。

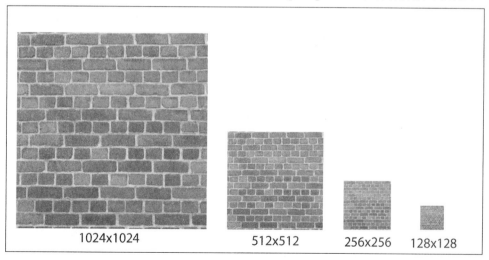

1024x1024　　512x512　　256x256　　128x128

图 4-2　1024×1024 图像生成的多张低分辨率的副本

这些纹理会打包到一起以节省空间，最终的纹理文件比原始图像大 33%。这将消耗一些磁盘空间和用于上传到 GPU 的带宽。

将 Scene 窗口的 Draw Mode 设置切换为 Mipmaps，可以观察应用程序中某些时刻使用了哪个 Mip Map 级别。在玩家的当前视图中，如果纹理大于它们的合适大小(浪费了额外的细节)，纹理就以红色高亮显示；而如果纹理太小，则以蓝色高亮显示，说明玩家正在以很差的纹理像素比观察低质量的纹理。

记住纹理只有需要在距离相机很远或很近的地方渲染时，Mip Mapping 才是有用的。如果纹理一直都和主相机保持固定的距离，则永远不会使用 Mip Mapped 方案，此时开启 Mip Map 只是对空间的浪费。同样，如果有一个纹理总是解析为相同的 Mip Map 级别，因为玩家的摄像机不会离得太远/太近，故而不切换 Mip Map 级别，那么明智的做法是简单地缩小原始纹理。

这方面的示例有 2D 游戏中的纹理文件，UI 系统使用的纹理，或者用于天空盒或远处背景的纹理，因为根据设计，这些纹理和摄像机的距离一直是固定的，所以 Mip Mapping 完全没用。其他示例包括：一直出现在玩家周围的对象，例如以玩家为中心的粒子特效，只出现在玩家周围的角色、对象，只有玩家能持有/携带的对象等。

3. 从外部管理分辨率的降低

Unity 做了很多努力让很多工具尽可能易于使用，并允许将项目文件从外部工具导入项目的工作空间中，诸如.PSD 和.TIFF 文件，它们通常很大，且拆分为多图层的图像。Unity 自动从文件的内容中生成引擎后续可以使用的纹理文件，这非常方便，因为只需要通过源码控制，来管理单一的文件副本，而当艺术家做出修改时，Unity 的副本会自动更新。

问题是 Unity 的自动纹理生成和压缩技术从这些文件中引入的混叠可能不如使用纹理编辑工具生成的效果好。Unity 的功能非常丰富，首先，它专注于作为一个游戏开发平台，这意味着它很难在其他软件开发人员全职工作的领域进行竞争。Unity 可能会缩小图像的比例，从而通过混叠造成失真，但为了保持预期的质量水平，导入比所需分辨率更高的图像文件，就可以解决这个问题。然而，如果首先通过外部应用程序缩小图像的比例，混叠就可能比较少。在这些情况下，可以用较低的分辨率达到可接受的质量水平，同时消耗更少的磁盘和内存空间。

可以习惯性避免在 Unity 项目中使用.PSD 和.TIFF 文件(在其他地方保存它们，将缩小版本导入 Unity 中)，或者只是偶尔执行一些测试，以确保不会因为使用分辨率比实际所需更高的纹理而浪费文件大小、内存和 GPU 内存带宽。这在项目文件管理上损失了一些便利，但如果愿意花些时间比较不同的缩小版本，某些纹理就可以显著地节省空间。

4. 调整 Anisotropic Filtering 级别

Anisotropic Filtering 是一项在非常倾斜(类似浅滩)的角度观察纹理时提升纹理品质的特性。如图 4-3 所示的截屏展示了使用和不使用 Anisotropic Filtering 在道路上绘制线条的经典示例:

图 4-3　No Anisotropic Filtering 和 16x Anisotropic Filtering 的区别

无论哪种情况,靠近相机的线都相当清晰,但与相机距离变远时则发生变化。没有开启 Anisotropic Filtering 时,距离相机越远的线越模糊不清,而开启 Anisotropic Filtering 时,这些线依然清晰。

应用于纹理的 Anisotropic Filtering 的强度可以通过 Aniso Level 设置逐个纹理地手动修改,也可以在 Edit | Project | Quality 设置内使用 Anisotropic Textures 选项全局启用/禁用该特性。

与 Mip Mapping 很像,Anisotropic Filtering 很昂贵,有时没有必要使用。如果场景中的一些纹理肯定不会从倾斜的角度看到(例如远处的背景对象、UI 元素、公告板粒子效果纹理),就可以安全地禁用 Anisotropic Filtering,以节省运行时开销。也可以考虑调整每个纹理的 Anisotropic Filter 强度,在品质和性能之间找到平衡点。

5. 考虑使用图集

图集是一种技术,它将许多较小的、独立的纹理合并到一个较大的纹理文件中,从而最小化材质的数量,因此最小化所需使用的 Draw Call 数量。这是利用动态批处理的有效方法。从概念上讲,这种技术非常类似于第 3 章中学习的最小化所用材质数量的方法。

每种独特的材质都需要额外的 Draw Call,但是每种材质只支持单一的主纹理。当然,它们也可以支持多个二级纹理,比如法线纹理和发射纹理。然而,将多个主纹理合并到一个大的纹理文件中,渲染共享这个纹理的对象时,可以最小化所使用的 Draw Call 数量,如图 4-4 所示。

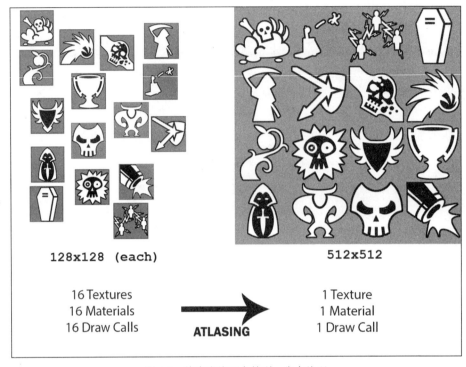

128x128 (each)　　　　　　　　　512x512

16 Textures　　　　　　　　　　　1 Texture
16 Materials　　　　　　　　　　　1 Material
16 Draw Calls　　　ATLASING　　　1 Draw Call

图 4-4　将多张纹理合并到一张大纹理

　　需要做的额外工作是修改网格或精灵对象的 UV 坐标，只采样大纹理文件中所需的部分，但好处是明显的；如果程序的瓶颈在 CPU，则减少 Draw Call 就会降低 CPU工作负载，提升帧率。假设合并纹理文件的分辨率和所有合并的图像相同，就不会有品质损失，而内存消耗也会相同。注意，由于推送到 GPU 的数据是一样的，因此图集不会减少内存带宽消耗。它只是将多张图片打包到一张更大的纹理文件中。

提示：
图集只是当所有给定的纹理需要相同的着色器时采用的一种方法。如果一些纹理需要通过着色器应用独立的图形效果，它们就必须分离到自己的材质中，并在单独的组中打图集。

　　图集是在 UI 元素和包含许多 2D 图形的游戏中应用的一种常见策略。当使用 Unity开发移动游戏时，图集是必不可少的技术，因为在这些平台上，Draw Call 会成为最常见的瓶颈。然而，我们不希望手动生成这些图集文件。如果可以继续逐个编辑纹理，并自动将它们合并到一个大文件中，事情将变得更简单。

　　Unity 资源商店有很多与 GUI 相关的工具，这些工具提供了自动将纹理打包到图集的特性。在互联网上有一些独立的程序，可以处理这项工作，而 Unity 能以资源的

形式为精灵生成图集。这可以通过 Asset | Create | Sprite Atlas 创建。

在 https://docs.unity3d.com/Manual/SpriteAtlas.html 上查看 Unity 文档，可以发现更多关于图集的有用特性。

 提示:
注意 Sprite Atlas 特性高效替代了 Unity 旧版本中的 Sprite Packer 工具。

图集不一定要用于 2D 图形和 UI 元素。如果创建了很多低分辨率的纹理，则可以将此技术应用到 3D 网格上。若 3D 游戏具有简单纹理的分辨率，或是扁平着色的低多边形风格，都可以这种方式使用图集。

然而，由于动态批处理效果只影响非动画的网格(也就是 MeshRenderer 而不是 SkinnedMeshRenderer)，因此不要将动画角色的纹理文件合并到图集。由于它们是动画的，GPU 需要将每个对象的骨骼乘以当前动画状态的变换。这意味着需要为每个角色进行独立的计算，不管他们是否共享了材质，该计算都将导致额外的 Draw Call。

因此，只有出于便利和节省空间的考虑，才应为动画角色合并纹理；例如，在一个扁平着色、低面艺术风格的游戏中，每个对象使用通用的颜色调色板，为整个游戏世界、对象和角色使用单一的纹理，可以节省一些空间。

图集的缺点主要是开发时间和工作流成本。要彻底检查现有的项目才能使用图集，这需要花费大量的精力，只是为了辨别是否值得使用图集就需要做很多工作。此外，还需要注意纹理文件的生成，这对于目标平台来说可能太大了。

一些设备(特别是移动设备)对纹理的大小有一个相对较低的限制，这些纹理可以拖到 GPU 的最低内存缓存中。如果打包到图集中的纹理文件太大，则必须将其分解为更小的纹理，以适应目标内存空间。如果设备的 GPU 在每次执行 Draw Call 时都需要来自图集不同部分的纹理，那么不仅会造成大量缓存丢失，还可能阻塞内存带宽，因为纹理总是从 VRAM 和较低级别缓存中提取。

如果图集是单独的纹理，就可能不会有这个问题。同样的纹理交换也会发生，但是会交换小得多的文件，代价是要执行额外的 Draw Call。在这个阶段，最好的选择是降低图集的分辨率，或者生成多个较小的图集，以便更好地控制它们进行动态批处理的方式。

图集显然不是一个完美的解决方案，如果不清楚它是否能带来性能提升，就应该小心，不要在它的实现上浪费太多时间。通常来说，如果移动游戏采用非常简单的 2D 艺术风格，就可能不需要使用图集。然而，如果移动游戏尝试使用高质量的资源或任何类型的 3D 图形，就应该尽可能在开始开发时集成图集，因为很可能项目很快就达到纹理吞吐量的限制，甚至可能需要对每个平台和每个设备做优化，以吸引更广泛的受众。

与此同时，应该仅在 Draw Call 数量超过硬件可接受的合理范围时，才考虑将图集应用到高质量的桌面游戏中，因为依然想让很多纹理保持高分辨率，以使品质最大化。低品质的桌面游戏也可能避免使用图集，因为 Draw Call 很可能不是最大的瓶颈。

当然，不管什么产品，如果由于 Draw Call 太多而受限于 CPU，也尝试过其他替代技术，那么图集在多数情况下是非常有效的性能提升方案。

6. 调整非方形纹理的压缩率

纹理文件通常以正方形、2 的 n 次幂的格式保存，这意味着它们的宽度和高度相等，而大小是 2 的 n 次幂。例如，通常大小是 256×256，512×512，1024×1024 像素等。

也可能出现长方形纹理，其宽度和高度仍是 2 的 n 次幂 (例如 256×512)或者非 2 的 n 次幂(例如 192×192)，但不推荐制作这种纹理。一些 GPU 需要方形纹理格式，因此 Unity 将自动拓展纹理到额外的空白处，进行补偿，以适应 GPU 期望的格式，这将消耗额外的内存带宽，将本质上用不到和没用的数据推送到 GPU。其他 GPU 可能支持非 2 的 n 次幂的纹理，但这种纹理的采样很可能比方形纹理更慢。

因此，第一个建议是避免非正方形和/或非 2 的 n 次幂的纹理。如果图形可以放到 2 的 n 次幂的方形纹理中，不会由于挤压/拉伸而导致品质下降太多，就应该做出这些修改，以获得更好的 CPU 和 GPU 性能。第二个选项是，在 Unity 中通过纹理文件的 Non Power of 2 导入设置，可以自定义这个缩放行为，然而，因为这是一个自动过程，可能不会带来期望的图形质量。

7. Sparse Textures

Sparse Textures 也称为 Mega-Textures 或 Tiled-Textures，提供了一种运行时从磁盘传输纹理数据流的方式。相对而言，如果 CPU 以秒为单位执行操作，那么磁盘将以天为单位执行操作。因此，通常的建议是，应该尽可能避免游戏运行时的硬盘访问。因此，一般的建议是，在游戏过程中应该尽可能避免硬盘访问，因为此类技术可能造成超出可用磁盘访问的风险，从而导致应用程序陷入停顿。

然而，如果明智地在需要之前开始传输纹理的部分数据，则 Sparse Textures 提供了一些有趣的性能提升技术。Sparse Textures 是通过将许多纹理组合成一个巨大的纹理文件来实现的，这个文件太大了，无法作为一个纹理文件加载到图形内存中。这类似于图集的概念，只是包含纹理的文件非常大——例如，32 768×32 768 像素——并且包含相当多的颜色细节，比如每个像素 32 位(这会导致纹理文件占用 4GB 的磁盘空间)。其理念是通过手动选择要从磁盘中动态加载的小片段纹理，在游戏中需要它们之前将它们从磁盘中取出，来节省大量的运行时内存和内存带宽。这种技术的主要成本是文件大小需求和潜在的连续磁盘访问。这种技术的其他成本是可以克服的，但通常需要大量的场景准备工作。

游戏世界需要以纹理交换量最小的方式创建。为了避免非常明显的纹理突现问题，纹理各部分必须从磁盘拉入内存，预留足够的时间，这样在传输到显存之前 GPU 就不需要等待(同样，GPU 通常不用等待提前加载到内存中的常规纹理)。这是在纹理文件本身的设计中实现的，方法是将给定场景的公共元素放在纹理的同一通用区域中，按照场景的设计，在游戏过程中的关键时刻触发新纹理子部分的加载，并确保新纹理文件的磁盘访问由磁盘快速定位，从而不会出现严重的缓存未命中问题。如果小心处理，Sparse Texturing 在场景质量和内存节省方面都会有很好的效果。

在游戏业中，它是一项高度专业化的技术，但没有被广泛采用，部分原因是它需要专业的硬件和平台支持，另一部分原因是它难以完美实现。Unity 关于 Sparse Texturing 的文档已有所改进，并提供了展示其效果的示例场景，该文档可以在 http://docs.unity3d.com/Manual/SparseTextures.html 上找到。

Unity 开发人员如果认为自己的水平足够高，可以尝试 Sparse Texturing 了，应该花点时间进行一些研究，以检查 Sparse Texturing 是否适合他们的项目，因为它可以显著地提升性能。

8. 程序化材质

程序化材质也称为 Substances，是一种在运行时通过使用自定义数学公式混合小型高质量的纹理样本，通过程序化方式生成纹理的手段。程序化材质的目标是在初始化期间以额外的运行时内存和 CPU 处理为代价，极大地减少应用程序的磁盘占用，以便通过数学操作而不是静态颜色数据来生成纹理。

纹理文件有时是游戏项目中最大的磁盘空间消耗者，众所周知，下载时间对下载完成率和人们尝试游戏有着巨大的负面影响(甚至游戏是免费的)。程序化材质允许牺牲一些初始化和运行时处理能力，以换取更快速的下载。这对于想要通过图形逼真度进行竞争的移动游戏很重要。

Unity 关于程序化材质的文档内容相当广泛，因此推荐阅读该文档，清晰地了解 Substances 的工作方式，以及它们提供性能优势的途径。阅读下面的 Unity 文档页面，以查看更多关于程序化材质的信息

http://docs.unity3d.com/Manual/ProceduralMaterials.html。

9. 异步纹理上传

最后一个还没提到的纹理导入选项是 Read/Write Enable。默认情况下，该选项是禁用的，禁用该选项的好处是纹理可以使用 Asynchronous Texture Uploading 特性，该

特性有两个优势：纹理会从磁盘异步上传到 RAM 中；且当 GPU 需要纹理数据时，传输发生在渲染线程，而不是主线程。纹理会推送到环形缓冲区中，一旦缓冲区中包含新数据，数据就会持续不断地推送到 GPU。如果缓冲区中没有新数据，就提前退出处理并等待，直到请求新的纹理数据。

最终，这减少了每帧准备渲染状态所花费的时间，允许将更多的 CPU 资源花在游戏玩法、物理引擎等逻辑模块中。当然，有时依然在主线程中花费时间准备渲染状态，但将纹理上传任务移到一个独立线程，节省了主线程中大量的 CPU 时间。

然而，开启纹理的读写访问功能，本质上是告知 Unity，我们想要随时读取和编辑该纹理。这暗示着 GPU 需要随时刷新对它的访问，因此禁用该纹理的异步纹理上传功能；所有上传任务必须在主线程中执行。我们可能想要开启该选项，以模拟在画布上画画，或者将网络上的图像数据写入已有的纹理，但缺点是在纹理上传之前，GPU 必须始终等待对纹理所做的修改，因为无法预测什么时候发生变更。

另外，由于异步纹理上传特性仅适用于明确导入到项目中且在构建时存在的纹理，因为该特性仅在纹理打包到可流式传输的特殊资源中才会生效，所以，任何通过 LoadImage(byte[]) 生成的纹理，由外部位置导入或下载的纹理，或者通过 Resources.Load 从 Resources 文件夹加载的纹理(它们都隐含 LoadImage(byte[])调用)都不会转换为可流式传输的内容，因此无法使用异步纹理上传特性。

异步纹理上传特性允许花费的时间上限和 Unity 为了推送要上传的纹理而使用的循环缓冲区总大小都是可以调整的。可以在 Edit | Project Settings | Quality | Other 菜单下进行设置，设置选项分别为 Async Upload Time Slice 和 Async Upload Buffer Size。Async Upload Time Slice 的值可以设置为期望 Unity 在渲染线程中花费在异步纹理上传的最大毫秒数。将 Async Upload Buffer Size 值设置为可能需要使用的最大纹理文件的大小或许是明智的，如果在同一帧需要加载多个新的纹理，就需要再增加一点儿额外的缓冲区。复制纹理数据的循环缓冲区会根据需要拓展大小，但这通常比较昂贵。由于我们可能已经提前知道所需循环缓冲区的大小，因此也可以将它设置为期望大小的最大值，以避免需要重新调整缓冲区大小时导致的潜在帧率下降。

4.3　网格和动画文件

最后介绍一下网格和动画文件。这些文件类型其实是顶点和蒙皮骨骼数据的大型数组，可以应用各种技术最小化文件大小，同时使其外观相似，却不完全相同。也有一些方式可以通过批处理技术降低渲染大量的这类对象组的成本。接下来介绍一系列可以应用到这些文件的性能增强技术。

4.3.1　减少多边形数量

这是提升性能的最明显的方法,应该始终加以考虑。事实上,由于不能使用 Skinned Mesh Renderer 对对象进行批处理,这是减少动画对象的 CPU 和 GPU 运行时开销的好方法之一。

减少多边形数是简单、直接的,为艺术家清理网格所需的时间节省了 CPU 和内存成本。在这个时代,对象的大部分细节几乎完全是通过精细的纹理和复杂的阴影来提供的,所以我们经常可以在现代网格上去掉很多顶点,而大多数用户无法分辨出它们之间的区别。

4.3.2　调整网格压缩

Unity 为导入的网格文件提供了 4 种不同的网格压缩设置: Off、Low、Medium 和 High。增加此设置将把浮点数据转换为固定值,降低顶点位置/法线方向的精度,简化顶点颜色信息等。这对包含许多彼此相邻的小部件(比如栅栏或格栅)的网格有明显的影响。如果通过程序生成网格,就可以通过调用 MeshRenderer 组件的 Optimize()方法来实现相同类型的压缩(当然,这需要一些时间来完成)。

Edit | Project Settings | Player | Other Settings 中也有两个全局设置,可以影响网格数据的导入方式。这两个设置选项为 Vertex Compression 和 Optimize Mesh Data。

可以使用 Vertex Compression 选项配置在启用 Mesh Compression 的情况下导入网格文件时被优化的数据类型,因此,如果想要精确的法线数据(用于照明),但不关心位置数据,就可以在这里配置它。遗憾的是,这是一个全局设置,会影响所有导入的网格(但它可以基于每个平台进行配置,因为它是一个 Player 设置)。

开启 Optimize Mesh Data 将剔除该网格当前使用的材质所不需要的数据。因此,如果网格包含切线信息,但着色器不需要切线信息,那么 Unity 将在构建期间忽略它。

在每种情况下,这样做的好处是减少了应用程序的磁盘占用,却要花费额外的时间来加载网格,因为在需要数据之前必须花费额外的时间解压缩数据。

提示:

3D 网格构建/动画工具通常提供自己的自动网格优化的内置方法,其形式是估计整体形状,并将网格剥离为更少的多边形。这可能导致严重的质量损失,如果使用,应该进行严格的测试。

4.3.3　恰当使用 Read-Write Enabled

Read-Write Enabled 标志允许在运行时通过脚本修改网格，或在运行时由 Unity 自动对网格进行更改，类似于它用于纹理文件的方式。在内部，这意味着把原始网格数据保存在内存中，直到我们想要复制它并动态地进行更改。禁用此选项将允许 Unity 在确定要使用的最终网格后，从内存中丢弃原始网格数据，因为它永远不会改变原始网格数据。

如果在整个游戏中只使用网格的等比缩放版本，则禁用该选项会节省运行时内存，因为不再需要原始网格数据来制作网格的重新缩放副本，(随便提一下，这是进行动态批处理时，Unity 通过缩放因子组织对象的方式)。因此，Unity 可以尽早丢弃这些不需要的数据，因为在下一次应用程序启动之前，将不再需要它们。

然而，如果网格经常在运行时以不同的比例重新出现，那么 Unity 需要将这些数据保存在内存中，以便更快地重新计算新的网格，因此启用 Read-Write Enable 标志是明智的。要禁用它，Unity 不仅需要在每次重新引入网格时重新加载网格数据，还需要同时制作重新缩放的副本，这会导致潜在的性能问题。

Unity 试图在初始化期间检测这个设置的行为是否正确，但是当网格在运行时以动态的方式被实例化和缩放时，必须通过启用这个设置来强制这个问题。这将提高对象的实例化速度，但会带来一些内存开销，因为原始网格数据在需要时才会被保留。

提示：
当使用 Generate Colliders 选项时，也会带来这个潜在的开销。

4.3.4　考虑烘焙动画

这个技巧需要通过当前使用的 3D 套索和动画工具修改资产，因为 Unity 本身不提供这样的工具。动画通常存储为关键帧信息，它跟踪特定的网格位置，并在运行时使用蒙皮数据(骨骼形状、赋值、动画曲线等)在它们之间插值。与此同时，烘焙动画意味着不需要插值和蒙皮数据，就可以有效地将每帧每个顶点的每个位置采样并硬编码到网格/动画文件中。

对于某些对象来说，使用烘焙动画有时会得到比混合/蒙皮动画更小的文件大小和内存开销，因为蒙皮数据需要惊人的存储空间。相对简单的对象或动画时间较短的对象最有可能出现这种情况，因为要用硬编码的一系列顶点位置有效地替换过程数据。因此，如果网格的多边形数足够低，而存储大量顶点信息比蒙皮数据更便宜，就可以通过这个简单的改变显著地节省空间。

此外，通常可以通过导出应用程序定制烘焙采样的频率。应该对不同的采样率进行测试，以找到合适的值，其中动画的关键时刻仍然清晰可见，这本质上是一个简化的估计。

4.3.5　合并网格

将网格强力地合并成单个的大型网格，便于减少 Draw Call，特别是当网格对于动态批处理来说太大，不能与其他静态批处理组很好地配合时。这本质上等同于静态批处理，但它是手动执行的，所以，如果静态批处理可以处理这个过程，我们就不必浪费精力了。

注意，如果网格的任何单个顶点在场景中可见，那么整个对象将作为一个整体进行渲染。如果网格在大部分时间里只部分可见，这将浪费大量的处理时间。这种技术也有一个缺点，它生成了一个全新的网格资产文件，必须将其保存到场景中，这意味着对原始网格所做的任何更改都不会反映在合并的网格中。每次需要进行更改时，都会导致大量烦琐的工作流工作，因此，如果可以选择静态批处理，就应该使用它。

网络上有一些工具，能用于在 Unity 中合并网格文件。可以在 Asset Store 或 Google 搜索到它们。

4.4　Asset Bundle 和 Resource

第 2 章谈及"资源和序列化"，很明显，Resource System 在原型建立阶段和项目的早期阶段很有益处，也能在有限范围的游戏中相当高效地使用。

然而，专业的 Unity 项目应该支持 Asset Bundle System。原因有很多。首先，当涉及构建时，Resource System 的可伸缩性不是很大。所有资源都合并到一个大型序列化文件二进制数据 blob 中，其中包含一个索引列表，列出了可以在其中找到的各种资产。向列表中添加更多的数据时，这可能很难管理，并且需要很长时间来构建。

其次，Resource System 以 Nlog(N)的方式从序列化文件中获取数据，所以需要警惕 N 的值。再次，Resource System 使应用程序难以基于每个设备提供不同的素材数据，而 Asset Bundle 很容易实现这一点。最后，Asset Bundle 可用于为应用程序提供小型的、定期的自定义内容更新，而 Resource System 需要完全替换整个应用程序，才能达到相同的效果。

Asset Bundle 与 Resource 拥有许多相同的功能，比如从文件中加载，异步加载数据和卸载不再需要的数据。然而，Asset Bundle 还提供了更多的功能，如内容流式传输、内容更新、内容生成和共享。这些都可以极大地提高应用程序的性能。可以提供磁盘空间占用更小的应用程序，让用户在开始游戏之前或游戏运行过程中下载额外的内容，在运行时流式传输素材，以最小化应用程序的首次加载时间，基于每个平台提供更优化的素材，而不是给用户推送完整的应用程序。

当然，Asset Bundle 也有缺点。它的建立和维护比 Resource 更复杂，理解起来也更复杂，因为它使用比 Resource System 更复杂的系统来访问资产数据，充分利用其功能(如流媒体和内容更新)需要很多额外的 QA 测试，以确保服务器正常交付内容，确保游戏读取和更新对应的内容。因此，最好只有当团队的规模能够支持所需的额外工作负载时，才使用 Asset Bundle。

关于 Asset Bundle 系统的教程超出了本书的范围，但在 Unity 文档和网上有很多有用的指导。

查阅以下网址中的 Unity 教程，可以查找更多关于 Asset Bundle 系统的信息：https://unity3d.com/learn/tutorials/topics/best-practices/guide-assetbundles-and-resources。

如果需要进一步的指南，下面发于 2017 年 4 月的 Unity 博客帖子展示了 Asset Bundle 系统如何在运行期间更高效地使用内存，Resource System 无法通过内存池提供该方式：

https://blogs.unity3d.com/2017/04/12/asset-bundles-vs-resources-a-memory-showdown/。

4.5   本章小结

我们可以探索许多不同的情形，仅通过修改导入的资产来提升应用程序的性能。从另一个角度来看，资产管理不善会在许多方面损害应用程序的性能。几乎每个导入的配置都是两个性能指标或工作流任务之间的权衡。通常，这意味着通过压缩来节省磁盘占用空间，代价是在运行时 CPU 要解压数据，或者加快访问速度，但会降低最终效果的质量水平。因此，我们必须保持警惕，只在合理的理由下为对应的资产选择适合的技术。

这就结束了通过艺术资产的管理来提高性能的探索。下一章将研究如何改进 Unity 物理引擎的使用。

第5章

加 速 物 理

到目前为止，我们研究的每一个性能增强建议主要集中在降低资源消耗和避免发生帧率问题上。然而，在最基本的层面上，寻求最佳性能意味着改善用户体验。因为对于给定的市场而言，每一个帧率问题、每一次崩溃和每一个系统限制要求都会造成损失，最终都会降低产品的质量。物理引擎是一类独特的子系统，其行为和一致性是影响产品质量的主要因素，花时间改进其行为通常是值得的。

如果错过了重要的碰撞事件，游戏在计算的复杂物理事件时卡顿，或者玩家摔倒在地上，这些都将对游戏质量产生明显的负面影响。一些小故障通常是可以忍受的，但是持续的问题会阻碍游戏的进行。这通常会导致玩家退出游戏的体验，无论用户觉得它是不方便的、令人讨厌的还是搞笑的，这都是一个投机的侥幸行为。除非游戏专门针对喜剧物理类型(如 QWOP 或山羊模拟器等游戏)，否则这些情况应该努力避免。

有些游戏可能根本不使用物理，而另一些游戏则要求物理引擎在游戏期间处理大量任务，例如数百个对象之间的碰撞检测、触发体积以启动场景切换，对玩家攻击和 UI 行为发射射线，收集给定区域中的对象列表，甚至让很多物理粒子飞来飞去，将物理作为吸引眼球之用。它的重要性也因创建的游戏类型而异。例如，在平台游戏和动作游戏中，必须正确调整物理特性——玩家角色对输入的反应以及世界对玩家角色的反应，这是使游戏感觉灵敏和有趣的两个最重要方面。然而，在大型多人在线(Massively Multiplayer Online, MMO)游戏中，精确的物理可能不那么重要，因为这类游戏往往具有有限的物理交互作用。

因此，本章介绍减少 Unity 物理引擎中的 CPU 峰值、开销和内存消耗的方式，同时包括改变物理行为的方法，在提高或至少保持游戏质量的同时优化性能。本章将涉及以下领域的内容。

- 理解 Unity 的物理引擎如何工作:

- ◆ 时间步长和 FixedUpdate
- ◆ 碰撞器类型
- ◆ 碰撞
- ◆ 射线发射
- ◆ 刚体激活状态
- 物理性能优化：
- ◆ 如何构造场景以优化物理行为
- ◆ 使用相应的碰撞器类型
- ◆ 优化碰撞矩阵
- ◆ 提升物理一致性并避免容易出错的行为
- ◆ 布娃娃(Ragdoll)和其他基于关节的(Joint-based)对象

5.1 物理引擎的内部工作情况

Unity 技术上有两种不同的物理引擎：用于 3D 物理的 Nvidia 的 PhysX 和用于 2D 物理的开源项目 Box2D。然而，Unity 对它们的实现是高度抽象的，从通过主 Unity 引擎配置的更高级别 Unity API 的角度来看，两个物理引擎解决方案以功能相同的方式运行。

无论是哪种情况，对 Unity 的物理引擎了解得越多，就越能理解可能的性能增强。所以，首先将介绍一些关于 Unity 如何实现这些系统的理论。

5.1.1 物理和时间

物理引擎通常是在时间按固定值前进的假设下运行的，Unity 的两个物理引擎也都以这种方式运行。每个迭代都称为时间步长。物理引擎将只使用非常特定的时间值来处理每个时间步长，这与渲染上一帧所花费的时间无关。该时间步长在 Unity 中称为 Fixed Update Timestep，它的值默认设置为 20 毫秒(每秒 50 次更新)。

注意：

由于体系结构(浮点值的表示方式)的不同以及客户端之间的延迟，如果物理引擎使用可变的时间步长，很难在两台不同的计算机之间产生一致的碰撞和力的结果。这样物理引擎往往会在多人的客户端之间或在录制的重播期间生成非常不一致的结果。

图 5-1 显示了 Unity 执行顺序图中的一个重要片段。

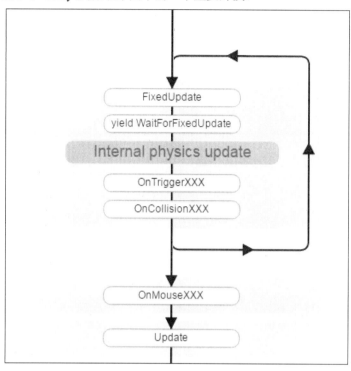

图 5-1　Unity 执行顺序图中的重要部分

完整的执行顺序图可以通过下面的网址找到：

http://docs.unity3d.com/Manual/ExecutionOrder.html。

在图 5-1 中可以看到，固定的更新在物理引擎执行自己的更新之前处理，而这两者之间的联系是不可分割的。这个过程开始于确定是否已经过了足够的时间来开始下一个固定的更新。一旦确定了这一点，解决它的结果将有所不同，这取决于自上次固定更新以来经过的时间。

如果经过了足够的时间，则固定更新的处理将调用在场景中所有激活的MonoBehaviour 中定义的 FixedUpdate()回调，接着处理与固定更新相关的任何协程(特别是那些生成 WaitForFixedUpdate 的协程)。注意，对于在这两个过程中调用的方法，没有执行顺序的保证，所以不应该在这个假设下编写代码。一旦这些任务完成，物理引擎就可以开始处理当前的时间步长，并调用任何必要的触发器和碰撞器回调。

相反，如果自上次固定更新以来经过的时间太少(即小于 20 毫秒)，则跳过当前的固定更新，并且之前列出的所有任务不会在当前迭代期间处理。此时，输入、游戏逻辑和渲染将正常进行。完成此活动后，Unity 将检查是否需要处理下一个固定更新。

在高帧率下,渲染更新可能会在物理引擎获得更新自身的机会之前完成多次更新。这个过程在运行时不断重复,使固定的更新和物理引擎比渲染具有更高的优先级,同时也强制物理模拟具有固定的帧率。

提示:

为了确保对象在固定更新之间平稳移动,物理引擎(Unity 内的)根据下一次固定更新之前的剩余时间,在处理当前状态之后,在上一个状态和应处于的状态之间对每个对象的可见位置进行插值。这种插值可以确保对象的移动非常平稳,尽管它们的物理位置、速度等更新的频率低于渲染帧率。

FixedUpdate()回调是一个用于放置任何期望独立于帧率的游戏行为的好地方。AI 计算通常在固定的更新中计算,因为如果假设一个固定更新的频率,会更容易开发。

1. 最大允许的时间步长

需要注意的是,如果自上次固定更新(例如,游戏暂时卡顿)以来已经过了很长时间,那么固定更新将继续在相同的固定更新循环中计算,直到物理引擎赶上当前时间。如果上一帧花了 100ms 用于渲染(例如,一个突然的 CPU 峰值导致主线程阻塞了很长时间),那么物理引擎将需要更新 5 次。由于默认固定更新的时间步长为 20 毫秒,在再次调用 Update()之前还需要调用 5 次 FixedUpdate()方法。当然,如果在这 5 次固定更新时有很多物理活动需要处理,例如总共花费了超过 20 毫秒处理它们,那么物理引擎将继续调用第 6 次更新。

因此,在物理活动较多时,物理引擎处理固定更新的时间可能比模拟的时间要长。例如,如果用 30 毫秒来处理一个固定的更新,模拟 20 毫秒的游戏,它就已经落后了,需要它处理更多的时间步长来尝试和跟上,但这可能会导致它落后得更远,需要它处理更多的时间步长,等等。在这些情况下,物理引擎永远无法摆脱固定的更新循环,并允许另一帧进行渲染。这个问题通常称为死亡螺旋。但是,为了防止物理引擎在这些时刻锁定游戏,存在允许物理引擎处理每个固定更新循环的最长时间。此阈值称为允许的最大时间步长(Maximum Allowed Timestep),如果当前一批固定更新的处理时间太长,则它将停止并放弃进一步的处理,直到下一次渲染更新完成。这种设计允许渲染管线至少将当前状态进行渲染,并允许用户输入以及游戏逻辑在物理引擎出现异常的罕见时刻做出一些决策。

该设置可以通过 Edit | Project Settings | Time | Maximum Allowed Timestep 来访问。

2. 物理更新和运行时变化

当物理引擎以给定的时间步长处理时，它必须移动激活的刚体对象(带有 Rigidbody 组件的 GameObject)，检测新的碰撞，并调用相应对象的碰撞回调。Unity 文档明确指出，应在 FixedUpdate()和其他物理回调中处理对刚体对象的更改，原因正是如此。这些方法与物理引擎的更新频率紧密耦合，而不是游戏循环的其他部分，如 Update()。

这意味着，诸如 FixedUpdate()和 OnTriggerEnter()的回调函数是安全更改 Rigidbody 的位置，而诸如 Update()和对 WaitForSeconds 或 WaitForEndOfFrame 的协程则不是。忽略这一建议可能会导致意想不到的物理行为，因为在物理引擎有机会捕获和处理所有这些对象之前，可能会对同一个对象进行多次更改。

对 Update()回调中的对象应用力或脉冲而不考虑这些调用的频率是特别危险的。例如，在玩家按住一个键时每次 Update 应用 10 牛顿的力，会导致两个不同设备之间的合成速度完全不同于在固定更新中执行相同的操作，因为我们不能依赖 Update()调用的次数是一致的。但是，在 FixedUpdate()回调中这样做会更加一致。因此，必须确保在适当的回调中处理所有与物理相关的行为，否则就可能引入一些特别令人困惑、很难重现的游戏漏洞。

从逻辑上讲，在任何给定的固定更新迭代中花费的时间越多，在下一次游戏逻辑和渲染过程中的时间就越少。由于物理引擎几乎没有任何工作要做，而且 FixedUpdate()回调有很多时间来完成它们的工作，因此大多数情况下这会导致一些小的、不明显的后台处理任务。然而，在某些游戏中，物理引擎可能在每次固定更新期间执行大量计算。这种物理处理时间上的瓶颈会影响帧率，导致它在当物理引擎负担越来越大的工作负载时急剧下降。基本上，渲染管线将尝试正常进行，但每当需要进行固定更新时(物理引擎处理时间很长)，渲染管线在帧结束之前几乎没有时间生成当前画面，导致突然的停顿。还要加上物理引擎过早停止的视觉效果，因为它达到了 Maximum Allowed Timestep。所有这些加在一起会产生非常糟糕的用户体验。

因此，为了保持平滑、一致的帧率，需要通过最小化物理引擎处理任何给定时间步长所需的时间，来为渲染释放尽可能多的时间。这适用于最佳情况(没有移动)和最坏情况(所有对象同时与其他对象发生碰撞)。可以在物理引擎中调整一些与时间相关的特性和值，以避免这些性能缺陷。

5.1.2 静态碰撞器和动态碰撞器

在 Unity 中，术语"静态(static)"和"动态(dynamic)"有一个相当极端的命名空间冲突。当使用静态时，通常意味着所讨论的对象或处理不移动、保持不变或只存在于一个位置，而动态则意味着相反，对象或处理倾向于移动或改变。然而要记住，每一个术语都是独立的话题，术语"静态"和"动态"的用法在每种情况下都不同。前面已经在动态批处理和静态批处理系统中介绍了 GameObject 的静态子标志，以及 C# 语言中的静态类、静态变量和静态函数的概念。所以，Unity 也有静态和动态碰撞器的概念，使这两个术语的含义更加混乱。

动态碰撞器只意味着 GameObject 包含 Collider(多个碰撞器类型中的一个)组件和 Rigidbody 组件。通过将 Rigidbody 添加到 Collider 所附加的相同对象上，物理引擎将会将该碰撞器视为带有包围物理对象的立体，它会对外部的力(例如重力)和与其他 Rigidbody 的碰撞做出反应。如果一个动态碰撞器与另一个碰撞器发生碰撞，它们都会基于牛顿运动定律做出反应(或者至少和使用浮点运算的计算机一样)。

也可以使用没有附加 Rigidbody 组件的碰撞器，这种称为静态碰撞器。这种碰撞器有效地起到了无形屏障的作用，动态碰撞器可以撞到这些屏障，但是静态碰撞器不会做出响应。从另一个角度来看，把没有 Rigidbody 组件的物体想象成具有无穷大的质量。不管用多大的力把一块石头扔到一个无限质量的物体上，物体都不会移动，但是仍然可以期望石头的反应就像它撞到一堵坚固的墙一样。因此静态碰撞器非常适合于用作全局屏障和其他不能移动的障碍物。

物理引擎自动将动态碰撞器和静态碰撞器分为两种不同的数据结构，每种结构都经过优化以处理现有碰撞器的类型。这有助于简化未来的处理任务，例如，无法解析两个静态碰撞器之间的碰撞和脉冲。

5.1.3 碰撞检测

Unity 中的碰撞检测有 3 种设置，可以在 Rigidbody 组件的 Collision Detection 属性中配置：Discrete(离散)、Continuous(连续)和 ContinuousDynamic(连续动态)。Discrete 设置可以实现离散碰撞检测，有效地根据物体的速度和经过的时间，在每个时间步长将对象传送一小段距离。一旦所有对象被移动了，物理引擎就会对所有重叠执行边界立体检查，将它们视为碰撞，并根据它们的物理属性和重叠方式来处理它们。如果小对象移动得太快，此方法可能会有丢失碰撞的风险。

图 5-2 显示了 Discrete 碰撞检测如何在两个物体从一个位置传送到下一个位置时捕获碰撞。

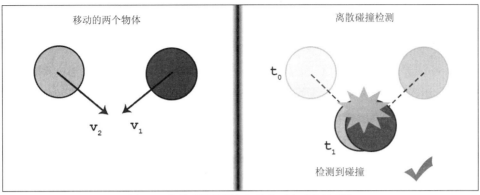

图 5-2　离散碰撞检测如何捕获两个对象的碰撞

其余的两个设置都将启用连续碰撞检测，其工作方式是从当前时间步长的起始和结束位置插入碰撞器，并检查在这个时间段中是否有任何碰撞。这降低了错过碰撞的风险，生成了更精确的模拟，但代价是 CPU 开销显著高于离散碰撞检测。

Continuous 设置仅在给定碰撞器和静态碰撞器之间启用连续碰撞检测。同一碰撞器与动态碰撞器之间的碰撞仍将使用离散碰撞检测。同时，ContinuousDynamic 设置使碰撞器与所有静态和动态碰撞器之间能够进行连续碰撞检测，其在资源消耗方面最为昂贵。

图 5-3 显示了离散和连续碰撞检测方法如何应用于一对快速移动的小对象。

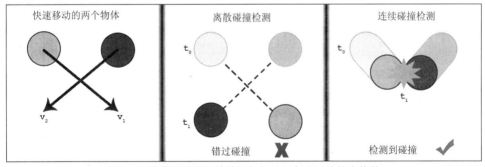

图 5-3　离散和连续碰撞检测如何处理高速运动的小物体

下面用一个极端的示例来说明。在离散碰撞检测的情况下，可以观察到，物体在一个时间步长内传送的距离大约是其自身大小的 4 倍，这通常只发生在高速且非常小的物体上，因此，如果游戏以最佳方式运行，这是非常罕见的。在绝大多数情况下，物体在 20 毫秒的时间步长内移动的距离相对于物体的大小要小得多，因此碰撞很容易被离散碰撞检测方法捕获。

5.1.4　碰撞器类型

在 Unity 中有 4 种不同类型的 3D 碰撞器。为了物尽其用，它们是球体(Sphere)、胶囊体(Capsule)、立方体(Box)和网格(Mesh)碰撞器。前三个碰撞器类型通常称为基础类型，包含非常特殊的形状，尽管它们通常可以按不同方向缩放以满足某些需求。网格碰撞器可以根据指定的网格自定义为特定形状。还有 3 种类型的二维碰撞器——圆(Circle)、方框(Box)和多边形(Polygon)——在功能上分别与球体、立方体和网格碰撞器相似。以下所有信息基本上都可以转换为等效的二维形状。

提示：
注意，也可以在 Unity 中生成 3D 圆柱体，但这只是它的图形表现。自动生成的圆柱体形状使用胶囊体碰撞器(Capsule Collider)表示其物理包围体积，这可能不会产生预期的物理行为。

另外，有两种不同的网格碰撞器：Convex(凸的)和 Concave(凹的)。不同之处在于，凹形形状至少具有一个大于180°的内角(形状的两个内部边缘之间的角度)。为了说明，图 5-4 展示了 Convex 和 Concave 形状的不同。

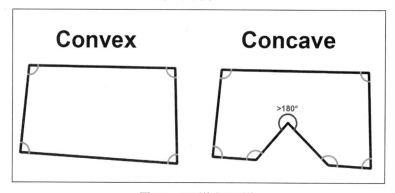

图 5-4　凸面体和凹面体

提示：
要记住凸形和凹形形状的不同，一个简单方式是凹形至少有一个凹陷。

两种网格碰撞器类型都使用相同的组件(MeshCollider 组件)，这种网格碰撞器类型是使用 Convex 复选框切换生成的。启用此选项将允许对象与所有基本形状(球体、长方体等)以及其他启用 Convex 的网格碰撞器碰撞。此外，如果为具有凹形的网格碰撞器启用了 Convex 复选框，则物理引擎将自动简化该网格碰撞器，生成的碰撞器具有能将其包围的最接近的凸形。在前面的示例中，如果导入右侧的凹形网格并启用 Convex 复选框，它将生成一个更接近左侧凸形状的碰撞器形状。在这两种情况下，物理引擎都将尝试生成一个碰撞器，该碰撞器与附加网格的形状匹配，上限为 255 个顶点。如果目标网格的顶点数超过此值，则在网格生成过程中会引发错误。

碰撞器组件还包含 IsTrigger 属性，允许将它们视为非物理对象，但当其他碰撞器进入或离开它们时仍调用物理事件。这些称为触发体积(Trigger Volume)。通常，当一个碰撞器接触、保持接触(每个时间步长)或停止接触时，会分别调用另一个碰撞器的OnCollisionEnter()、OnCollisionStay()和 OnCollisionExit()回调。但是，当碰撞器用作触发体积时，将使用 OnTriggerEnter()、OnTriggerStay()和 OnTriggerExit()回调。

提示：
请注意，由于处理物体间碰撞的复杂性，凹面网格碰撞器不能是动态碰撞器。凹形只能用作静态碰撞器或触发体积。如果试图将 Rigidbody 组件添加到凹面网格碰撞器中，Unity 将完全忽略它。

5.1.5　碰撞矩阵

物理引擎具有一个碰撞矩阵，该矩阵定义允许哪些对象与哪些其他对象发生碰撞。当处理边界体积重叠和碰撞时，物理引擎将自动忽略不适合此矩阵的对象。这节省了碰撞检测阶段的物理处理，还允许对象彼此移动而不发生任何碰撞。

碰撞矩阵可以通过 Edit | Project Settings | (Physics / Physics2D) | Layer Collision Matrix 访问。

碰撞矩阵系统通过 Unity 的层(Layer)系统工作。矩阵表示层与层每个可能的组合，启用复选框意味着在碰撞检测阶段将检查这两个层中的碰撞器。注意，不可能只允许两个对象中的一个对碰撞做出响应。如果一个层可以与另一个层碰撞，那么它们都必须对碰撞做出响应。但是，静态碰撞器是一个例外，因为它们不允许对碰撞进行物理响应(尽管它们仍然收到 OnCollision…()回调)。

请注意，对于整个项目，总共只能有 32 个层(因为物理引擎使用 32 位位掩码来确定层间冲突的机会)，因此必须将对象组织为对层敏感，这些层将在整个项目生命周期中进行拓展。无论出于什么原因，如果 32 个层对于项目来说还不够，就可能需要找到巧妙的方法来重用层或删除不必要的层。

5.1.6　Rigidbody 激活和休眠状态

每一个现代物理引擎都有一个共同的优化技术，即静止物体的内部状态从活动状态变为休眠状态。当 Rigidbody 处于休眠状态时，在固定的更新过程中，几乎没有处理器时间来更新对象，直到它被外力或碰撞事件唤醒。

用于确定静止状态的测量值，在不同的物理引擎中往往会有所不同；可以使用

Rigidbody 的线速度和角速度、动能、动量或其他一些物理属性来计算。Unity 的两个物理引擎(2D 和 3D)都是通过评估物体的质量归一化动能来工作的,这基本上可以归结为物体速度平方的大小。

如果物体的速度在短时间内没有超过某个阈值,那么物理引擎将假设物体在经历新的碰撞或施加新的力之前不再需要再次移动。在此之前,休眠对象将保持其当前位置。将阈值设置得太低,意味着对象不太可能进入休眠状态,因此继续在物理引擎中为每次固定更新消耗少量的处理成本,即使它不做任何重要的事情。同时,如果将阈值设置得太高,则意味着一旦物理引擎决定缓慢移动的物体需要进入休眠状态,它们就会突然停止。可以在 Edit | Project Settings | Physics | Sleep Threshold 下修改控制休眠状态的阈值。还可以从 Profiler 窗口的 Physics Area 中获取活动 Rigidbody 对象的总数。

请注意,休眠对象不会完全从模拟中删除。如果移动的 Rigidbody 接近休眠对象,则它仍必须执行检查,以查看附近的对象是否与之碰撞,从而重新唤醒休眠对象,并将其重新引入模拟进行处理。

5.1.7　射线和对象投射

物理引擎的另一个常见特征是能够将射线从一个点投射到另一个点,并用路径中的一个或多个对象生成碰撞信息。这就是所谓的射线投射。通过射线投射来实现一些游戏机制是很常见的,比如射击。其实现方式通常是执行从玩家到目标位置的射线投射,并在其路径中找到任何符合的目标(即使它只是一堵墙)。

还可以通过 Physics.OverlapSphere()检查在空间中固定点的有限距离内获得目标列表。这通常用于实现效果区域的游戏功能,如手榴弹或火球爆炸。甚至可以使用 Physics.SphereCast()和 Physics.CapsuleCast()在空间中向前投射整个对象。这些方法通常用来模拟宽激光束,或者只是确定什么东西在移动角色的路径中。

5.1.8　调试物理

物理错误通常分为两类:本来不应该碰撞的一对对象碰撞了;本来应该碰撞的一对对象没有碰撞,但是在事实发生之后,发生了意想不到的事情。前一种情况通常更容易调试;这通常是由于碰撞矩阵中的错误,射线投射中使用的 Layer 不正确,或者对象碰撞器的大小或形状错误。后一种情况往往更难解决,因为有 3 个大问题:

- 确定哪个碰撞对象导致了问题
- 在解决之前确定碰撞的条件
- 重现碰撞

这 3 条信息中的任何一条都会使解决方案更容易，但在某些情况下都很难获得。

Profiler 在 Physics 和 Physics(2D)区域(分别针对 3D 和 2D 物理)提供了一些测量信息，这是相当有用的。可以得到 CPU 活动在与不同类型隔离的所有刚体和刚体组上花费的量，这些类型包括动态碰撞器、静态碰撞器、运动对象、触发体积、约束(用于模拟铰链和其他连接的物理对象)和触点。Physics 2D 区域包含了更多的信息，比如睡眠和活动刚体的数量，以及处理时间步长的时间。在这两种情况下，详细的细分视图提供了更多的信息。这些信息有助于关注物理性能，但它并不能指出，在物理行为中出现错误时发生了什么。

一个更适合帮助调试物理问题的工具是 Physics Debugger，它可以通过 Window | Physics Debugger 打开。这个工具可以帮助从 Scene 窗口中过滤出不同类型的碰撞器，从而更好地了解哪些对象相互碰撞。当然，这对确定问题的条件和复现问题没有太大帮助。

提示:
注意在 Physics Debugger 中的设置不影响 Game 窗口中对象的可见性。

遗憾的是，对于剩下的问题没有太多的秘密建议。在碰撞发生之前或发生时捕获有关碰撞的信息，通常需要在 OnCollisionEnter() 或 OnTriggerEnter()回调中使用许多有针对性的断点，来捕获操作中的问题，并使用逐步调试，直到问题根源变得清晰为止。最后，可以在问题发生之前添加 Debug.Log()语句来记录重要信息，尽管这可能是一个令人沮丧的练习，因为有时不知道需要记录什么信息，也不知道要记录哪个对象，所以最终会向所有内容添加日志。

另一个经常让人头痛的原因是试图重现物理问题。由于用户输入(通常在 Update()中处理)和物理行为(在 FixedUpdate()中处理)之间的非确定性，重现冲突始终是一个挑战。尽管物理时间步长的发生具有相对的规律性，但是模拟在一个会话和下一个会话之间的每个 Update()上都有不同的计时，因此即使记录了用户输入时间并自动重放场景，尝试在对应时刻应用记录的输入，每次也不会完全相同。所以可能得不到完全相同的结果。

可以将用户输入的处理移到 FixedUpdate()，如果用户输入控制刚体的行为，诸如玩家按下某些按键，就将力应用到不同的方向，这种移动会有帮助。然而，这将可能导致输入等待或延迟，因为在物理引擎响应被按下的键之前，需要等待 0 到 20 毫秒(基于固定的更新时间步长频率)。如跳跃或激活行为这样的即时输入，通常为了避免按键丢失，最好总是在 Update()中处理。诸如 Input.GetKeyDown()的辅助函数，只会当玩家在当前帧按下给定按键时返回 true，在下一次 Update()时返回 false。如果试图在 FixedUpdate()时读取按键事件，将永远不知道用户按下了键，除非在这两个帧之间恰好发生了物理时间步长。这可以与输入缓冲/跟踪系统一起使用，但如果仅仅为了复现一个物理错误而实现该系统，那么肯定不值得。

最终，经验和坚持是调试大多数物理问题唯一的好方法。对物理引擎的经验越多，就越需要直觉来找到问题的根源，但由于其有限的再现性和有时模糊的行为，几乎总是需要花费大量的时间来解决这些问题，因此应该预估物理问题比大多数逻辑错误要花更长的时间来解决，在解决之前需要花费更多的时间进行规划。

5.2　物理性能优化

现在你已经了解 Unity 物理引擎中的大部分物理特性，接下来介绍一些优化技术用于提升游戏的物理性能。

5.2.1　场景设置

首先，可以将许多最佳实践应用到场景中，以提高物理模拟的一致性。请注意，这些技术中并不一定都会提高 CPU 或内存的使用率，但它们会降低物理引擎的不稳定性。

1. 缩放

应该尽可能地使游戏世界中所有物理物体的缩放接近(1, 1, 1)。默认情况下，Unity 假设试图模拟的游戏玩法相当于在地球表面。地球表面的重力为 9.81 米/秒^2，因此默认重力值设置为 - 9.81 以匹配地球重力。Unity 世界空间中的 1 个单位等于 1 米，负号意味着它会把物体向下拉。物体大小应该反映有效的世界尺度，因为缩放过大会导致重力移动物体的速度比预期的要慢得多。如果所有物体都放大了 5 倍，那么重力就会减弱 5 倍。反之亦然；对象缩放太小会使它们看起来下降得太快，看起来不真实。

可以通过 Edit | Project Settings | Physics / Physics 2D | Gravity 修改重力强度，来调整世界隐含的缩放。但是，请注意，任何浮点运算在数值接近于 0 时都会更精确，因此，如果一些对象的比例值远高于(1,1,1)，即使它们与隐含的世界缩放匹配，仍然会有不稳定的物理行为。因此，在项目早期，应该导入与缩放最常见的物理对象，使其比例值为(1,1,1)，然后调整合适的重力值。这将在引入新对象时提供一个参考点。

2. 位置

同样，保持所有对象在世界空间的位置接近(0,0,0)，将具有更好的浮点数精度，提高模拟的一致性。空间模拟器和自由运行游戏试图模拟非常大的空间，通常使用一个技巧，要么秘密地将玩家传送回世界的中心，要么固定它们的位置，在这种情况下，空间的任何一个体积都被划分，这样物理计算总是用接近 0 的值来计算。或者移动其他所有对象来模拟旅行，而玩家的移动只是一种错觉。

大多数游戏都没有浮点不准确的风险，因为大多数游戏的关卡往往持续 10 到 30 分钟左右，这不会给玩家足够的时间进行荒诞的长途旅行，但如果在整个游戏过程中处理超大的场景或异步加载场景，直到玩家走了数万米，就可能会注意到它们走到远处产生的一些奇怪的物理行为。

所以，除非已经深陷于项目，以至于在后期改变和重新测试所有的东西都很麻烦，否则应该尽量使所有的物理物体接近(0,0,0)的坐标位置。另外，这对于项目工作流程是一个很好的实践，因为它可以更快地在游戏世界中找到物体和调整东西。

3. 质量

质量以浮点值的形式存储在刚体组件的质量属性下，多年来，由于物理引擎的更新，有关其使用的文档发生了相当大的变化。在最新版本的 Unity(Unity 5 后期和 Unity 2017 早期)中，基本上可以自由选择值 1.0 表示的任何内容，然后适当地缩放其他值。

传统上，值为 1.0 的质量表示 1kg，但是可以指定一个人的质量是 1.0(~130kg)，在这种情况下，汽车的质量值是 10.0(~1300kg)，物理碰撞的解决方法与期望的类似。最重要的部分是质量的相对差异，这样，这些物体之间的碰撞看起来可信，而不会对引擎施加过大的压力。浮点精度也是一个问题，所以我们不想使用太荒谬的超大质量值。

提示：
注意，如果尝试使用 Wheel Collider，它们的设计假设质量 1.0 代表 1kg，因此应该赋予相应的质量值。

理想情况下，质量值保持在 1.0 左右，并确保最大相对质量比在 100 左右。如果两个物体的碰撞质量比这个大得多，那么巨大的动量差会由于冲量而变成突然的、巨大的速度变化，导致一些不稳定的物理现象和浮点精度的潜在丢失。具有显著比例差异的对象对应可能使用碰撞矩阵进行剔除，以避免出现问题(稍后将详细介绍)。

提示：
不适当的质量比是 Unity 中物理不稳定和不稳定行为的最常见原因。这在当对象(如布娃娃)使用关节时尤其明显。

请注意，地球中心的重力对所有物体都有同等的影响，不管它们的质量如何，因此，无论将质量属性值 1.0 视为橡胶球的质量还是军舰的质量都不重要。不需要调整重力来补偿。然而，重要的是给定物体在下落时所受的空气阻力(这就是降落伞下落缓慢的原因)。因此，为了获得逼真的行为，可能需要为这些对象自定义 drag 属性，或者基于每个对象自定义重力。例如，可以禁用 Use Gravity 复选框，并在固定更新期间应用自己的自定义重力。

5.2.2　适当使用静态碰撞器

如前所述，物理引擎自动生成两个单独的数据结构，分别包含静态碰撞器和动态碰撞器。遗憾的是，如果在运行时将新对象引入静态碰撞器数据结构，那么必须重新生成它，类似于为静态批处理调用 StaticBatchingUtility.Combine()。这可能会导致显著的 CPU 峰值。在游戏中避免实例化新的静态碰撞器是至关重要的。

此外，仅移动、旋转或缩放静态碰撞器也会触发此重新生成的过程，应避免。如果碰撞器希望在不与其他物体发生物理碰撞的情况下移动，那么应该附加一个 Rigidbody，使其成为动态碰撞器，并开启 Kinematic 标志。此标志防止对象对来自对象间碰撞的外部脉冲做出反应，类似于静态碰撞器，但对象仍可以通过其 Transform 组件或通过施加到其 Rigidbody 组件上的力(最好在固定更新期间)移动。由于 Kinematic 对象不会对撞击它的其他物体做出反应，它在运动时会简单地把其他动态碰撞器推开。

提示：
正因为这个原因，玩家角色的物体经常制成 Kinematic 碰撞器。

5.2.3　恰当使用触发体积

如前所述，可以将物理对象作为简单的碰撞器或触发体积。这两种类型的重要区别是 OnCollider...()回调提供了一个 Collision 对象作为回调参数，它包括诸如精确的碰撞位置(能很好用于粒子特效的位置)和接触法线(如果希望在碰撞后手动移动对象)等有用信息，而 OnTrigger...()回调则没有提供这类信息。

因此，不应该尝试使用触发体积对碰撞做出反应，因为没有足够的信息使得碰撞看起来准确。触发体积最适用于在如下情况达到其预期的跟踪目的：当物体进入/离开特定的区域时，例如当玩家停留在熔岩坑中时处理伤害，当玩家进入一个建筑时触发一个场景，当玩家接近/远离另一个主要区域足够远时启动一个场景的异步加载/卸载。

如果触发体积碰撞确实需要相交信息，则常见的解决方法是执行以下任一操作：

- 通过将触发体积和碰撞对象的质量中心之间的距离减半，生成粗略估计的接触点(假设它们的大小大致相等)。

- 从触发体积的中心执行射线发射到碰撞对象的质量中心(当两个对象都是球体时效果最好)。

- 创建一个非触发体积对象，给它一个无穷小的质量(这样碰撞对象就不会受到它的影响)，并在碰撞时立即摧毁它(因为质量差如此大的碰撞可能会使这个小对象非常活跃)。

当然，每个方法都有它们的缺点；有限的物理精度，碰撞时额外的 CPU 开销，以及/或者额外的场景设置(或者相当难处理的碰撞代码)，但在紧要关头它们可能有用。

5.2.4 优化碰撞矩阵

如我们所知，物理引擎的碰撞矩阵定义了指定层的对象可以和另一个层的对象碰撞，或者更简单说，它定义了物理引擎关心的对象碰撞对。物理引擎简单地忽略了其他每一个对象层对，这使得碰撞矩阵成为最小化物理引擎工作负载的重要途径，因为它减少了每次固定更新必须检查的边界体积的数量，以及在应用程序的生命周期中需要处理的碰撞数量。(这将延长移动设备的电池寿命)。

提示：

注意碰撞矩阵可以通过 Edit | Project Settings | Physics (or Physics2D) | Layer Collision Matrix 来访问。

图 5-5 展示了一个常见的街机射击游戏中的碰撞矩阵。

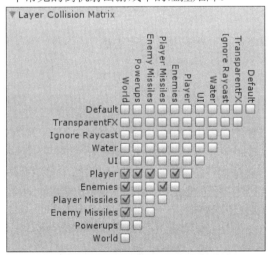

图 5-5 射击游戏中常见的碰撞矩阵

在图 5-5 所示的示例中，有标记为 Player(玩家)、Enemies(敌人)、Player Missiles(玩家导弹)、Enemy Missiles(敌人导弹)和 Powerups(充电装置)的对象，并将物理引擎需要检查的对象间碰撞的数量减到最小。

从标记为 Player 的第一行复选标记开始，Player 对象应该能够与 World(世界)对象碰撞，拾取 Powerups(充电装置)对象，被 Enemy Missiles(敌人导弹)击中以及与 Enemies(敌人)碰撞。但是，它们不应与自己的 Player Missiles 或自身发生碰撞(尽管这一层中可能只有一个对象)。因此，Player 行中启用的复选框反映了这些要求。Enemies 只应与 World 对象和 Player Missiles 相撞，所以 World 和 Player Missiles 都会在 Enemies 行中勾选。请注意，上一行已经处理了 Player 对 Enemies 的碰撞对，因此它不需要出现在 Enemies 行中。Player Missiles 和 Enemy Missiles 也应在击中 World 对象时都能爆炸，所以这些都是有标记的。最后，不关心 Powerups 与除了 Player 以外的任何东西碰撞，也不希望 World 对象与其他 World 对象碰撞，所以最后两行没有标记复选框。

在任何时刻，游戏中可能有一个 Player 对象、2 个 Powerups、7 个 Player Missiles、10 个 Enemies、20 个 Enemy Missiles，这是 780 个潜在的碰撞对(通过如下计算得出：40 个不同的对象，每一个对象都可能与其他 39 个物体碰撞，因此有潜在的 1560 个碰撞对，将总数除以 2 忽略重复的碰撞对)。仅通过优化这个矩阵，将其减少到不足 100，从而使潜在碰撞检查减少将近 90%。当然，如果这些对象对彼此相距太远，Unity 物理引擎会有效地剔除其中的许多对象对，因为它们碰撞的可能性很小，甚至没有可能[这是在一个称为宽相位剔除(Broadphase Culling)的隐藏过程中计算的]，因此实际节省的成本可能永远不会如此之好，但它几乎不费吹灰之力地释放一些 CPU 周期。另一个好处是它简化了游戏逻辑的编码；如果告诉物理引擎忽略 Powerups 和 Enemy Missiles 之间的碰撞，物理引擎就不需要弄清楚它们是否会发生碰撞。

应该对碰撞矩阵中所有潜在的层组合执行这样的逻辑健全性检查，以查看是否在浪费宝贵的时间检查不必要的对象对之间的碰撞。

5.2.5　首选离散碰撞检测

离散碰撞检测的消耗相当低，因为只传送一次对象并在附近的对象对之间执行一次重叠检查，在一个时间步长的工作量相当小。执行连续(Continuous)碰撞检测所需的计算量要大得多，因为它涉及在两个对象的起始位置和结束位置之间插入两个对象，同时分析这些点之间可能发生的任何轻微的边界体积重叠，因为它们可能在时间步长中发生。

因此，连续碰撞检测选项的消耗比离散检测方法高出一个数量级，而连续动态(ContinuousDynamic)碰撞检测设置的消耗甚至比连续碰撞检测高出一个数量级。将太多的对象设置为使用任意一种连续碰撞检测类型，都会导致复杂场景中的性能严重下降。在任何一种情况下，消耗都会乘以在任何给定帧期间需要比较的对象数量，无论比较碰撞器是静态的还是动态的。

因此，应该支持绝大多数对象采用离散设置，而只在极端情况下使用连续碰撞检测设置。当重要的碰撞经常被游戏世界中比较静态的部分忽略时，应该使用连续设置。例如，如果希望确保玩家角色不会从游戏世界中掉落，或者不会在移动得太快时意外地穿越墙壁，就只对这些对象应用连续碰撞检测。最后，只有在希望捕捉快速移动的动态碰撞器对之间的碰撞的情况下才应该使用连续动态设置。

5.2.6　修改固定更新频率

在某些情况下，离散碰撞检测在大范围内可能不够好。也许整个游戏包含着许多小的物理对象，而离散碰撞检测根本无法捕获足够的碰撞来保持产品质量。然而，将一个连续碰撞检测设置用于所有对象，对性能来说则太过昂贵了。在这种情况下，可以尝试一个选项：可以自定义物理时间步长，通过修改引擎检查固定更新的频率，为离散碰撞检测系统提供更好的捕获此类碰撞的机会。

如前所述，固定更新和物理时间步长处理是强耦合的；因此，通过修改固定更新检查的频率，不仅更改物理引擎计算和处理下一个回调的频率，还更改调用FixedUpdate()回调和协程的频率。因此，如果深入到当前项目中，并且有许多依赖于这些回调的行为，那么更改该值可能是有风险的，因为这将更改一个非常重要的假设，即调用这些方法的频率。

可以在编辑器中通过 Edit | Project Settings | Time | Fixed Timestep 属性或在脚本代码中通过 Time.fixedDeltaTime 属性完成 Fixed Update 频率的修改。

减小该值(增加频率)将迫使物理引擎更频繁地进行处理，从而使其更容易通过离散碰撞检测捕获碰撞。当然，这会增加 CPU 成本，因为调用了更多 FixedUpdate()回调，更频繁地请求物理引擎进行更新，更频繁地移动对象和验证碰撞。

相反，增加这个值(减少频率)，则在物理引擎再次处理物理过程之前为 CPU 提供更多的时间来完成其他任务，或者从另一个角度来看，在处理下一次物理计算之前给了物理引擎更多的时间来处理最后一个时间步长。遗憾的是，降低固定的更新频率，实质上会降低对象移动的最大速度，而物理引擎无法再通过离散碰撞检测(取决于对象的大小)捕获碰撞。我们也可能开始看到物体以奇怪的方式改变速度，因为它本质上使物理行为不再那么类似现实行为。

所以，每次更改固定时间步长值时执行大量测试变得非常重要。即使完全理解了这个值的工作原理，也很难预测游戏过程中的总体结果是什么样子的，以及结果是否符合质量要求。因此，对该值的更改应该在项目生命周期的早期进行，之后少做调整，以便对尽可能多的物理情况进行足够多的测试。

创建一个测试场景可能是有帮助的，该场景将一些高速对象相互抛向对方，以验证结果是否可接受，并在进行固定时间步长更改时运行该场景。然而，实际的游戏往往是相当复杂的，有许多背景任务和意想不到的玩家行为，为物理引擎带来额外的工作或只给它更少的时间来处理当前的迭代。实际的游戏条件是不可能凭空复制的。而且，没有什么可以替代真实的事物，所以对固定时间步长的当前值所能完成的测试越多，就越有信心确定这些变化符合可接受的质量标准。

提示：

在从事软件自动化工具开发的人看来，软件测试的自动化在很多情况下都是有用的，但是当涉及实时事件和用户输入驱动的应用程序时，这些应用程序与多个硬件设备和复杂的子系统(如物理引擎)同步，并且由于反馈上的迭代趋向于快速变化，自动化测试的支持和维护成本往往高于它的价值，所以手动测试成为最明智的方法。

总是把连续的碰撞检测作为最后的手段来抵消我们所观察到的一些不稳定性。遗憾的是，即使更改是针对性的，由于连续碰撞检测的开销，这也更有可能导致比开始时更严重的性能问题。在启用连续碰撞检测之前和之后，最好对场景进行概要分析，以验证好处是否大于成本。

5.2.7 调整允许的最大时间步长

如果处理物理计算的时间经常超过允许的最大时间步长(作为提醒，这决定了物理引擎在必须提前退出之前需要处理的时间步长的时间)，那么将导致一些看起来很奇怪的物理行为。由于物理引擎需要在完全处理其整个时间配额之前，尽早退出时间步长计算，因此，刚体似乎会减速或突然停止。在这种情况下，很明显需要从其他角度优化游戏中的物理行为。然而，至少可以确信，阈值将防止游戏在物理处理过程的峰值中完全卡住。

提示：

可以通过 Edit | Project Settings | Time | Maximum Allowed Timestep 访问该设置。

默认设置的消耗最大值是 0.333 秒，如果超过该值，则会显示为帧率的显著下降(仅 3 FPS)。如果觉得有必要更改此设置，显然物理工作负载有一些大问题，因此建议仅在用尽所有其他方法的情况下调整此值。

5.2.8　最小化射线发射和边界体积检查

所有射线投射方法都非常有用，但它们相对于其他方法来说消耗较大，特别是 CapsuleCast()和 SphereCast()方法。应该避免在 Update()回调或协程中定期调用这些方法，只在脚本代码中的关键事件调用它们。

如果在场景中使用持续的线、射线或区域效果碰撞区域(例如安全激光、持续燃烧的火焰、光束武器等)，并且对象保持相对静止，那么使用简单的触发体积就可能更好地模拟它们。

如果不能进行此类替换，且确实需要使用这些方法进行持久的投射检查，那么应该使用层遮罩来最小化每个射线投射的处理量。如果使用 Physics.RaycastAll()方法，这一点尤其如此。例如，这种射线投射的一种优化不佳的用法如下所示：

```
void PerformRaycast() {
    RaycastHit[] hits;
    hits = Physics.RaycastAll(transform.position, transform.forward,
    100.0f);
    for (int i = 0; i < hits.Length; ++i) {
        RaycastHit hit = hits[i];
        EnemyComponent e = hit.transform.GetComponent<EnemyComponent>();
        if (e.GetType() == EnemyType.Orc) {
            e.DealDamage(10);
        }
    }
}
```

前面示例对射线路径上的每个对象进行射线碰撞数据收集，但只需要对持有特定 EnemyComponent 组件的对象处理该效果。因此，该示例请求物理引擎的计算量超过实际所需的工作。

一种更好的方法是使用 RaycastAll()的另一个重载版本，它接受 LayerMask 值作为参数。该参数为射线过滤碰撞，其方式与碰撞矩阵一样，它仅对给定层的对象进行测试。如下代码包含通过提供制定额外的 LayerMask 属性进行的微妙提升；可以通过 Inspector 窗口为该组件指定 LayerMask，它将更快地进行列表过滤，只碰撞与层遮罩匹配的对象。

```
[SerializeField] LayerMask _layerMask;

void PerformRaycast() {
```

```
RaycastHit[] hits;
hits = Physics.RaycastAll(transform.position, transform.forward,
    100.0f, _layerMask);
for (int i = 0; i < hits.Length; ++i) {
    // as before ...
    }
}
```

该优化对于 Physics.RaycastHit()函数来说并不是很好，因为该版本只为射线与之碰撞的第一个对象提供光线碰撞信息，而不管是否使用 LayerMask。

提示：

注意，因为 RaycastHit 和 Ray 类被 Unity 引擎的本地内存空间管理，它们实际上不会导致受垃圾回收器关注的内存分配。第 8 章将学习更多内存相关的行为。

5.2.9 避免复杂的网格碰撞器

为了提高碰撞检测的效率，以下的不同碰撞器，包括球体、胶囊体、立方体、凸网格碰撞器，其次是凹面网格碰撞器，消耗最大。碰撞总是涉及成对的对象，解决碰撞所需的工作量(数学)将取决于两个对象的复杂性。检测两个基本物体之间的碰撞可以简化为一组相对简单的数学方程，这些方程是高度优化的。与一对凸网格碰撞器进行比较是一个更复杂的方程，这使它们比两个基本体之间的碰撞的消耗多了一个数量级。然后，两个凹网格碰撞器之间会发生碰撞，这种碰撞非常复杂，无法简化为一个简单的公式，并需要在两个网格上的每对三角形之间解决碰撞检查，很容易使它们消耗的数量级比其他类型的碰撞器之间的碰撞更高。当处理不同形状组之间的碰撞时，所涉及的工作量也是类似的。例如，基本体碰撞器和凹面网格碰撞器之间的碰撞比两个基本体碰撞器之间的碰撞慢，但比两个凹面网格碰撞器之间的碰撞快。

还有一个问题是，碰撞中涉及的一个或两个对象是否在移动(一个对象的静态碰撞器比两个对象构成的动态碰撞器更容易处理)。还有一个问题就是场景中有多少个物体，因为如果不小心在模拟中引入了过多形状，碰撞检测的总处理成本将快速增长。

在 3D 应用程序中表示物理和图形之间的一个很大的讽刺是，在物理和图形中处理球体和立方体对象的难度。完美的球形网格需要生成无限多个多边形，因此这样的对象不可能以图形方式表示。

然而，在物理引擎中处理两个球体之间的碰撞可能是解决接触点和碰撞中的最简单的问题(接触点始终位于球体半径的任何一个边缘,而接触法向始终是其重心之间的向量)。相反,立方体是最简单的图形表示对象之一(只有 8 个顶点和 12 个三角形),但需要更多的数学和处理能力来查找接触点以及解决碰撞(解决碰撞的数学取决于面、边、角或混合条件是否发生碰撞)。有趣的是,这意味着创造最大数量物体的最有效方法是用带有球形碰撞器的立方体物体填充游戏世界。然而,对于人类观察者来说,这绝对没有意义,因为它们会看到立方体像球一样滚动。

对象的物理表示并不一定需要与其图形表示相匹配。这是有益的,因为图形网格通常可以压缩成一个更简单的形状,仍然生成非常相似的物理行为,且不需要使用过于复杂的网格碰撞器。

图形和物理之间的这种分离表示允许优化一个系统的性能,而不(必然)对另一个系统产生负面影响。只要对游戏没有明显的影响(或者我们愿意做出牺牲),就可以自由地用更简单的物理图形来表示复杂的图形对象,而不引发玩家的注意。另外,如果玩家从未注意到,该做法将不会对游戏玩法造成任何伤害。

因此,可以用两种方法之一来解决这个问题:要么用一个(或多个)标准的基本体碰撞器近似地模拟复杂形状的物理行为,要么用一个更简单的网格碰撞器。

1. 使用更简单的基本体

大多数形状可以使用 3 个基本碰撞器中的一个进行近似模拟。实际上,不需要使用单一碰撞器代表对象。如果多个碰撞器满足创建复杂碰撞形状的需要,那么可以自由使用多个碰撞器,将其他子 GameObject 附着到它们自己的碰撞器上。这通常比使用单一的网格碰撞器消耗更低,应该是首选的做法。

图 5-6 展示了一些通过一个或多个更简单的基础碰撞器形状表示复杂图形对象的示例。

图 5-6　使用更简单的基础图形表示复杂的图形对象

此处由于包含的多边形数量，对这些对象使用网格碰撞器会比基础碰撞器消耗更大。所以应该探索所有机会，尽可能地使用这些基础碰撞器简化对象，因为它们可以提供显著的性能提升。

例如，凹网格碰撞器的独特之处在于，它们可以具有间隙或空洞，允许其他网格掉入其中，甚至穿过这些间隙或空洞。如果将这些碰撞器用于世界碰撞区域，则有可能使对象从世界掉落。因此，最好在战略位置放置立方体碰撞器。

2. 使用更简单的网格碰撞器

同样，分配给网格碰撞器的网格不一定需要匹配相同对象的图形表示(Unity 只是将其选作默认值)。这样可以为网格碰撞器的 mesh 属性指定一个更简单的网格，该网格与用于其图形表示的网格属性不同。

图 5-7 显示了一个复杂图形网格的示例，该网格为其网格碰撞器提供了一个更简化的网格。

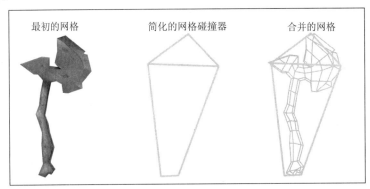

最初的网格 简化的网格碰撞器 合并的网格

图 5-7   为复杂网格使用更简单的网格碰撞器

以这种方式将渲染的网格简化为具有较低多边形数的凸多边形，将大大减少确定边界体积与其他碰撞器重叠所需的开销。根据对原始对象的估计程度，应该存在最小的明显游戏差异，尤其是在这种情况下的斧头，希望当生物在攻击中摆动时移动得很快，使玩家不太可能注意到作为碰撞器的两个网格之间的差异。事实上，简化的网格不太可能被离散碰撞检测遗漏，因此也更可取。

5.2.10   避免复杂的物理组件

某些特殊的物理碰撞器组件，例如，TerrainCollider、Cloth 和 WheelCollider，在某些情况下比所有基础碰撞器甚至网格碰撞器的消耗都要高上几个数量级。不应该在场景中包含这些组件，除非它们是绝对必要的。例如，如果在玩家永远不会接近的距离内有地形物体，将没有理由为该地形物体添加 TerrainCollider。

具有 Cloth 组件的游戏应该考虑在低质量环境下运行时，在没有这些组件的情况下实例化不同的对象，或者简单地设置布料行为的动画。

使用 WheelCollider 组件的游戏应该尽量少使用 Wheel 碰撞器。拥有 4 个以上车轮的大型车辆可以仅使用 4 个车轮模拟类似的行为，同时模拟附加车轮的图形表示。

5.2.11　使物理对象休眠

物理引擎的休眠特性会给游戏带来一些问题。首先，一些开发人员没有意识到，许多刚体在应用程序的大部分生命周期中都在休眠。这往往会导致开发人员假设，可以(例如)在游戏中增加一倍的刚体数量，而总成本只会增加一倍。这种假设不太现实。碰撞频率和活动物体的总累积时间更有可能以指数形式而不是线性形式增加。每次在模拟中引入新的物理对象，都会导致意外的性能成本。当决定增加场景的物理复杂性时，应该记住这一点。

其次，在运行时修改 Rigidbody 组件的任何属性，例如 mass、drag 以及 useGravity 会重新唤醒对象。如果经常改变这些值(比如一个物体大小和质量随时间变化的游戏)，它们将比正常情况更活跃。这也是应用力的情况，所以，如果使用自定义重力解决方案，将应该尽量避免每次固定更新都应用重力，否则物体将无法休眠。可以检查它的质量归一化动能(仅使用 velocity.sqrMagnitude 的值)，并在检测到其值非常低时，手动禁用自定义重力。

再次，休眠的物理对象有产生岛屿效应的危险。当大量刚体互相接触，并随着系统动能的降低，逐渐休眠变形成岛屿。然而，由于它们依然互相接触，一旦这些对象被唤醒，便会产生链式反应，唤醒周围的所有刚体。由于这一瞬间大量对象需要重新进入物理模拟，将会产生较大的 CPU 峰值。甚至，由于对象太近，在对象再次休眠之前，会有大量潜在的碰撞对需要处理。

最好通过降低场景的复杂性，以避免该情况，但如果发现无法做到这一点，可以寻找方法来检测岛屿的形成，然后战略性地销毁其中的一些，以防止产生大型岛屿。然而，在所有刚体之间进行定期的距离比较并不是一项很低消耗的任务。物理引擎本身已经在广泛阶段剔除期间执行了这样的检查，但是，Unity 没有通过物理引擎 API 公开这些数据。任何解决这个问题的方法都取决于游戏的设计方式；例如，一个游戏要求玩家将大量物理物体移动到某个区域(例如，将羊赶进围栏)，将可以选择在玩家将羊的碰撞器移动到位后立即移除，将物体锁定到其最终目的地，减轻物理引擎的工作量，防止形成群岛问题。

休眠对象优劣兼具。它们可以节省大量的处理能力，但如果有太多的休眠对象同时被重新唤醒，或者模拟过于繁忙，无法让足够多的对象进入休眠状态，那么可能会在游戏过程中导致一些不幸的性能成本。应该尽可能地限制这些情况，使对象尽可能进入休眠状态，避免将它们分组成大的集群。

提示：

注意，休眠阈值可以在 Edit | Project Settings | Physics | Sleep Threshold 下修改。

5.2.12 修改处理器迭代次数

在物理引擎中，使用关节、弹簧和其他方法将刚体连接在一起是相当复杂的模拟。由于将两个对象连接在一起而产生相互依赖的交互作用(内部表示为运动约束)，系统必须经常尝试求解必要的数学方程。当物体链的任何一部分的速度发生变化时，需要使用这种多迭代方法来计算精确的结果。

因此，必须在限制处理器解决特定情况的最大尝试次数和限制所得结果的准确性之间找到平衡。处理器不应在一次碰撞上花费太多时间，因为物理引擎在同一次迭代中必须完成许多其他任务。但是，最大迭代次数也不应减少得太多，因为它只近似于最终的解决方案，所以它的运动看起来比用更多时间计算的结果更不可信。

提示：

在解决对象间的碰撞和接触时，同样的处理器也会参与进来。除了使用网格碰撞器处理一些非常罕见、复杂的碰撞情况以外，它几乎总是可以通过一次迭代确定简单碰撞的正确结果。当附着的对象受到关节的影响时，处理器需要额外的工作来集成最终结果。

处理器允许尝试的最大迭代次数称为 Solver Iteration Count，可在 Edit | Project Settings | Physics | Default Solver Iterations 下修改。在大多数情况下，六次迭代的默认值是完全可以接受的。然而，如果游戏包含非常复杂的关节(Joint)系统，就可能希望增加该次数，以防止任何不稳定(或完全爆炸)的 CharacterJoint 行为，而一些项目可能期望通过减少这个次数而避免过高的计算。更改此值后必须进行测试，以检查项目是否仍保持预期的质量水平。请注意，该值是默认的 Solver Iteration Count——应用于任何新建的刚体。可以在运行时通过 Physics.defaultSolverIterations 属性修改此值，但这样做不会影响先前存在的刚体。如有必要，可以在刚体构造之后通过 Rigidbody.solverIterations 属性修改它们的 Solver Iteration Count。

如果发现游戏中使用复杂的基于关节的对象(如碎布娃娃)经常遇到不稳定、违反

物理规则的情况，那么应该考虑逐渐增加 Solver Iteration Count，直到问题被控制。如果布娃娃从碰撞的物体中吸收了太多的能量，处理器在被要求放弃之前无法将解迭代到合理的结果，则通常会出现这些问题。此时，其中一个连接点变成了超新星，把其余的连接点一起拖进了轨道。Unity 对此问题有一个单独的设置，可以在 Edit | Project Settings | Physics | Default Solver Velocity Iterations 下找到。增大该值将使处理器有更多的机会在基于关节的对象碰撞期间计算合理的速度，并有助于避免上述情况。同样，这是一个默认值，因此它只应用于新创建的刚体。可以在运行时通过 Physics.defaultSolverVelocityIterations 属性修改该值，也可以通过 Rigidbody.solver-VelocityIterations 属性在特定的刚体上自定义该值。

在这两种情况下，在关节对象保持活跃的每次固定更新期间，增加迭代次数将消耗更多的 CPU 资源。

提示:
注意, 物理 2D 对处理器迭代次数的设置名为 Position Iterations 和 Velocity Iterations。

5.2.13　优化布娃娃

说到基于关节的物体，布娃娃是非常受欢迎的特性，这是有原因的；它们非常有趣！暂时不谈在游戏世界里扔尸体会导致的发病率，我们可以看到一个复杂的物体链乱动，击中很多心理上有趣的点。所以允许许多布娃娃同时在场景中共存是非常诱人的事情，但很快就会发现，当有太多布娃娃在运动和/或与其他对象碰撞时，由于处理器需要很高的迭代次数来解决所有这些问题，这会带来巨大的性能损失。所以，接下来探讨一些提高布娃娃性能的方法。

1. 减少关节和碰撞器

Unity 在 GameObject | 3D Object | Ragdoll...下提供了简单的布娃娃生成工具(布娃娃向导 Ragdoll Wizard)。该工具可用于从给定的对象中创建布娃娃，具体方法是选择相应的子 GameObject，以给任何给定身体部位或肢体附加关节和碰撞器组件。该工具通常创建 13 个不同的碰撞器并关联关节(骨盆、胸部、头部、每条手臂两个碰撞器，每条大腿 3 个碰撞器)。

提示：

请注意，如果没有像其他组件一样为左脚或右脚的 Transform 组件引用指定任何内容，bug 会使布娃娃向导不报错。但如果尝试在没有指定的情况下创建网格，Unity 会抛出 NullReferenceException 异常。试图创建一个布娃娃时，确保所有 13 个 Transform 组件引用都已指定。

但是，只使用七个碰撞器(骨盆、胸部、头部和每个肢体一个碰撞器)，可以大大降低消耗成本，代价是牺牲了布娃娃的真实性。为此，可以删除不需要的碰撞器，手动将角色关节的connectedBody 属性重新指定给适当的父关节(将手臂碰撞器连接到胸部，将腿部碰撞器连接到骨盆)。

请注意，在使用 Ragdoll Wizard 创建碎布娃娃的过程中指定了一个质量值。此质量值在不同的关节上适当分布，因此表示对象的总质量。应该确保与游戏中的其他对象相比，不会将质量值应用得太高或太低，以避免潜在的不稳定性。

2. 避免布娃娃间碰撞

当允许布娃娃与其他布娃娃碰撞时，布娃娃的性能成本呈指数级增长，因为任何关节碰撞都要求处理器计算应用于所有连接到它的关节的合成速度，然后计算每个连接到它们的关节，这样两个布娃娃必须完成多次计算。此外，如果布娃娃的多个部分可能在同一次碰撞中彼此碰撞，则情况会变得更加复杂。

这对处理器来说是一项艰巨的任务，所以应该避免它。最好的方法就是简单地使用碰撞矩阵。明智地将所有布娃娃指定给它们自己的图层，并取消选中碰撞矩阵中相应的复选框，这样给定图层中的对象就不会与同一图层中的对象发生碰撞。

3. 更换、禁用或移除不活跃的布娃娃

在某些游戏中，一旦布娃娃到达它的最终目的地，就不再需要它作为一个可交互的对象留在游戏世界中。然后，当不再需要布娃娃时，可以禁用、销毁它，或用更简单的替代品替换它(一个好的技巧是用只包含七个关节的更简单版本替换它们，如前所述)。这种简化通常用来减少较弱硬件/较低质量设置的开销，或者作为一种折中，以允许更多的布娃娃在场景中共存。甚至可以在已经存在特定数量的布娃娃时动态使用。

我们需要一些对象来跟踪所有的布娃娃，在创建布娃娃时收到通知，跟踪当前存在的布娃娃数量，通过 RigidBody.IsSleeping()观察每个布娃娃是否休眠，再对它们做相应的处理。如果场景中包含的布娃娃数量过多，则相同的对象也可以选择实例化更简单的布娃娃变体。此时应使用第 2 章探讨的消息传递系统。

无论选择哪种方法来提高游戏中布娃娃的性能，毫无疑问都会把布娃娃限制为一

种游戏功能，无论是通过实例化更少的布娃娃，给它们更少的复杂性，还是给它们更短的寿命，但这些都是提升性能的合理折中。

5.2.14 确定何时使用物理

提高特性性能最明显的方法是尽量避免使用它。对于游戏中所有可移动的物体，应该花点时间问问自己，是否有必要使用物理引擎。如果没有，应该寻找机会用更简单、消耗更低的东西来取代它们。

假定用物理方法检测玩家是否掉入了一个杀戮区(水、熔岩、死亡坠落等)，但是游戏非常简单，只存在特定高度的杀戮区。在这种情况下，只需要检查玩家的 Y 轴位置是否低于某个特定值，就可以完全避免使用物理碰撞器。

考虑下列示例——模拟流星雨，第一本能是让许多坠落的物体通过物理刚体移动，通过碰撞器检测与地面的碰撞，然后在撞击点产生爆炸。然而，也许地面一直是平坦的，或者可以通过 Terrain(地形)的高度图进行一些基本的碰撞检测。在这种情况下，可以通过手动调整对象的 transform.position 来简化对象的移动，从而模拟相同的移动行为，而不需要任何物理组件。在这两种情况下，可以通过简化情况，并将工作放到脚本代码中来减少物理开销。

提示：

缓动(Tweening)是一个常用于描述中间过程的术语，它是随着时间的推移逐步将变量从一个值插入到另一个值的行为。Unity Asset Store 上有许多有用(以及免费)的缓动库，可以提供很多有用的功能。尽管如此，请注意这些库中可能存在较差的优化。

反过来也是可能的。在某些情况下，可能会通过脚本代码执行大量计算，而脚本代码可以相对简单地通过物理进行处理。例如，实现一个库存系统，其中包含许多可以拾取的对象。当玩家单击"拾取对象"键时，这些对象中的每一个都可以与玩家的位置进行比较，以确定哪个对象最接近。

可以考虑用一个 Physics.OverlapSphere()调用替换所有脚本代码，在按下键时获取附近的对象，然后从结果中找出最近的拾取对象(或者更好的是，自动拾取所有对象。为什么要让玩家反复单击？)。这可以大大减少每次按下键时必须进行比较的对象总数，但应进行比较以确保情况属实。

确保从场景中删除不必要的物理工作，或者使用物理替换通过脚本代码执行时代价高昂的行为。这些机会和你自己的创造力一样广泛和深远。识别这种机会的能力需要经验，但这是一项至关重要的技能，在当前和未来的游戏开发项目中提升性能时，它将提供良好的服务。

5.3　本章小结

在性能和一致性方面，本章涵盖了许多改进游戏物理模拟的方法。当涉及消耗较大的系统(如物理引擎)时，最好的技术就是回避。越不需要使用这个系统，就越不需要担心它会产生瓶颈。在最坏的情况下，可能需要缩小游戏的范围，将物理活动浓缩为基本要素，但如前所述，有很多方法可以降低物理复杂性，而不会造成任何明显的游戏效果。

第 6 章将论述 Unity 的渲染管线，并探索如何利用前面章节介绍的所有性能增强技术所释放的 CPU 周期，来最大限度地提高应用程序的图形逼真度。

第6章

动 态 图 形

毫无疑问，现代图形设备的管线渲染相当复杂。即使在屏幕上渲染一个三角形，也需要执行大量的图形 API 调用，其中包括许多任务，如为挂接到操作系统的相机视图创建缓冲区(通常是通过某种视窗系统)，为顶点数据分配缓冲区，建立数据通道以将顶点和纹理数据从 RAM 传输到 VRAM，配置这些内存空间来使用一组特定的数据格式，确定对相机可见的对象，为三角形设置并初始化 Draw Call，等待管线渲染完成其任务，最后将渲染的图像显示到屏幕上。然而，绘制这样一个简单对象的方法看似复杂，过于工程化，其原因很简单——渲染常常需要重复相同的任务，而所有这些初始设置使未来的渲染任务完成得非常快。

CPU 的设计目标是处理几乎任何计算场景，但是不能同时处理太多的任务，而GPU 用来完成大量任务的并行处理，但是在不破坏并行性的情况下，它们处理的复杂性是有限的。GPU 的并行性要求，非常快速地复制大量的数据。在设置管线渲染期间，要配置内存数据通道，以便图形数据能够通过。因此，如果这些通道为要传递的数据类型进行了适当的配置，那么它们将更有效地运行。然而，设置不当将导致相反的结果。

CPU 和 GPU 都可用于所有的图形渲染中，使渲染过程可高速处理并在内存管理方面实现跨软件、硬件、多存储空间、程序语言(每种语言都适用于不同的优化)、处理器和处理器类型，并实现大量特性的混合使用。

更复杂的是，我们遇到的每一种渲染情形都是不同的。由于不同的 GPU 支持不同的功能和 API，同一个应用程序运行在两种不同 GPU 上得到的结果常常天差地别。在硬件和软件系统的复杂网络环境中，要找到性能瓶颈相当困难。如果想对现代管线渲染中的性能问题源进行准确、快速的定位，可能需要在 3D 图形中追溯该行业的所有工作。

幸运的是，性能分析再一次发挥了作用，降低了管线渲染向导工作的必要性。如果可以收集所有设备的数据，使用多个性能指标进行比较，并通过调整场景来观察不同的渲染特性如何影响它们的行为，就应该有足够的证据找到问题的根源，并做出适当的更改。因此，本章学习如何收集正确的数据，深入了解管线渲染，并探索各种解决方案和解决大量潜在问题的方法。

在提高渲染性能方面，涉及很多主题。因此本章探讨以下主题：

- 简要探讨管线渲染，重点介绍 CPU 和 GPU 起作用的部分
- 概述如何确定渲染是否受到 CPU 和 GPU 的限制
- 一系列性能优化技术和特性，具体如下：
  - ◆ GPU 实例化
  - ◆ 细节级别(LOD)和其他筛选组
  - ◆ 遮挡剔除
  - ◆ 粒子系统
  - ◆ Unity 用户界面
  - ◆ 着色器优化
  - ◆ 照明和阴影优化
  - ◆ 特定移动设备的渲染增强

6.1   管线渲染

糟糕的渲染性能可通过多种方式表现出来，这具体取决于设备是受 CPU 活动 (CPU 受限)还是受 GPU 活动(GPU 受限)的限制。研究 CPU 受限的程序相对比较简单，因为所有的 CPU 工作都被包装为从磁盘/内存中加载数据和调用图形 API 指令。但是，GPU 受限的程序很难分析，因为其根本原因可能源自于管线渲染中很多潜在的地方。在确定 GPU 瓶颈的过程中，可能需要采用一些猜测或过程排除法来查找原因。不管采用哪种方法，一旦问题被发现并解决，我们都希望，管线渲染中任何一个小问题的修复都能得到很大的回报。

第 3 章简要介绍了渲染管线。这里简单总结一下要点，我们知道，CPU 通过图形 API 向 GPU 设备发送渲染指令，再通过硬件驱动程序发送给 GPU 设备，这样渲染指令列表会累积在一个称为"命令缓冲区"的队列中。这些命令由 GPU 逐一处理，直到"命令缓冲区"为空。只要 GPU 能在下一帧开始之前跟上指令的速度和复杂度，帧速就保持不变。然而，如果 GPU 跟不上，或者 CPU 花费太多时间生成命令，帧速率将开始下降。

图 6-1 是现代 GPU 处理一个典型的管线渲染的简化图(也随着设备、支持的技术和自定义优化的不同而不同)，概括展示了步骤执行的过程。

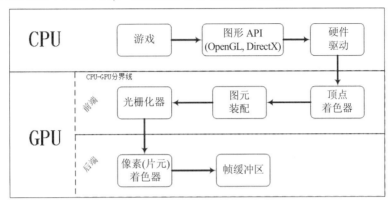

图 6-1　现代 GPU 上的典型渲染管线

第一行展示了 CPU 中进行的工作，其中包含通过硬件驱动调用图形 API 并将命令推送到 GPU。接下来的两行代表 GPU 中发生的过程。由于 GPU 的复杂性，其内部流程通常分为两个不同的部分——前端和后端，后续将做补充说明。

6.1.1　GPU 前端

前端是指渲染过程中 GPU 处理顶点数据的部分。它从 CPU 中接收网格数据(一大堆顶点信息)并发出 Draw Call。然后 GPU 将从网格数据中收集顶点信息，通过顶点着色器进行传输，对数据按 1:1 的比例进行修改和输出。之后，GPU 得到一个需要处理的图元列表(三角形——3D 图形中最基本的形状)。接下来，光栅化器获取这些图元，确定最终图形的哪些像素需要绘制，并根据顶点的位置和当前的相机视图创建图元。这个过程中生成的像素列表称为片元，将在后端进行处理。

顶点着色器是类似 C 的小程序，用来确定想要的输入数据和数据处理方式，并向光栅化器输出一组信息用来生成片元。这也是进行曲面细分处理的地方，曲面细分由几何着色器(有时也称为曲面细分着色器)处理，和顶点着色器类似，它们也是上传到 GPU 的小脚本程序，不同的是它们可以 1 对多的方式输出顶点，因此可通过编程的方式生成其他几何图形。

提示：

术语"着色器"是脚本主要用来处理光照和着色任务时的叫法，当它的作用扩大到今天可以处理所有任务时，该术语已经不合时宜了。

6.1.2　GPU 后端

后端描述了管线渲染中处理片元的部分。每个片元都通过片元着色器(也称为像素着色器)来处理。与顶点着色器相比,片元着色器往往涉及更复杂的活动,例如深度测试、alpha 测试、着色、纹理采样、光照、阴影以及一些可行的后期效果处理。之后这些数据绘制到帧缓冲区,帧缓冲区保存了当前图像,一旦当前帧的渲染任务完成,图像就发送到显示设备(例如显示器)。

正常情况下,图形 API 默认使用两个帧缓冲区(尽管可以给自定义的渲染方案生成更多的帧缓冲区)。在任何时候,一个帧缓冲区包含渲染到帧中、并显示到屏幕上的数据;另一个帧缓冲区则在 GPU 完成命令缓冲区中的命令后被激活,进行图形绘制。一旦 GPU 完成 swap buffers 命令(CPU 请求完成指定帧的最后一条指令),就翻转帧缓冲区,以呈现新的帧。GPU 则使用旧的帧缓冲区绘制下一帧。每次渲染新的帧时,都重复此过程,因此,GPU 只需要两个帧缓冲区就可以处理这个任务。

只要程序还在渲染,就会为每个网格、顶点、片元和帧重复这个从调用图形 API 到切换帧缓冲区的处理流程。

在后端,有两个指标往往是瓶颈的根源——填充率和内存带宽,下面探讨它们。

1. 填充率

填充率是一个使用非常广泛的术语,它指的是 GPU 绘制片元的速度。然而,这仅仅包含在给定的片元着色器中通过各种条件测试的片元。片元只是一个潜在的像素,只要它未通过任一测试,则会被立即丢弃。这可以大大提升性能,因为管线渲染可跳过昂贵的绘制步骤,开始处理下一个片元。

一个可能导致片元被丢弃的测试是 Z-测试,它检查较近对象的片元是否已经绘制在同样的片元位置(Z 是指从相机的视角观察的深度维度)。如果已被绘制,则丢弃当前片元。如果没有绘制,片元将通过片元着色器推送,在目标像素上绘制,并在填充率中消耗一个填充量。现在,假设将该过程用于成千上万的重叠对象,每个对象都可能生成成百上千个片元(更高的屏幕分辨率需要处理更多的片元)。这导致每帧都需要处理上百万个片元,因为从主相机的视角来看,片元可能产生重叠。更重要的是,我们每秒都尝试重复该过程数十次。这是管线渲染中执行许多初始化设置工作非常重要的原因,很明显,尽可能跳过这些绘制过程将节省大量的渲染成本。

显卡制造商通常将特定的填充率作为显卡的特性进行宣传,通常以千兆像素每秒的形式进行宣传,但该表达并不恰当,准确来讲应该是千兆片元每秒;但是这个定义是学术性的。无论哪种说法,填充率越高,说明设备通过管线渲染可处理的片元数量越多。因此，如果以每秒 30 千兆像素，目标帧速率为 60Hz 计算，在到达填充率瓶颈之前，每帧可处理 30 000 000 000/60 = 5 亿个片元。在 2560×1440 的分辨率下，最好的情形是每个像素只绘制一次，理论上整个场景可绘制 125 次，而不出现任何问题。

遗憾的是，没有完美的事情。填充率也会被其他高级渲染技术所消耗，例如阴影和后期效果处理需要提取同样的片元数据，在帧缓冲区中执行自己的处理。即便如此，由于渲染对象的顺序，我们总是会重绘一些相同的像素。这称为过度绘制，这是衡量填充率是否有效使用的一个重要指标。

过度绘制

通过使用叠加 alpha 混合和平面着色来渲染所有对象，过度绘制的多少就可以直观地显示出来。过度绘制多的区域将显示得更加明亮，因为相同的像素被叠加混合绘制了多次。这恰是 Scene 窗口的 Overdraw Shading 模式显示场景经过了多少过度绘制的方式。

图 6-2 展示了绘制几千个盒子的场景，其中左侧为正常绘制，右侧为 Scene 窗口的 Overdraw Shading 模式。

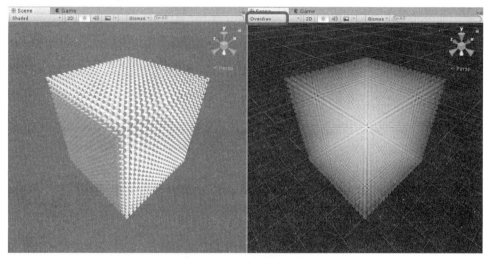

图 6-2　Scene 窗口的 Overdraw 着色视图

过度绘制得越多，覆盖片元数据所浪费的填充率就越多。一些技术可用来降低过度绘制，稍后探讨。

提示:

注意，实际上有几种不同的队列用于渲染，它们可以分为两种类型：不透明队列和透明队列。如前所述，在不透明队列中渲染的对象可以通过 Z-测试剔除片元。然而，在透明队列中渲染的对象不能这样做，因为它们的透明特性意味着，不管有多少对象挡在前面，都不能假设它们不需要绘制，这将导致大量的过度绘制。所有的 Unity UI 对象通常都在透明队列中渲染，这也是过度绘制的主要来源。

2. 内存带宽

GPU 后端的另一个潜在瓶颈来自于内存带宽。只要从 GPU VRAM 的某个部位将纹理拉入更低级别的内存中，就会消耗内存带宽。这通常发生在对纹理采样时，其中片元着色器尝试选择匹配的纹理像素(或纹素)，以便在给定的位置绘制给定的片元。GPU 包含多个内核，每个内核都可访问 VRAM 的相同区域，还都有一个小得多的本地纹理缓存，来存储 GPU 最近使用的纹理。这种设计与 CPU 的多级内存缓存结构类似，允许数据向上或向下传输到不同级别的内存上。这是硬件设计方法，因为内存越快，意味着制造越困难，成本越高。因此与其拥有一个庞大、昂贵的 VRAM 块，还不如采用大容量、便宜的 VRAM 块，使用更小、更快、更低级别的纹理缓存来采样，从而两全其美，即快速采样，成本更低。

如果需要的纹理已经存在于内核的本地纹理缓存中，那么采样通常如闪电般快速，几乎感觉不到。否则，需要从 VRAM 中提取纹理信息，才能进行采样。这实际上是纹理的有效缓存数据丢失，因为现在需要花些时间从 VRAM 中寻找并提取需要的纹理。这种传输会消耗一定数量的可用内存带宽，这个量相当于 VRAM 中存储的纹理文件的总大小(由于 GPU 级别的压缩技术不一样，因此它可能不是原始文件的大小或者其在 RAM 中的大小)。

如果在内存带宽方面遇到瓶颈，GPU 将继续获取必要的纹理文件，但整个过程将受到限制，因为纹理缓存将等待获取数据后，才会处理给定的一批片元。GPU 无法及时将数据推回到帧缓冲区，以渲染到屏幕上，整个过程被堵塞，帧速率也会降低。

如何对内存带宽进行合理使用需要进行估算。例如：每个内核的内存带宽为每秒 96GB，目标帧速率为每秒 60 帧，在到达内存带宽的瓶颈之前，GPU 每秒可提取 1.6GB(90/60)的纹理数据。当然，这不是一个确切的估算值，因为还存在一些缓存丢失的情况，但它提供了一个粗略的估算值。

提示：
内存带宽通常是基于每个内核列出，但是一些 GPU 制造商可能试图将内核数乘以内存带宽，得到一个很大但不符合实际情况的数，来误导用户。因此，需要进行对等的比较。

请注意，这个值并不是游戏可以在项目、CPU RAM 或 VRAM 中包含的纹理数据量的最大限制。其实，这个指标限制的是在一帧中可以发生的纹理交换量。同一纹理在一帧内可以被来回拉动多次，主要取决于着色器使用它们的次数、对象渲染的顺序以及纹理采样的频率。由于纹理缓存空间是有限的，因此只有少数对象可占用千兆字节的内存带宽。如果着色器需要大量的纹理，很可能造成缓存丢失，从而造成内存带宽瓶颈。如果多个对象需要不同的高质量纹理和多个二级纹理映射(法线映射、发散映射等)，那么在非批处理模式下，瓶颈很容易被触发。在这种情况下，纹理缓存无法对单个纹理文件挂起足够的时间，来支撑下一个渲染过程的采样。

6.1.3 光照和阴影

在现代游戏中，单个对象很少能在一个步骤中完成渲染，主要原因是光照和阴影。这些任务通常在片元着色器的多个过程中处理，对于多个光源中的每一个都处理一次，最后将结果进行合并，以应用多个灯光效果。这样，结果看起来更真实，至少在视觉上更具有吸引力。

阴影信息的收集需要多个过程。首先为场景设置阴影投射器和阴影接收器，分别用来创建和接收阴影。然后，每次渲染阴影接收器时，GPU 都会从光源的角度将任何阴影投射器对象渲染成纹理，目标是收集每个片元的距离信息。对阴影接收器进行同样的动作，除了阴影投射器和光源重叠的片元外，GPU 可将片元渲染得更暗，因为这类片元位于阴影投射器产生的阴影下。

之后，这些信息变成附加的纹理，称为纹理阴影(Shadowmap)。当从主相机视角渲染时，它们将被混合在阴影接收器的表面。这使得位于光源和给定对象之间的某些位置变得更暗。Lightmap 的创建过程与之类似，其为场景中的很多静态部分预生成光照信息。

在管线渲染的所有过程中，光照和阴影往往会消耗大量的资源。我们需要为每个顶点提供法矢方向(指向远离表面的矢量)，来确定光线如何从表面反射出去，同时需要附加的顶点颜色属性，来应用一些额外的着色。这为 CPU 和前端提供了更多要传递的信息。由于片元着色器需要多次传递信息来完成最终的渲染，因此后端在填充率(大量需要绘制、重绘、合并的像素)和内存带宽(为 Lightmap 和 Shadowmap 拉入和拉出的额外纹理)方面将处于繁忙状态。这就是为什么和大多数其他渲染特性相比，实时阴影异常昂贵，在启用后会显著增加 Draw Call 数的原因。

然而，光照和阴影可能是游戏美术和设计中两个最重要的部分，常常值得花费成本来满足额外的性能要求。优秀的光照和阴影可以化腐朽为神奇，因为专业的渲染如同魔法一样，可以让场景的视觉效果更有吸引力。甚至是低面美术风格(例如手游 "纪念碑谷")在很大程度上也依赖良好的光照和阴影轮廓，以便玩家区分不同的物体，并创造良好的视觉体验。

Unity 提供了多种影响光照和阴影的特性，包括实时光照和阴影(每种都有多种类型)到名为 Lightmapping 的静态光照。这里有很多选项需要探索，如果不小心，很多事情可能导致性能问题。

注意：
Unity 文档涵盖了所有光照特性的细节描述。下面的内容很值得认真阅读，因为这些系统影响着整个管线渲染，具体参考：
https://docs.unity3d.com/Manual/LightingOverview.html
https://unity3d.com/learn/tutorials/topics/graphics/introduction-lighting-and-rendering

渲染有两种不同的方式：前向渲染和延迟渲染，它们对光照的性能都有很大的影响。这些渲染选项的设置可以在 Edit | Project Settings | Player | Other Settings | Rendering 找到，并根据每个平台进行配置。

1. 前向渲染

如前所述，前向渲染是场景中渲染灯光的传统方式。在前向渲染过程中，每个对象都通过同一个着色器进行多次渲染。渲染的次数取决于光源的数量、距离和亮度。Unity 优先考虑对对象影响最大的定向光源组件，并在基准通道中渲染对象，作为起点。然后通过片元着色器使用附近几个强大的点光源组件对同一个对象进行多次重复渲染。每一个点光源都在每个顶点的基础上进行处理，所有剩余的光源都通过 "球谐函数" 技术被压缩成一个平均颜色。

为了简化这些行为，可以将灯光的 Render Mode 调整为 Not Important，并在 Edit | Project Settings | Quality | Pixel Light Count 中修改参数。这个参数值限制了前向渲染采集的灯光数量，但当 Render Mode 设置为 Important 时，该值将被任意灯光数覆盖。因此，应该慎重使用这个设置组合。

可以看出，使用前向渲染处理带有大量点光源的场景，将导致 Draw Call 计数呈爆炸式的增长，因为需要配置的渲染状态很多，还需要着色器通道。

注意：

关于前向渲染的更多信息请参考 Unity 文档，网址为：http://docs.unity3d.com/ Manual/ RenderTech- ForwardRendering.html。

2. 延迟渲染

延迟渲染有时又称为延迟着色，是一项在 GPU 上已使用十年左右的技术，但一直未能完全取代前向渲染，因为涉及一些手续，移动设备对它的支持也有限。

延迟着色这么命名，是因为实际的着色发生在处理的后期，也就是说延迟到后期才发生。它的工作原理是创建一个几何缓冲区(称为 G-缓冲区)，在该缓冲区中，场景在没有任何光照的情况下进行初始渲染。有了这些信息，延迟着色系统可以在一个过程中生成照明配置文件。

从性能角度来看，延迟着色的结果让人印象深刻，因为它可以产生非常好的逐像素照明，而且几乎不需要 Draw Call。延迟着色的一个缺点就是无法独立管理抗锯齿、透明度和动画人物的阴影应用。在这种情况下，前向渲染技术就作为一种处理这些任务的备用选项，因此需要额外的 Draw Call 来完成。延迟着色的一个更大的问题是它往往需要高性能、昂贵的硬件来支持，且不能用于所有平台，因此很少有用户能使用它。

注意：

Unity 文档包含了延迟渲染技术及其优缺点的大量信息，网址是http://docs. unity3d.com/Manual/RenderTech-DeferredShading.html。

3. 顶点照明着色(传统)

从技术角度讲，照明的方法不止两种。目前仅存的两种是顶点照明着色和很原始、功能粗放的延迟渲染版本。顶点照明着色是光照的大规模简化处理，因为光照是按顶点处理而不是按像素处理。换言之，整个表面都是基于射入灯光的颜色进行统一着色，而不是通过单个像素对表面进行混合照明着色。

许多甚至全部 3D 游戏都不会采用这种传统的技术，因为缺乏阴影和合适的照明功能支持，顶点照明着色要实现深度的可视化非常困难。该技术主要应用在一些不需要使用阴影、法线映射和其他照明功能的简单 2D 游戏。

4. 全局照明

全局照明(Global Illumination，GI)，是烘焙 Lightmapping 的一种实现。Lightmapping 类似于阴影映射技术创建的 Shadowmap，其为每个表示额外照明信息的对象生成一个或多个纹理，然后在片元着色器的光照过程中应用于对象，以模拟静态光照效果。

这些 Lightmap 和其他形式的光照的最大区别是，Lightmap 是在编辑器中预先生成(或烘焙)的，并打包到游戏的构建版本中。这确保在游戏运行时不需要不断地重新生成这些信息，从而节省大量的 Draw Call 和重要的 GPU 活动。由于可以烘焙这些数据，因此有足够的时间来生成高质量的 Lightmap (当然，代价是需要处理所生成的更大量的纹理文件)。

由于这些信息是提前生成的，因此无法响应游戏中的实时活动，所以在默认情况下，任何 Lightmapping 信息只应用于场景中生成 Lightmap 时出现的静态对象。但是，可以将 Light Probe 添加到场景中，以生成一组额外的 Lightmap 纹理，这些纹理可以应用到附近移动的动态对象，使这些对象能够从预生成的光照中受益。这种方式不追求完美的像素精度，在运行时还要为额外的 Light Probe 和内存带宽的数据交换提供磁盘空间，但是它生成了一个更可信、更合适的灯光配置文件。

多年来，人们开发了多种生成 Lightmap 的技术，Unity 自最初发布以来就使用两种不同的解决方案。全局照明是在 Lightmapping 后最新一代的数字技术，它不仅计算光照如何影响给定对象，还计算光照如何从附近的表面反射回来，允许对象影响它周围的照明配置文件，从而提供非常真实的着色效果。这种效果由一个称为 Enlighten 的内部系统来计算。该系统既可创建静态 Lightmap，也可创建预计算的实时全局照明，它是实时和静态阴影的混合，支持在没有昂贵的实时照明效果下模拟一天中的时间效果(太阳光的方向随时间变化)。

生成 Lightmap 的一个典型问题是，在当前设置下 Lightmap 从生成到获得视觉回馈所需的时间很长，因为 Lightmapper 经常尝试在一个过程中生成包含全部细节的 Lightmap。如果用户尝试修改这些配置，则必须取消并重新启动整个作业。为了解决这个问题，Unity 技术实现了渐进式的 Lightmap，渐进式的 Lightmap 可随着时间的推移逐步执行 Lightmapping 任务，还允许计算时对配置信息进行修改。这使场景中 Lightmap 的显示过程变得越来越详细，因为它是后台运行，另外允许在运行时修改某些属性而不需要重新启动整个工作。这提供了准实时的回馈机制，极大改进了生成 Lightmap 的工作流程。

6.1.4　多线程渲染

大多数系统默认都开启多线程渲染功能,例如台式电脑和终端平台的 CPU 都有多个内核来支持多线程。其他平台默认情况下仍然支持许多低端设备来启用此功能，因此这对它们来说是一个可切换的选项。Android 系统可以选中 Edit | Project Settings | Player | Other Settings | Multithreaded Rendering 复选框来开启此功能，iOS 系统的多线程渲染可通过程序配置使用 Edit | Project Settings | Player | Other Settings | Graphics API 下面的 Apple's Metal API 开启。在编写本书时，WebGL 还不支持多线程渲染。

对于场景中的每个对象，渲染过程需要完成 3 个任务：首先确定对象是否需要渲染(通过视锥剔除技术)，如果需要，就生成渲染对象的指令(因为单个对象的渲染可能产生数十个指令)，最后调用相应的图形 API 将指令发送到 GPU。在没有多线程渲染的情况下，这些任务都在 CPU 的主线程上执行，那么主线程上的任何活动都将成为渲染的关键路径中的节点。多线程渲染启动时，渲染线程会将指令推送到 GPU，其他任务(例如剔除和生成指令)则分散在多个工作线程中。这种模式可以为主线程节省大量的 CPU 周期，而其他绝大部分任务都是在 CPU 的主线程中执行，例如物理和脚本代码。

多线程渲染特性一旦启用，将影响到 CPU 的瓶颈。在未启用该特性时，主线程将执行为命令缓冲区生成指令所需的所有工作，这意味着在其他地方提升的性能可以释放出来，让 CPU 生成指令。但是，当多线程渲染启动后，大部分的工作负载都被推送到独立的线程中，这意味着通过 CPU 提升主线程对渲染性能的影响很小。

提示:
注意，不管多线程渲染是否开启，GPU 的限制都是相同的。GPU 总是以多线程的方式执行任务。

6.1.5　低级渲染 API

Unity 通过 CommandBuffer 类对外提供渲染 API。这允许通过 C#代码发出高级渲染命令，来直接控制管线渲染，例如采用特定的材质，使用给定的着色器渲染指定的对象，或者绘制某个程序几何体的 N 个实例。这种定制化的功能不如直接调用图形 API 那么强大，但是对 Unity 开发人员来讲，定制独特的图形效果是朝正确的方向迈出的一步。

Unity 文档中介绍了 CommandBuffer 如何使用这些特性，具体请参考：http://docs.unity3d.com/ScriptReference/Rendering.CommandBuffer.html。

如果需要更直接地控制渲染，例如想直接给 OpenGL、DirectX 和 Metal 调用图形 API，就需要创建一个本地插件(一个用 C++代码编写的小型库，专门针对目标平台的体系结构进行编译)，挂接到 Unity 的管线渲染，设置为特定渲染事件发生时的回调，类似于 MonoBehaviours 挂接到 Unity 主引擎的各种回调。对于大多数 Unity 用户来说，这无疑是一个高级主题，但随着我们对渲染技术的了解和图形 API 的成熟，这对于了解未来非常有用。

Unity 在如何使用本地插件生成渲染接口方面提供了非常优秀的文档，具体请参考 https://docs.unity3d.com/Manual/NativePluginInterface.html。

6.2　性能检测问题

显而易见，由于渲染涉及的复杂过程很多，因此 GPU 的瓶颈可能出现在很多方面。前面全面了解了管线渲染和瓶颈可能发生的原因，接下来探讨如何检测这些问题。

6.2.1　分析渲染问题

性能分析器可将管线渲染中的瓶颈快速定位到所使用的两个设备：CPU 或者 GPU。必须使用性能分析器窗口中的 CPU 使用率和 GPU 使用率来检查问题，这样可以知道哪个设备负荷较重。

图 6-3 显示了 CPU 受限应用程序的性能分析数据，该测试是在不采用批处理和阴影技术的情况下，创建上千个简单的立方体对象。这会为了让 CPU 生成指令而产生非常多的 Draw Call(大约 32 000 次)，由于渲染的对象很简单，因此 GPU 的工作很少。

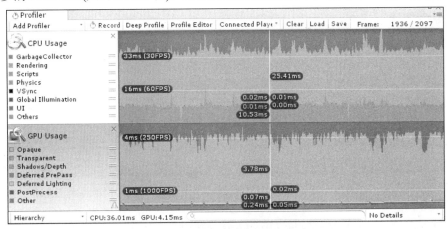

图 6-3　CPU 受限应用程序的性能分析数据

本示例显示，CPU 的渲染任务消耗了大量的循环(每帧约 25 毫秒)，而 GPU 的处理小于 4 毫秒，这表明瓶颈在 CPU 中。请注意，该性能分析测试是针对独立的程序完成的，而不是在编辑器中测试。现在我们知道，渲染是受 CPU 限制的，因此可以开展一些节省 CPU 的性能改进工作(注意不要在其他地方产生渲染瓶颈)。

与此同时，通过性能分析器分析 GPU 受限的程序有点困难。这次测试，只创建一个需要最少量 Draw Call 的简单对象，但使用昂贵的着色器对纹理进行数千次采样，以在后端获得一个非常夸张的活动量。

提示:

为了执行准确的 GPU 受限的性能分析测试，应在 Edit | Project Settings | Quality | Other | V Sync Count 中禁用 Vertical Sync，否则测试数据将受到干扰。

图 6-4 显示了该测试运行在独立程序中的性能分析数据。

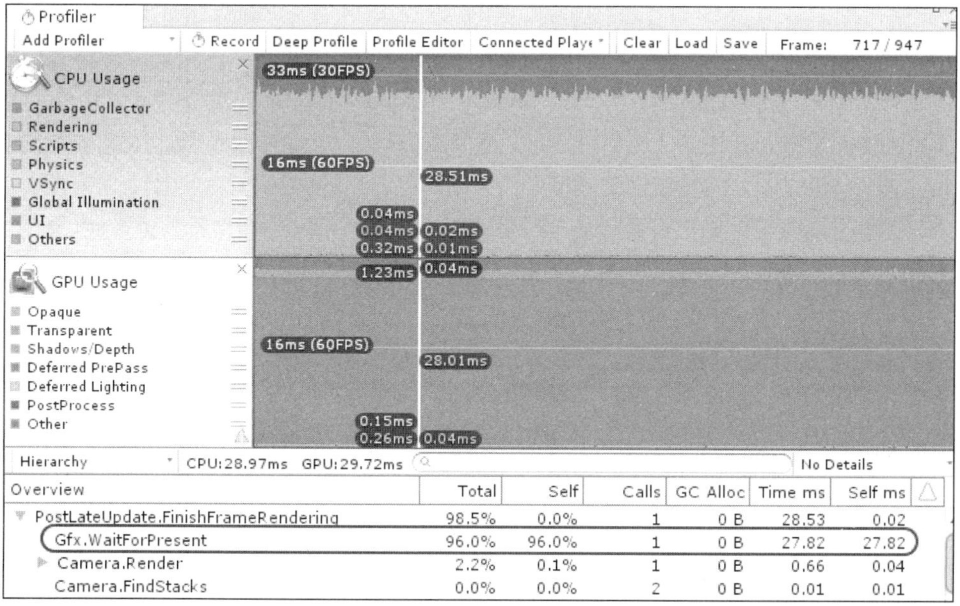

图 6-4　独立应用程序中的性能分析数据

如图 6-4 所示，CPU Usage 区域的渲染任务和 GPU Usage 区域的总渲染成本很接近。还可看见画面底部的 CPU 和 GPU 时间成本也相当类似(均为 29 毫秒)。似乎两种设备都存在瓶颈，但其实 GPU 的工作负荷比 CPU 大。

实际上，如果采用层级模式深入查看 CPU Usage 区域的分解视图，会发现 CPU 的大部分时间都花在标记为 Gfx.WaitForPresent 的任务上。这是 CPU 等待 GPU 完成当前帧时浪费的时间。因此，尽管看起来瓶颈受两者的约束，但实际上瓶颈还是受 GPU 影响更多。即使启用了多线程渲染，CPU 还是需要等管线渲染完成，才能开始下一帧的处理工作。

提示:
Gfx.WaitForPresent 通常用来表示 CPU 正在等待垂直同步完成，因此在本测试中需要禁用。

6.2.2　暴力测试

如果在深入分析性能数据后还无法确定问题的根源，或者在 GPU 受限的情况下需要确定管线渲染的瓶颈所在，就应尝试使用暴力测试方法，即在场景中去除指定的活动，并检查性能是否有人幅提升。如果一个小的调整导致速度大幅提升，就说明找到了瓶颈所在的重要线索。如果消除足够的未知因素可以确保数据引导的方向是正确的，这种方法就不妨一试。

对于 CPU 受限，最明显的暴力测试就是降低 Draw Call 来检查性能是否有突然的提升。然而这种方式通常不太可能实现，因为我们已经通过静态批处理、动态批处理、混淆等技术将 Draw Call 降到最低限度。这说明可降低的 Draw Call 范围非常有限。

但是，可以引入更多对象或禁用节省 Draw Call 的功能(如静态和动态批处理)，故意将 Draw Call 计数增加一小部分，并观察情况是否比以前更糟糕。如果是这样，就可以证明我们已经接近或者达到 CPU 的限制。

有两种好的暴力测试方法可用来测试 GPU 受限的应用程序，以确定是填充率受限还是内存带宽受限，这两种方法分别是降低屏幕分辨率和降低纹理分辨率。

通过降低屏幕分辨率，可以让光栅器生成的片元少许多，并在较小的像素画布上进行转化，以便进行后端处理。这将减少应用程序填充率的消耗，为管线渲染的关键部分提供缓冲的空间。因此，如果屏幕分辨率降低后性能突然提高，那么填充率应该是我们首要关注的问题

注意:
将分辨率从 2560×1440 降低到 800×600，其改善系数约为 8，这通常足以降低填充率的成本，使应用程序再次运行良好。

同样，如果在内存带宽上遇到瓶颈，那么降低纹理质量可能会显著提高性能。这样会减小纹理的大小，极大地降低片元着色器的内存带宽成本，允许 GPU 更快地获取必

要的纹理。为了降低全局纹理质量，可进入 Edit | Project Settings | Quality | Texture Quality，设置的值为 Half Res、Quarter Res 或 Eighth Res。

通过本章中的性能增强提示，可以看出，CPU 受限的应用程序都有足够的机会来提升性能。如果从其他活动中释放 CPU 周期，就可以通过更多的 Draw Call 来渲染更多的对象，当然请记住，每次渲染都将消耗 GPU 中更多的活动。但是，在改进管线渲染的其他部分时，还有一些额外的机会可以间接改进 Draw Call 计数。这包括遮挡剔除、调整光照和阴影行为以及修改着色器。这些将在后续研究性能增强的章节中探讨。

与此同时，可能需要应用一些暴力测试和进行一些猜测，来确定 GPU 受限应用程序的瓶颈。大部分应用程序的瓶颈都是填充率和内存带宽，因此应该从这里着手。前端程序很少出现瓶颈，至少桌面应用程序是这样，所以只有验证了其他来源没有问题，才应进行前端检查。与片元着色器相比，顶点着色器的影响微乎其微，因此前端处理产生问题的真正原因是推送了太多的几何体或几何体着色过于复杂。

最后，这项调查研究应有助于确定应用程序是 CPU 受限还是 GPU 受限，如果是 GPU 受限，还应确定是前端受限或后端受限，是填充率瓶颈还是内存带宽瓶颈。有了这些知识，可以应用很多技术来提高应用程序的性能。

6.3　渲染性能的增强

现在，有了性能瓶颈的所有信息，就可以进行应用程序修复了。本章的剩余部分将介绍一系列技术来提升 CPU 受限和 GPU 受限程序的管线渲染性能。

6.3.1　启用/禁用 GPU Skinning

第一个技巧是通过牺牲 GPU Skinning 来降低 CPU 或 GPU 前端的负载。Skinning 是基于动画骨骼的当前位置变换网格顶点的过程。在 CPU 上工作的动画系统会转换对象的骨骼，用于确定其当前的姿势，但动画过程中的下一个重要步骤是围绕这些骨骼包裹网格顶点，以将网格放在最终的姿势中。为此，需要迭代每个顶点，并对连接到这些顶点的骨骼执行加权平均。

该顶点处理任务可以在 CPU 上执行，也可以在 GPU 的前端执行，具体取决于是否启用了 GPU Skinning 选项。该功能可以在 Edit | Project Settings | Player Settings | Other Settings | GPU Skinning 下切换。该功能启用后，会将 Skinning 活动推送到 GPU 中，但注意，CPU 仍必须将数据传输到 GPU，并在命令缓冲区上为任务生成指令，因

此不会完全消除 CPU 的工作负载。禁用此选项可以使 CPU 在传输网格数据之前解析网格的姿态，并简单地要求 GPU 按原样绘制，从而减轻 GPU 的负担。显然，如果场景中有很多动画网格，这个功能就非常有用，且可以将工作推到空闲的设备上，来设置边界。

6.3.2　降低几何复杂度

这是一个 GPU 前端的技巧。第 4 章介绍了一些网格优化技术，这有助于减少网格的顶点属性。这里快速回顾一下，网格常常包含大量不必要的 UV 和法线矢量数据，因此应该仔细检查网格是否包含这种多余的信息。还应让 Unity 优化结构，这样可以在前端内读取顶点数据时最大限度地减少丢失缓存的情形。

我们的目标只是降低实际的顶点数量。这有 3 种方法。第一种方法是让美术团队手动调整，生成多边形数更少的网格，或使用网格抽取工具来简化网格。第二种方法是简单地从场景中移除网格，但这应该是最后的手段。第三种方法是实现网格的自动剔除特性，如详细级别(Level of Detail, LOD)，参见本章后面的内容。

6.3.3　减少曲面细分

通过几何着色器进行曲面细分非常有趣，因为曲面细分是一种相对还未充分使用的技术，可以真正使图形效果在使用最常见效果的游戏中脱颖而出。但是，它也极大地增加了前端处理的工作量。

除了改进曲面细分算法或减轻其他前端任务的负载，来使曲面细分任务有更多的空闲空间外，并没有其他简单的技巧可以改进曲面细分。不管哪种方式，如果前端遇到瓶颈，却在使用曲面细分技术，就应仔细检查曲面细分是否消耗了前端的大量资源。

6.3.4　应用 GPU 实例化

GPU 实例化利用对象具有相同渲染状态的特点，快速渲染同一网格的多个副本，因此只需要最少的 Draw Call。这其实和动态批处理一样，只不过不是自动处理的过程。实际上，可以将动态批处理看成一种简单的 GPU 实例化，因为真正的 GPU 实例化可节省更多的资源，并支持通过参数调整实现更多的定制化。

选中 Enable Instancing 复选框，可以在材质级别上应用 GPU 实例化，修改着色器代码，就可以引入变化。这样，就可以为不同的实例提供不同的旋转、比例、颜色等特性。这对于渲染森林和岩石区域等场景很有用，在这种场景中，可以渲染成百上千个有细微差异的网格副本。

注意:
Skinned Mesh Renderer 无法应用到 GPU 实例化，其原因和不能使用动态批处理类似，并不是所有的平台和 API 都支持 GPU 实例化。

图 6-5 显示了在一组 512 个立方体中应用 GPU 实例化带来的优势(应用了一些额外的照明和阴影，以增加 Draw Call 总数)。

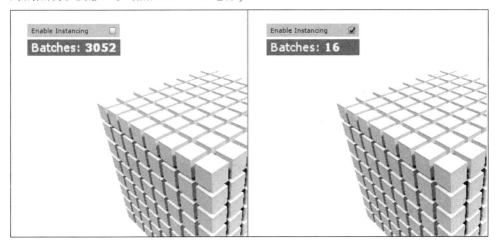

图 6-5　应用 GPU 实例化的优势

这个系统比动态批处理更加通用，因为可以更多地控制对象的批处理过程。当然，如果以低效的方式进行批处理操作，出错的机会更多，因此必须小心谨慎地使用它。

有关 GPU 实例化的更多信息，请参阅 Unity 文档，网址为：

https://docs.unity3d.com/Manual/GPUInstancing.html。

6.3.5　使用基于网格的 LOD

LOD(Level Of Detail，LOD)是一个广义的术语，指的是根据对象与相机的距离和/或对象在相机视图中占用的空间，动态地替换对象。由于远距离很难分辨低质量和高质量对象之间的差异，一般不会采用高质量方式渲染对象，因此可能用更简化的版本动态替换远距离对象。LOD 最常见的实现是基于网格的 LOD，当相机越来越远时，网格会采用细节更少的版本替代。

为了使用基于网格的 LOD，可以在场景中放置多个对象，使其成为具有附加 LODGroup 组件的 GameObject 的子对象。LOD 组的目的是从这些对象中生成边界框，并根据相机视野内的边界框大小决定应该渲染哪个对象。如果对象的边界框占用当前视图的大部分区域，就启用分配给较低 LOD 组的网格；如果边界框非常小，就使用较高 LOD 组中的网格替换对象的网格。如果网格太远，可以将其配置为隐藏所有子对象。因此，通过正确的设置，可以让 Unity 用更简单的替代品代替网格，或者完全剔除网格，减轻渲染过程的负担。

关于基于网格的 LOD 功能的更详细信息，请参阅 Unity 文档，网址为：http://docs.unity3d.com/Manual/LevelOfDetail.html。

这个特性需要花费大量的开发时间才能完全实现；美工必须为同一对象生成多边形数较少的版本，而关卡设计师必须生成 LOD 组，并进行配置和测试，以确保它们不会在相机移近或移远时出现不和谐的转换。

提示：
注意，一些开发游戏中间件的公司提供了第三方工具，来自动生成 LOD 网格。这类 LOD 网格的易用性、质量损失和成本效益的对比值得研究。

基于网格的 LOD 还会消耗磁盘占用空间、RAM 和 CPU；替代网格需要捆绑在一起加载到 RAM 中，并且 LODGroup 组件必须定期测试相机是否移动到新位置，以修改 LOD 级别。但管线渲染的优点相当显著。动态渲染较简单的网格，减少了需要传递的顶点数据量，并潜在减少了渲染对象时需要的 Draw Call 数量、填充率和内存带宽。

由于要实现基于网格的 LOD 功能需要牺牲很多，开发人员应该自动假设基于网格的 LOD 是有益的，避免预先优化。过度使用该特性会增加应用程序其他部分的性能负担，并占用宝贵的开发时间，这一切都是出于偏执。只有当我们开始观察到管线渲染中出现问题，并且 CPU、RAM 和开发时间都有空闲时才使用。

话虽如此，拥有广阔视野和大量摄像机运动的场景，可能需要考虑尽早实现这种技术，因为增加的距离和大量可见的物体可能会极大地增加顶点数。相反，总是在室内的场景，或者相机俯视视角的场景，使用这种技术都没有什么好处，因为对象总是与相机保持类似的距离。示例包括实时策略(RealTime Strategy，RTS)和多人在线战斗竞技场(Multiplayer Online Battle Arena，MOBA)游戏。

剔除组

剔除组(Culling Groups)是 Unity API 的一部分，允许创建自定义的 LOD 系统，作为动态替换某些游戏或渲染行为的方法。希望应用 LOD 的示例包括用较少骨骼的版本替换动画角色，应用更简单的着色器，在很远的距离上跳过粒子系统生成过程，简化 AI 行为等。

在其最基本的层次上，剔除组系统仅仅指出，物体对相机是否可见，它们有多大，但它在游戏中也有其他用途，比如确定玩家当前是否可以看到某些敌人的据点，或者玩家是否正在接近某些区域。剔除组系统还有更广泛的用途，因此值得关注。当然，实现、测试和重新设计场景所花费的时间也很多。

查看 Unity 文档，以获取有关剔除组的更多信息，网址为：

https://docs.unity3d.com/Manual/CullingGroupAPI.Html。

6.3.6 使用遮挡剔除

减少填充率消耗和过度绘制的最佳方法之一是使用 Unity 的遮挡剔除系统。该系统的工作原理是将世界分割成一系列的小单元，并在场景中运行一个虚拟摄像机，根据对象的大小和位置，记录哪些单元对其他单元是不可见的(被遮挡)。

提示：

请注意，这与视锥剔除技术不同，视锥剔除的是当前相机视图之外的对象。视锥剔除总是主动和自动进行的。因此遮挡剔除将自动忽略视锥剔除的对象。

只有在 StaticFlags 下拉列表下正确标记为 Occluder Static 和/或 Occludee Static 的对象才能生成遮挡剔除数据。Occluder Static 是静态物体的一般设置，它们既能遮挡其他物体，也能被其他物体遮挡，例如摩天大楼或山脉，这些物体可以隐藏其他物体，也能隐藏在其他物体后面。Occludee Static 是一种特殊的情况，例如透明对象总是需要利用它们后面的其他对象才能呈现出来，但如果有大的对象遮挡了它们，则需要隐藏它们本身。

提示：

当然，因为必须为遮挡剔除启用 Static 标志，所以此功能不适用于动态对象。

为了便于演示，图 6-6 展示了遮挡剔除如何有效地从外部角度减少场景中渲染的对象数。从主相机的角度来看，这两种情况看起来是一样的。

管线渲染没有把时间浪费在渲染被更近的物体遮挡的对象。

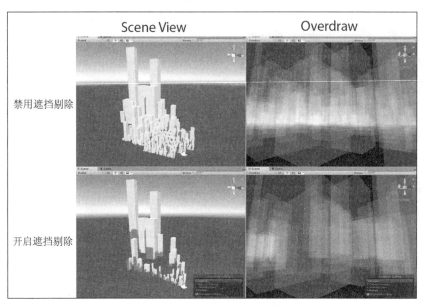

图 6-6　禁用遮挡剔除和开启遮挡剔除的 Overdraw

启用遮挡剔除功能将消耗额外的磁盘空间、RAM 和 CPU 时间。需要额外的磁盘空间来存储遮挡数据，需要额外的 RAM 来保存数据结构，需要 CPU 处理资源来确定每个帧中哪些对象需要被遮挡。遮挡剔除数据结构必须正确配置，以创建场景中适当大小的单元，单元越小，生成数据结构所需的时间就越长。但是，如果为场景进行了正确的配置，遮挡剔除可以剔除不可见的对象，减少过度绘制和 Draw Call 数，来节省填充率。

提示:

请注意，即使对象被遮挡剔除，也必须计算其阴影，所以不会节省这些任务的 Draw Call 数和填充率。

6.3.7　优化粒子系统

粒子系统适用于大量不同的视觉效果，通常生成的粒子越多，效果看起来越好。但是，我们需要考虑生成的粒子数和所使用的着色器的复杂性，因为它们可以触及管线渲染的所有部分；它们为前端生成许多顶点(每个粒子都是四元体)，并且可以使用多个纹理，这些纹理也将消耗后端的填充率和内存带宽，因此，如果不负责任地胡乱使用，可能会导致应用程序在任意方面受限。

降低粒子系统密度和复杂性非常简单：使用更少的粒子系统，生成更少的粒子，使用更少的特殊效果。图集也是另一种降低粒子系统性能成本的常用技术。然而，对于粒子系统，还有一个重要的性能考虑因素，该因素不为人知，而且在后台进行，那就是粒子系统的自动剔除过程。

1. 使用粒子删除系统

Unity Technologies 发布了一篇关于这个主题的优秀博客文章，网址如下：
https:// blogs. unity3d. com/ 2016/ 12/ 20/ unitytips-particlesystemperformance-culling/。
　　文章的基本思想是根据不同的设置，所有粒子系统都是可预测的或不可预测的(确定性与非确定性)。当粒子系统是可预测的，且对主视图是不可见的时，可以自动删除整个粒子系统，以提升性能。一旦可预测的粒子系统重新出现在视野中，Unity 就能精确地计算出粒子系统在那个时刻的样子，就好像它生成了一直不可见的粒子一样。只要粒子系统以程序化的方式产生粒子，状态就可以立即计算出来。

　　但是，如果有一些设置强制粒子系统变得不可预知或者非程序化，就不知道粒子系统的当前状态必须是什么，即使它以前是隐藏的，也可能需要进行全帧渲染，而不管它可见或可不见。破坏粒子系统可预测性的设置包括(但不限于)使粒子系统在世界空间中渲染，应用外力、碰撞和轨迹，或使用复杂的动画曲线。查看前面提到的博客文章，以获得非程序化情况的严谨列表。

　　注意，当粒子系统的自动剔除功能被中断后，Unity 会提供一种很有用的警告，如图 6-7 所示。

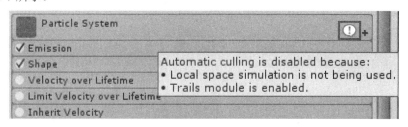

图 6-7　提供会打断剔除的条件信息

2. 避免粒子系统的递归调用

ParticleSystem 组件中的很多方法都是递归调用。这些方法的调用需要遍历粒子系统的每个子节点，并调用子节点的GetComponent<ParticleSystem>()方法获得组件信息。如果组件存在，则调用组件中对应的方法。以此类推，对该子粒子系统的父节点、子节点将重复此操作。这对于粒子系统的深层次结构来说是一个很大的问题，因为有时会产生复杂的影响。

　　有几个粒子系统 API 会受到递归调用的影响，例如 Start()、Stop()、Pause()、Clear()、

Simulate()和 isAlive()。显然不能完全避免这些方法的使用，因为这些都是粒子系统中最常见的方法。但是，这些方法都有一个默认为 true 的 withChildren 参数。给这个参数传递 false 值(例如：调用 Clear(false))可以禁用递归行为和子节点的调用。因此，方法调用只会影响给定的粒子系统，从而降低调用的成本开销。

但这并不总是很理想，因为通常我们希望粒子系统的所有子节点都受方法调用的影响。因此，另一种方式是第 2 章采用的方式: 缓存粒子系统组件，并手动迭代它们(确保每次传递给 withChildren 参数都是 false)。

提示:
注意，Unity 版本 5.4 到 Unity 2017.1 中存在一个 bug，每次调用 Stop()和 Simulate()时，都会分配额外的内存(即使粒子系统已经停止)。此 bug 已在 Unity 2017.2 中修复。

6.3.8　优化 Unity UI

Unity 在早期曾经尝试内置 UI，但并不是非常成功，它常常很快就被应用商店的其他产品取代。但是，Unity 最新一代解决方案(简称 Unity UI)已经成为一个更受欢迎的解决方案，许多开发人员开始采用它来满足 UI 需求，事实上，Unity Technologies 在 2017 年初就收购了 Text Mesh Pro 资源背后的公司，并将其作为内置功能整合到 Unity UI 中。

下面探讨可用于提高 Unity 内置 UI 性能的技术。

1. 使用更多画布

画布组件的主要任务是管理在层次窗口中绘制 UI 元素的网格，并在发出渲染这些元素所需的 Draw Call。画布的另一个重要作用是将网格合并进行批处理(条件是这些网格的材质相同)，以降低 Draw Call 数。然而，当画布或其子对象发生变动时，这称为"画布污染"。当画布污染后，就需要为画布上的所有 UI 对象重新生成网格，才可发出 Draw Call。这个重新生成网格的过程不是一个简单的任务，也是 Unity 项目中性能问题的常见来源，遗憾的是，很多因素都会导致画布污染。即使更改画布上的单个 UI 元素也会导致这种情况的发生。有很多因素会导致画布污染，只有很少因素不会(通常在指定状态下)，所以最好还是谨慎行事，并假定任何变化都会导致这种后果。

提示:

唯一值得注意的是，更改 UI 元素的颜色属性不会污染画布。

只要发现 UI 的改变(随着每一帧有时或一直发生变化)导致 CPU 使用率大幅上升，可以采用的一个解决方案就是使用更多的画布。一个常见的错误是在单个画布中构建整个游戏的 UI 并保持这种方式，因为游戏代码及其 UI 会让这变得越来越复杂。

这意味着需要检查 UI 中的任何元素在任何时候发生的改变，随着越来越多的元素填充到单个画布上，性能会变得越来越糟糕。但是，每个画布都是独立的，不需要和 UI 中的其他画布进行交互，所以，将 UI 拆分为多个画布，可以将工作负载分离开，简化单个画布所需的任务。

提示:

确保将 GraphicsRaycaster 组件添加到与子画布相同的 GameObject 上，以便画布上的子元素可以相互交互。相反，如果画布上的子元素不可相互交互，就可以安全地从中删除任何 GraphicsRaycaster 组件，以减少性能消耗。

在这种情况下，即使单个元素仍然发生变化，响应时需要重新生成的其他元素也更少，从而降低了性能成本。这种方法的缺点是，不同画布上的元素不会被批量组合在一起，因此，如果可能的话，应该尽量将具有相同材质的相似元素组合在同一画布中。

提示:

为了便于组织，也可以将画布作为另一个画布的子节点，并应用相同的规则。这样一个画布的元素发生改变，另一个画布不会受影响。

2. 在静态和动态画布中分离对象

应该努力尝试在生成画布时，采用基于元素更新的时间给元素分组的方式。元素可分为 3 组：静态、偶尔动态、连续动态。静态 UI 元素永远不会改变，典型的示例有背景图像、标签等。动态元素可以更改，偶尔动态对象只在做出响应时更改，例如 UI 按钮按下或暂停动作，而连续动态对象会定期更新，例如动画元素。

应该根据 UI 指定的部分，尝试将这 3 个组中的 UI 元素拆分到 3 个不同的画布，这将最大限度地减少重新生成元素期间浪费的工作量。

3. 为无交互的元素禁用 Raycast Target

UI 元素具有 Raycast Target 选项，允许该元素通过单击、触摸和其他用户行为进行交互。当以上任何一个动作发生时，GraphicsRaycaster 组件将执行像素到边界框检查，以确定与之交互的是哪个元素，这是一个简单的迭代 for 循环。对非交互元素禁用此选项，就减少了 GraphicsRaycaster 需要迭代的元素数量，提高了性能。

4. 通过禁用父画布组件来隐藏 UI 元素

UI 使用单独的布局系统来处理某些元素类型的重新生成工作，其操作方式类似于污染画布。UIImage、UIText 和 LayoutGroup 都是属于这个系统的组件示例。很多操作可能导致布局系统被污染，其中最明显的是启用和禁用这些元素。但是，如果想禁用 UI 的一部分，只要禁用其子节点的画布组件，就可以避免布局系统的这种昂贵的重新生成调用。为此，可以将画布组件的 enabled 属性设置为 false。这种方法的缺点是，如果任何子对象具有 Update()、FixedUpdate()、LateUpdate()或 Coroutine()方法，就需要手动禁用它们，否则这些方法将继续运行。禁用画布组件，只会停止 UI 的渲染和交互，各种更新调用应继续正常执行。

5. 避免 Animator 组件

Unity 的 Animator 组件从未打算用于最新版本的 UI 系统，它们之间的交互是不切实际的。每一帧，Animator 都会改变 UI 元素的属性，导致布局被污染，重新生成许多内部 UI 信息。应该完全避免使用 Animator，而使用自己的动画内插方法或使用可实现此类操作的程序。

6. 为 World Space 画布显式定义 Event Camera

画布可用于 2D 和 3D 中的 UI 交互，这取决于画布的 Render Mode 设置是配置为 Screen Space (2D)还是 World Space (3D)。每次进行 UI 交互时，画布组件都会检查其 eventCamera 属性(在 Inspector 窗口中显示为 Event Camera)以确定要使用的相机。默认情况下，2D 画布会将此属性设置为 Main Camera，但 3D 画布会将其设置为 null。遗憾的是，每次需要 Event Camera 时，都是通过调用 FindObjectWithTag()方法来使用 Main Camera。通过标记查找对象并不像使用 Find()方法的其他变体那样糟糕，但是其性能成本与在给定项目中使用的标记数量呈线性关系。更糟的是，在 World Space 画布的给定帧期间，Event Camera 的访问频率相当高，这意味着将此属性设置为 null，将导致巨大的性能损失而没有真正的好处。因此，对于所有的 World Space 画布，应该将该属性手动设置为 Main Camera。

7. 不要使用 alpha 隐藏 UI 元素

color 属性中 alpha 值为 0 的 UI 元素仍会发出 Draw Call。应该更改 UI 元素的

isActive 属性，以便在必要时隐藏它。另一种方法是通过 CanvasGroup 组件使用画布组，该组件可用于控制其下所有子元素的 alpha 透明度。画布组的 alpha 值设置为 0，将清除其子对象，因此不会发出任何 Draw Call。

8. 优化 ScrollRect

ScrollRect 组件是一种 UI 元素，用来在列表中滚动其他 UI 元素，这在移动应用中相当常见。遗憾的是，这些元素的性能随着大小的改变会变得非常差，因为画布需要定期重新生成它们。但是，可以用很多方式改善 ScrollRect 组件的性能。

确保使用 RectMask2D

只要把其他 UI 元素的 depth 值设置为低于 ScrollRect 元素，就可以实现滚动式 UI 特性。但这并不是一种好的实现方案，因为 ScrollRect 中的元素不会被剔除，当 ScrollRect 移动时，需要为每帧重新生成每个元素。如果元素未被剔除，就应使用 RectMask2D 组件来裁剪和剔除不可见的子对象。此组件创建了一个空间区域，如果其中的任何子 UI 元素超出了 RectMask2D 组件的边界，就会被剔除。相对于渲染太多不可见对象的成本，确定是否剔除对象所付出的成本一般更划算。

在 ScrollRect 中禁用 Pixel Perfect

Pixel Perfect 是画布组件上的一个设置，它强制其子 UI 元素与屏幕上的像素对齐。这通常是美术和设计的一个要求，因为 UI 元素将比禁用它时显示得更加清晰。虽然这种对齐操作是相当昂贵的，但它是强制性的，可以保证大部分的 UI 元素显示得更清晰。但是，对于动画和快速移动的物体，由于涉及运动，因此 Pixel Perfect 没多大意义。禁用 ScrollRect 元素的 Pixel Perfect 属性是一种节省大量成本的好方法。但是，由于 Pixel Perfect 设置会影响整个画布，因此为画布下的子对象启用 ScrollRect，以便其他元素与其像素对齐。

提示：
在 Pixel Perfect 禁用时，不同类型的动画 UI 元素实际显示效果会更好。但一定要做一些测试，因为性能可以提升相当多。

手动停用 ScrollRect 活动

即使移动速度是每帧只移动像素的一小部分，画布也需要重新生成整个 ScrollRect 元素。一旦使用 ScrollRect.velocity 和 ScrollRect.StopMovement() 方法检测到帧的移动速度低于某个阈值，就可以手动冻结它的运动。这有助于大大降低重新生成的频率。

9. 使用空的 UIText 元素进行全屏交互

大多数 UI 的常用实现是激活一个很大、透明的可交互元素来覆盖整个实体屏幕，并强制玩家必须处理弹出窗口才能进入下一步，但仍然允许玩家看到元素背后发生的事情(作为一种不让玩家完全脱离游戏体验的方法)。这通常由 UI Image 元素完成，但可惜的是这可能会中断批处理操作，透明度在移动设备上可能会是一个问题。

解决这个问题的简单方法是使用一个没有定义字体或文本的 UIText 元素。这将创建一个不需要生成任何可渲染信息的元素，只处理边界框的交互检查。

10. 查看 Unity UI 源代码

Unity 在 bitbucket 库中提供了 UI 系统的源代码,具体网址为: https://bitbucket.org/Unity-Technologies/ ui。

如果 UI 的性能上有重大问题，就可以查看源代码来确定问题的原因，并希望找到解决问题的方法。

有一个更极端的情况，但也是一个可能的选择，就是实际修改 UI 代码并编译它，并手动将其添加到项目中。

11. 查看文档

前面的提示是 UI 系统中比较晦涩、未公开或关键的性能优化技巧。Unity 网站上有大量的资源来解释 UI 系统的工作原理和优化方案，由于资源太大，不能全部纳入本书。

通过以下页面，可以了解更多有用的 UI 优化技巧，网址为:

https://unity3d.com/learn/tutorials/temas/best-practices/guide-optimizing-unity-ui。

6.3.9 着色器优化

片元着色器是填充率和内存带宽的主要消耗者。消耗成本取决于它们的复杂度：纹理采样的数量、使用的数学函数量以及其他因素。GPU 的并行特性(在数百个线程之间共享整个作业的小部分)意味着线程中的任何瓶颈都将限制每一帧中通过该线程推送的片元数量。

一个经典的比例是汽车装配线。一辆完整的汽车需要多个制造阶段才能完成。完成汽车的关键路径可能包括冲压、焊接、喷漆、组装和检查，其中每个步骤都由一个团队完成。对于任何给定的车辆，在前一阶段完成之前，不能开始后一阶段，但是只要团队处理完前一辆车的冲压阶段，就可以立即开始冲压下一辆车。这种组织结构可以让每个团队都成为特定领域的专家,而不是使他们的知识过于分散,这可能导致同一批次的车辆质量不一样。

将团队的数量加倍,可以使总产量翻倍,但如果任何团队的工作被堵塞,那么对于任何给定的车辆,以及未来需要该团队工作的所有车辆,都将浪费宝贵的时间。如果这些延迟很少发生,那么在整体计划中可以忽略不计,但如果延迟经常发生,即使一个阶段每完成一次任务比正常情形多花几分钟,它也可能成为一个瓶颈,威胁整个批次的发布。

GPU 并行处理器以类似的方式工作:每个处理器线程都是一个装配线,每个处理阶段都是一个团队,每个片元都是需要构建的东西。如果线程在处理单个阶段上花费了很长时间,那么在每个片元上都会浪费时间。这种延迟将成倍增加,以至于将来通过同一线程的所有片元都将被延迟。这有点过于简单,但这有助于描述优化差的着色器代码消耗填充率的速度以及着色器性能的细微改进对后端性能的影响。

着色器的编程和优化是游戏开发的一个非常小众的领域。与典型的游戏玩法或引擎代码相比,它们抽象且高度专业化的特性需要非常不同的思维方式来生成高质量的着色器代码。它们通常具有数学技巧和后门机制,用于将数据提取到着色器中,例如预先计算值并将其放入纹理文件中。由于这一点和优化的重要性,着色器往往很难阅读和进行逆向工程。

因此,很多开发人员依赖于预先编写的着色器和资源商店中的可视化着色器创建工具,例如 Shader Forge 或 Amplify Shader Editor。这简化了初始着色器代码生成的操作,但可能不会生成最有效的着色器形式。无论是编写自己的着色器,还是依赖预编写的/预生成的着色器,使用一些可靠的技术对它进行优化都是值得的。

1. 考虑使用针对移动平台的着色器

Unity 中内置的移动着色器没有任何特定的约束,限制它只能在移动设备中使用。它们只是针对最小的资源使用量进行了优化(还可能采用了本节中列出的其他一些优化)。

桌面应用完全可以使用这些着色器,但它们的图形质量往往会下降。能否接受图形质量下降只是一个问题。因此,应考虑对面向移动平台的常见着色器做测试,以检查它们是否适合游戏。

2. 使用小的数据类型

GPU 使用更小的数据类型来计算比使用更大的数据类型(特别是在移动平台上)往往更快,因此可以尝试的第一个调整是用较小的版本(16 位浮点)或甚至固定长度(12 位定长)替换浮点数据类型(32 位浮点)。前述数据类型的大小将根据目标平台偏好的浮点格式而有所不同。列出的大小都是最常见的。优化来自格式之间的相对大小，因为要处理的位数更少。

　　颜色值是降低精度的很好选择，因为通常可以使用低精度的颜色值而不会有明显的着色损失。然而，对于图形计算来说，降低精度的影响是非常不可预测的。因此，需要一些测试来验证降低精度是否会损失图形的保真度。

提示：

请注意，在不同的 GPU 架构之间(例如，AMD、Nvidia 和 Intel 之间)，这种调整可能会有很大的差异，甚至同一制造商的 GPU 品牌也会有很大差异。在某些情况下，可以通过一些细微的调整获得很好的性能提升。而在其他情况下，可能得不到任何好处。

3. 在重排时避免修改精度

　　重排(Swizzling)是一种着色器编程技术，它将组件按照所需的顺序列出并复制到新的结构中，从现有向量中创建一个新的向量(一组数值)。

　　以下是一些重排的示例：

```
float4 input = float4(1.0, 2.0, 3.0, 4.0); // initial test value (x,
y, z,w)


// 重排 2 个组件
float2 val1 = input.yz; // val1 = (2.0, 3.0)

// 用不同的顺序重排 3 个组件
float3 val2 = input.zyx; // val2 = (3.0, 2.0, 1.0)

// 多次重排相同的组件
float4 val3 = input.yyy; // val3 = (2.0, 2.0, 2.0)

// 多次重排一个标量
float sclr = input.w; // sclr = (4.0)
float3 val4 = sclr.xxx; // val4 = (4.0, 4.0, 4.0)
```

　　可以使用 xyzw 和 rgba 表示法依次引用相同的组件。不管是代表颜色还是向量，它们只是为了让着色器代码容易阅读。还可以按照想要的任何顺序列出组件，以填充所需的数据，并在必要时重复使用它们。

在着色器中将一种精度类型转换为另一种精度类型是一项很耗时的操作，在重排时转换精度类型会更加困难。如果有使用重排的数学运算，请确保它们不会转换精度类型。在这些情况下，更明智的做法是从一开始就只使用高精度数据类型，或者全面降低精度，以避免需要更改精度。

4. 使用 GPU 优化的辅助函数

着色器编译器通常能很好地将数学计算简化为 GPU 的优化版本，但自定义代码的编译不太可能像CG库的内置辅助函数和 Unity CG 包含文件提供的其他辅助函数那样有效。如果使用包含自定义函数代码的着色器，也许可以在 Cg 或 Unity 库中找到对应的辅助函数，它能更好地完成自定义代码的工作。

这些额外的 include 文件可以添加到着色器内的 CGPROGRAM 块，如下所示：

```
CGPROGRAM
// other includes
#include "UnityCG.cginc"
// Shader code here
ENDCG
```

要使用的 CG 库函数有求绝对值的 ABS()，用于线性插值的 lerp()，用于矩阵乘法的 mul() 和步骤功能的 step()。有用的 UnityCG.cginc 函数包括用于计算相机方向的 WorldSpaceViewDir() 和用于将颜色转换为灰度的 Luminance()。

请查看 http://http.developer. nvidia. com/ CgTutorial/ cg_ tutorial_ appendix_ e.html，获得完整的 CG 标准库函数列表。

查看 Unity 文档，可以获得完整的、最新的 include 文件及其附带的辅助函数列表，网址为 http://docs. unity3d.com/Manual/SLBuiltinIncludes.html。

5. 禁用不需要的特性

只要禁用不重要的着色器特性，就可以节省成本。着色器真的需要透明度、Z 写入、alpha 测试或 alpha 混合吗？调整这些设置或删除这些功能，是否可以很好地达到所需的效果而不会丢失太多的图形保真度？做这样的改变是降低填充率的一个好办法。

6. 删除不必要的输入数据

有时，编写着色器的过程需要反复地编辑代码，在场景中查看代码。这个过程的一般结果是，当着色器进行早期开发时所需的输入数据，现在一旦获得了期望的效果，就会变成冗余数据。如果这个过程拖得很长，就很容易忘记对它做了什么更改。然而，这些冗余数据值可能会花费 GPU 宝贵的时间，因为即使着色器没有显式地使用它们，它们也必须从内存中获取。因此，应该仔细检查着色器，以确保输入的所有几何体、顶点和片段数据都被实际使用。

7. 只公开所需的变量

从着色器中将不必要的变量公开给附带材质会有较大消耗，因为 GPU 不能假设这些值是常量，这意味着编译器不能编译这些值。这些数据必须在每个过程中从 CPU 推送到 GPU，因为它们会通过诸如 SetColor() 和 SetFloat() 等材质对象的方法在运行时发生修改。如果在项目结束时发现这些变量一直使用相同的值，就应该在着色器中使用常量替代它们，以去除过量的运行时负载。唯一的成本是对什么是关键图形效果参数的困惑，因此这一步应该在较晚的流程中完成。

8. 减少数学计算的复杂度

复杂的数学会成为渲染流程中严重的瓶颈，因此应该尽可能限制其危害。完全可以提前计算复杂的数学函数，并将其输出作为浮点数据存储在纹理文件中，作为复杂数学函数的映射图。毕竟，纹理文件只是一个巨大的浮点值数据块，可以通过 x，y 和颜色(rgba)这三个维度进行快速索引。可以将这张纹理提供给着色器，并且在运行时在着色器中采样提前生成的表格，而不是在运行时进行复杂的计算。

很难对 sin() 和 cos() 等函数进行改进，因为这些方法已经针对 GPU 架构做了深度优化。但是一些复杂的方法(例如 pow()、exp()、log())和自定义数学计算则可以进行很多优化，是优化的好选择。假设可以很容易地用 x 和 y 坐标对纹理中的结果进行索引。如果需要复杂的计算来生成这些坐标，那么这样可能并不值得。

这项技术需要额外的图形内存，在运行时存储纹理和一些内存带宽，但如果着色器已经接收到纹理(在大多数情况下，它们是纹理)但未使用 alpha 通道，就可以通过纹理的 alpha 通道偷偷把数据导入，因为数据已经传输过来，所以根本没有性能消耗。这涉及手动编辑美术资源，以将这些数据包含在未使用的颜色通道中，这可能需要程序员和艺术家之间的配合，但这种方法可以节省着色器的处理成本，但在运行时不牺牲性能。

9. 减少纹理采样

纹理采样是所有内存带宽开销的核心消耗。使用的纹理越少，制作的纹理越小，则效果越好。使用的纹理越多，则在调用过程中丢失的缓存就越多，制作的纹理越大，将它们传输到纹理缓存中所消耗的内存带宽就越多。因此应尽可能简化此类情况，以避免产生严重的 GPU 瓶颈。

更糟糕的是，不按顺序进行纹理采样可能会给 GPU 带来一些非常昂贵的缓存丢失。所以，如果这样做，纹理需要重新排序，以便按顺序进行采样。例如，如果通过反转 x 和 y 坐标进行采样(例如，用 tex2D(y, x)替代 tex2D(x, y))，那么纹理查找操作将垂直遍历纹理，然后水平遍历纹理，几乎每次迭代都会造成缓存丢失。简单地旋转纹理文件数据，并按正确的顺序执行采样(tex2d(x，y))，可以节省大量性能损耗。

10. 避免条件语句

现代 CPU 在运行条件语句时，会使用许多巧妙的预测技术来利用指令级的并行性。这是 CPU 的一个特性，它试图在条件语句实际被解析之前预测条件将进入的方向，并使用不用于解析条件的空闲内核推测性地开始处理条件的最可能结果(例如：从内存提取数据，将浮点值复制到未使用的寄存器中)。如果最终发现决策是错误的，则丢弃当前结果并选择正确的路径。只要推测处理和丢弃错误结果的成本小于等待确定正确路径所花费的时间，并且正确的次数多于错误的次数，这就是 CPU 速度的净收益。

然而，由于 GPU 的并行性，该特性对于 GPUS 架构来说并不能带来很大的好处。GPU 的内核通常由一些更高级别的结构来管理，这些结构指示其命令下的所有核心同时执行相同的机器代码级指令，例如一台大型冲压机可以同时对金属片进行分组冲压。因此，如果片元着色器要求浮点数乘以 2，那么这个过程首先让所有内核在一个协同的步骤中将数据复制到适当的寄存器。只有当所有内核都完成对寄存器的复制后，才会指示内核开始第二步：在第二次同步操作中将所有寄存器乘以 2。

因此，当该系统遇到一个条件语句时，它无法独立地解析这两条语句。而必须确定它的子内核中有多少将沿着条件语句的每条路径运行，并获取一条路径所需的机器码指令列表，从而为所有采用该路径的内核解析这些指令，并为每条路径重复这些步骤，直到处理完所有可能存在的路径。因此，对于 if-else 语句(两种可能性)，它将告诉一组内核处理 true 路径，然后要求其余内核处理 false 路径。除非每个内核都采用相同的路径，否则它每次都必须处理两个路径。

因此，应该避免在着色器代码中使用分支和条件语句。当然，这取决于条件对于实现所需图形效果的重要性。但是，如果条件不依赖于每个像素的行为，通常会更好地消化不必要的数学成本，而不是增加 GPU 的分支成本。

11. 减少数据依赖

编译器尽力将着色器代码优化为更友好的 GPU 底层语言，这样，在处理其他任务时，就不需要等待获取数据。例如，在着色器中可能编写如下所示的未优化代码：

```
float sum = input.color1.r;
sum = sum + input.color2.g;
sum = sum + input.color3.b;
sum = sum + input.color4.a;
float result = calculateSomething(sum);
```

这段代码有一个数据依赖关系，由于对 sum 变量的依赖关系，每个计算都需要等上一个计算结束才能开始。但是，着色器编译器经常检测到这种情况，并将其优化为使用指令级并行的版本。以下代码是编译前一段代码后生成的和机器代码等效的高级代码：

```
float sum1, sum2, sum3, sum4;
sum1 = input.color1.r;
sum2 = input.color2.g;
sum3 = input.color3.b;
sum4 = input.color4.a;
float sum = sum1 + sum2 + sum3 + sum4;
float result = CalculateSomething(sum);
```

在本例中，编译器将识别并从内存中并行提取 4 个值，并通过线程级并行性操作独立获取所有 4 个值之后完成求和。相对于串行地执行 4 个取值操作，并行操作可以节省很多时间。

然而，无法编译的长数据依赖链绝对会破坏着色器的性能。如果在着色器的源代码中创建一个强数据依赖关系，那么它将没有任何优化的空间。例如，下面的数据依赖关系会对性能造成很大的影响，因为，如果不等待另一个步骤来获取数据，当前步骤实际上是不可能完成的，因为对每个纹理进行采样需要事先对另一个纹理进行采样，而编译器不能假定在此期间数据没有变化。

以下代码描述了指令之间非常强的数据依赖性，因为每个指令都依赖从上一条指令中采样的纹理数据：

```
float4 val1 = tex2D(_tex1, input.texcoord.xy);
float4 val2 = tex2D(_tex2, val1.yz); // requires data from _tex1
float4 val3 = tex2D(_tex3, val2.zw); // requires data from _tex2
```

在任何时候，都应该避免这样的强数据依赖关系。

12. 表面着色器

Unity 的表面着色器是片元着色器的简化形式，允许 Unity 开发人员以更简化的方式进行着色器编程。Unity 引擎负责转换表面着色器代码，并对刚刚提到的一些优化点进行抽象。然而，它提供了一些可以用作替换的其他值，这降低了精度，但简化了代码生成过程中的数学运算。表面着色器的设计初衷是高效地处理常见情况，而最好的优化方式则是通过编写自定义的着色器来实现。

approxview 属性近似于视图方向，减少了昂贵的操作。halfasview 属性会降低视图向量的精度，但是要注意它对涉及多个精度类型的数学操作的影响。noforwardadd 属性会限制着色器仅考虑单向光，这样着色器仅在一次过程中渲染，从而减少 Draw Call 并降低光照计算的复杂性。最后，noambient 属性禁用着色器中的环境光照，删除一些不必要的额外数学运算。

13. 使用基于着色器的 LOD

可以强制 Unity 使用更简单的着色器来渲染远端对象，这是一种节省填充率的有效方法，特别是将游戏部署到多个平台或需要支持多种硬件功能时。LOD 关键字可以在着色器中用来设置着色器支持的屏幕尺寸参数。如果当前 LOD 级别不匹配此参数值，它将转到下一个回退的着色器，以此类推，直到找到支持给定尺寸参数的着色器。还可以在运行时使用 maximumLOD 属性更改给定着色器对象的 LOD 值。

该特性类似于前面介绍的基于网格的 LOD，并使用相同的 LOD 值来确定对象的形式参数，因此应该采用这样的配置。

有关基于着色器的 LOD 的更多信息，请参见 Unity 文档：
https://docs.unity3d.com/Manual/SL-ShaderLOD.html。

6.3.10 使用更少的纹理数据

这种方法简单直接，不失为一个值得考虑的好主意。不管是通过分辨率或者比特率来降低纹理质量，都不能获得理想质量的图形，但有时可以使用 16 位纹理来获得质量没有明显降低的图形。

Mip Maps(参见第 4 章)是减少在 VRAM 和纹理缓存之间来回推送的纹理数据量的另一种好方法。请注意，场景窗口有一个 Mipmaps 着色模式，它根据当前的纹理比例是否适合当前场景窗口的摄像机位置和方向，来决定是将场景中的纹理突出显示为蓝色还是红色。这将有助于识别哪些纹理适合于进一步优化。

6.3.11 测试不同的 GPU 纹理压缩格式

如第 4 章所述，Unity 中有不同的纹理压缩格式，这能减少程序的磁盘空间占用(可

执行文件大小)和运行时的 CPU、内存的使用率。这些压缩格式都是为具体平台的 GPU
架构设计的。压缩格式有多种，例如 DXT、PVRTC、ETC 和 ASTC，但在具体的平
台中只能使用其中的几种。

默认情况下，Unity 将选择由纹理文件的 Compression 设置确定的最佳压缩格式。
如果深入研究给定纹理文件的特定于平台的选项，就可以使用不同的压缩类型选项，
列出给定平台支持的不同纹理格式。可以通过覆盖压缩的默认选项，来节省一些空间
或提升性能。

尽管如此，请注意如果必须单独调整纹理压缩技术，请确保已经尝试过减少内存
带宽的所有其他方法。这样，就可以通过特定的方式来支持不同的设备。许多开发人
员都希望通过一个通用的解决方案来简化工作，而不是通过自定义和耗时的手动工作
来获得较小的性能提升。

查看 Unity 文档，以了解所有可用的纹理格式以及 Unity 默认推荐的纹理格式，
网址为 https://docs.unity3d.com/Manual/class-TextureImporterOverride.html。

提示：

在 Unity 的旧版本中，所有格式都是对高级纹理类型公开的，但如果平台
不支持给定类型，则在软件层面进行处理。换句话说，CPU 需要停止并将
纹理重新压缩成 GPU 所需的格式，而不是 GPU 使用专用硬件芯片来处理
纹理。Unity 技术决定在最近的版本中删除此功能，这样就不会偶然出现
这些问题了。

6.3.12　最小化纹理交换

该方法很简单。如果内存带宽存在问题，就需要减少正在进行的纹理采样量。这
里并没有什么特别的技巧而言，因为内存带宽只与吞吐量相关，所以我们考虑的主要
指标是所推送的数据量。

减少纹理容量的一种方法是直接降低纹理分辨率，从而降低纹理质量。但这显然
不理想，所以另一种方法是采用不同的材质和着色器属性在不同的网格上重复使用纹
理。例如，适当变暗的砖纹理可能看起来像石墙。当然，这需要不同的渲染状态，这
种方法不会节省 Draw Call，但它可以减少内存带宽的消耗。

提示:
你是否注意到"超级马里奥"中云和灌木丛看起来很像,但颜色不同?这正是采用了相同的原理。

还有一些方法可以将纹理组合到图集中,以减少纹理交换的次数。如果有一组纹理总是在相同的时间一起使用,那么它们可能会合并在一起。这样可以避免 GPU 在同一帧中反复拉取不同的纹理文件。

最后,从应用程序中完全删除纹理始终是能采用的最后一个选项。

6.3.13　VRAM 限制

与纹理相关的最后一个考虑因素是可用的 VRAM 数量。大多数从 CPU 到 GPU 的纹理传输都发生在初始化期间,但也可能发生在当前视图第一次需要某个不存在的纹理时。这个过程通常是异步的,并使用一个空白纹理,直到完整的纹理准备好渲染为止(请参阅第 4 章,注意这假设对纹理的读/写访问是禁用的)。因此,应该避免在运行时过于频繁地引入新纹理。

1. 用隐藏的 GameObject 预加载纹理

在异步纹理加载过程中使用的空白纹理可能会影响游戏质量。我们想要一种方法来控制和强制纹理从磁盘加载到内存,然后在实际需要之前加载到 VRAM。

一个常见的解决方法是创建一个使用纹理的隐藏 GameObject,并将其放在场景中一条路径的某个位置,玩家将沿着这条路径到达真正需要它的地方。一旦玩家看到该对象,就将纹理数据从内存复制到 VRAM 中,进行管线渲染(即使它在技术上是隐藏的)。该方法有点笨拙,但是很容易实现,适用于大多数情况。

还可以通过脚本代码更改材质的 texture 属性,来控制此类行为:

GetComponent<Renderer>().material.texture = textureToPreload;

2. 避免纹理抖动

在极少数情况下,如果将过多的纹理数据加载到 VRAM 中而所需的纹理又不存在,则 GPU 需要从内存请求纹理数据,并覆盖一个或多个现有纹理,为其留出空间。随着时间的推移,内存碎片化的情况会越来越糟,这将带来一种风险,即刚从 VRAM 中刷新的纹理需要在同一帧内再次取出。这将导致严重的内存冲突,因此应尽全力避免发生这种情况。

在 PS4、Xbox One 和 WiiU 等现代主机上,这不是什么大问题,因为它们共享 CPU

和 GPU 的公共内存空间。考虑到设备总是运行单个应用程序，而且几乎总是呈现 3D
图形，这种设计是硬件级的优化。然而，大多数其他平台必须与多个应用程序共享时
间和空间，其中 GPU 只是一个可选设备，并不总是使用。因此，它们为 CPU 和 GPU
提供了独立的内存空间，必须确保在任何给定时刻使用的纹理总量都低于目标硬件的
可用 VRAM。

这对 PS4、Xbox One 和 WiiU 等现代游戏机来说不那么重要，因为它们为 CPU 和
GPU 共享一个公共内存空间。因为设备总是运行单个应用程序，而且几乎总是渲染
3D 图形，因此这属于硬件级别的优化。但是，大多数其他平台必须与多个应用程序共
享时间和空间，其中 GPU 仅仅是一个可选设备，并且不会一直使用。因此，设备为
CPU 和 GPU 提供了独立的存储空间，而我们必须确保在任何给定时刻的总纹理使用
率保持低于目标硬件的可用 VRAM。

注意，这种抖动与硬盘抖动并不完全相同，在硬盘抖动中，内存在主内存和虚拟
内存(交换文件)之间来回复制，但两者很类似。在任何　种情况下，数据都没必要在
两个内存区域之间来回复制，因为在短时间内请求太多的数据，将导致两个内存区域
中较小的那个区域无法容纳所有数据。

 注意:
当游戏从现代游戏机移植到桌面平台时，这样的抖动应该小心对待，因为
它们可能是渲染性能变得糟糕的常见原因。

要避免这种行为，可能需要在每个平台和每个设备的基础上定制纹理质量和文件
大小。请注意，如果处理的硬件来自同一控制台或同一代的桌面 GPU，那么某些玩家
可能会注意到这些不一致。许多人都知道，即使硬件上的微小差异，也会导致很多比
较的结果天差地别，但是铁杆游戏玩家往往期望游戏的整体质量水平保持一致。

6.3.14　照明优化

本章前面介绍了照明行为的原理,接下来介绍一些可以用来提高照明性能的技术。

1. 谨慎地使用实时阴影

如前所述，阴影很容易成为 Draw Call 和填充率的最大消耗者之一，因此应该花
时间调整这些设置，直到获得所需的性能和/或图形质量。在 Edit | Project Settings |
Quality | Shadows 下有一些重要的阴影设置。对 Shadows 选项而言，Soft Shadows 所需
代价最大，Hard Shadows 所需代价最小，No Shadows 不需要产生代价。Shadow
Resolution、Shadow Projection、Shadow Distance 和 Shadow Cascades 也是影响阴影性

能的重要设置。

Shadow Distance(阴影距离)是运行时阴影渲染的全局乘数。在离相机很远的地方渲染阴影几乎没有什么意义，所以这个设置应该针对游戏以及在游戏期间希望看到的阴影量进行配置。这也是在选项屏幕中显示给用户的常见设置，用户可以选择渲染阴影的距离，以使游戏的性能与其硬件相匹配(至少在桌面计算机上)。

较高的 Shadow Resolution(阴影分辨率)和 Shadow Cascades(阴影级联) 值将增加内存带宽和填充率的消耗。这两种设置都有助于抑制阴影渲染中生成伪影的影响，但代价是 Shadowmap 纹理尺寸会大得多，并将增加内存带宽和 VRAM 的消耗。

提示：

Unity 文档包含关于 Shadowmap 的混叠效果和 Shadow Cascades 功能如何帮助解决问题的很好总结，网址：http://docs.unity3d.com/Manual/DirLight-Shadows.html。

值得注意的是，因为硬阴影和软阴影唯一的区别是着色器比较复杂，因此相对于硬阴影，软阴影并不会消耗更多的内存或 CPU。这意味着有足够填充率的应用程序可以启用软阴影特性，来提高图形的保真度。

2. 使用剔除遮罩

灯光组件的 Culling Mask 属性是基于层的遮罩，可用于限制受给定灯光影响的对象。剔除遮罩是一种降低照明开销的有效方法，它假设图层交互也与如何使用图层进行物理优化有关。剔除遮罩的对象只能是单个图层的一部分，在大多数情况下，减少物理开销可能比减少照明开销更重要；因此，如果两者存在冲突，那么这可能不是理想的方法。

注意：

延迟着色的使用对剔除遮罩的支持很有限。因为延迟着色是以全局的方式处理照明，其只能从遮罩中禁用 4 个图层，限制了优化其行为的能力。

3. 使用烘焙的光照纹理

与在运行时生成光照和阴影相比，在场景中烘焙光照和阴影对处理器的计算强度要低很多。其缺点是增加了应用程序的磁盘占用、内存消耗和内存带宽滥用的可能性。最后，除非游戏的灯光效果是通过传统的 Vertex Lit Shading 格式或单个 DirectionalLight 来处理的，否则它应该包含某些地方的 Lightmapping，从而在灯光计算上节省大量消耗。完全依赖实时灯光和阴影将带来极大的隐患，因为它们的性能成本可能很高。

然而，有几个指标可以影响 Lightmapping 的成本，例如分辨率、压缩、是否使用预先计算的实时 GI，当然还有场景中的对象数量。光照纹理器为场景中所有标记为 Lightmap Static 的对象生成纹理，对象越多，则生成的纹理数据越多。这可以利用加法或减法进行场景加载，以最小化每帧需要处理的对象数。当然，在加载多个场景时，这将引入更多的 Lightmap 数据，所以每次出现这种情况时，内存消耗都会大幅增加，只有在卸载旧场景后才会释放内存。

6.3.15 优化移动设备的渲染性能

Unity 支持部署到移动设备的特性极大地促进了它在业余爱好者及中小型开发团队中的普及。因此，下面谨慎地介绍一些对移动平台比桌面和其他设备更有益的方法。

提示:
注意，对于较新的设备来说，以下任何一种方法或所有方法最终都可能过时。移动设备的功能发展非常迅速，应用于移动设备的以下技术仅仅反映了过去 5 年左右的常规成果。应该检查这些方法背后的假设条件，以核实移动设备的局限性是否仍然适合移动市场。

1. 避免 alpha 测试

移动 GPU 尚未达到与台式机 GPU 相同的芯片优化水平，alpha 测试仍是移动设备上一项特别消耗资源的任务。在大多数情况下应该利用 alpha 混叠来避免 alpha 测试。

2. 最小化 Draw Call

移动应用程序在 Draw Call 上通常比填充率更容易发生瓶颈。这并不是说可以忽略填充率(任何事情都不应该被忽略！)，而说明任何质量合格的移动应用程序从一开始就必须实现网格组合、批处理和图集绘制技术。延迟渲染也是降低 Draw Call 次数的首选技术，因为它很适合其他特定于移动的问题，例如避免透明度和太多的动画角色，但当然不是所有的移动设备和图形 API 都支持它。

查阅 Unity 文档可获得关于支持延迟渲染的平台/API 的更多信息，网址为：https://docs.unity3d.com/Manual/RenderingPaths.html。

3. 最小化材质数量

这个问题与批处理和图集的概念密切相关。使用的材质越少，所需的 Draw Call 也越少。该方法还将有助于解决有关 VRAM 和内存带宽的问题，但这类问题在移动设备上往往很少出现。

4. 最小化纹理大小

与桌面GPU 相比，大多数移动设备的纹理缓存都非常小。市场上仍然支持OpenGL ES 1.1 或更低版本的设备非常少，比如 iPhone 3G，但是这些设备支持的最大纹理大小也仅有 1024×1024。支持 OpenGL ES 2.0 的设备，例如从 iPhone 3GS 到 iPhone 6S，可以支持高达 2048×2048 的纹理。最后，支持 OpenGL ES 3.0 或更高版本的设备(如运行 iOS7 的设备)可以支持高达 4096×4096 的纹理。

提示：

Android 设备太多，无法一一列出，但是 Android 开发人员门户网站提供了支持OpenGLES 的设备分类。这类信息会定期更新，以帮助开发人员确定 Android 市场支持的 API，网站：https://developer.android.com/about/ dashboards/ index.html。

仔细检查选定的设备硬件，以确保它支持希望使用的纹理文件大小。然后，移动市场中常见的设备通常不是最新的设备。因此，如果希望游戏吸引更广泛的用户(增加其成功的机会)，就必须愿意支持性能较弱的硬件。

注意，对GPU 而言太大的纹理将在初始化期间被 CPU 压缩。这会浪费宝贵的加载时间，并且由于分辨率的失控降低将带来意想不到的质量损失。由于可用的 VRAM 和纹理缓存大小是有限的，因此纹理重用对移动设备显得至关重要。

5. 确保纹理是方形且大小为2 的幂次方

第 4 章就讨论过这个主题，但是 GPU 级纹理压缩主题值得重新讨论。如果纹理不是方形的，GPU 很难对它进行压缩，因此请确保遵守通用的开发约定，并保持纹理是方形的，其大小为 2 的幂次方。

6. 在着色器中尽可能使用最低的精度格式

移动 GPU 对着色器中的精确格式特别敏感，因此我们应使用最小的精度格式，例如 half。在相关的说明中，出于同样的原因，应该完全避免精确格式的转换。

6.4 本章小结

如果读者在阅读时没有跳读，那么恭喜你。仅 Unity 引擎的一个子系统，就需要吸收大量的信息，但显而易见，这又是最复杂的子系统，需要更深入的阐述。希望读者掌握了许多方法，来帮助提高渲染性能，并对管线渲染有足够的了解，知道如何有效地使用它们。

到目前为止，我们应该习惯这样的想法：除了算法的改进，我们实现的每个性能增强都会带来一些相关的成本，我们必须愿意承担消除瓶颈而带来的这些成本。应该随时准备好多种技术的实施，直到将这些技术全部用完，并可能花费大量额外的开发时间来实现和测试一些性能增强特性。

第 7 章将探索一些可应用于虚拟现实和增强现实项目的性能改进，将性能优化带入更前沿的领域。

第7章

虚拟速度和增强加速度

有两种全新的娱乐媒体以虚拟现实(Virtual Reality，VR)和增强现实(Augmented Reality，AR)的形式进入了世界舞台，其中虚拟现实是指用户通过头戴式设备(Head Mounted Device，HMD)进入虚拟空间，而增强现实则是指将虚拟元素叠加在显示真实世界的显示器上。为了简洁起见，这两个术语通常合并为一个术语，即 XR。还存在一种混合现实(Mixed Reality，MR，也称为 HR，Hybrid Reality)的形式，指的是程序将现实和虚拟世界混合在一起，它包括了前面提到的所有格式，还包括增强的虚拟化(Augmented Virtuality)，即扫描真实世界中的对象并叠加到虚拟世界中。

这些媒体格式的市场如雨后春笋般崛起，还在持续快速增长，通过技术行业最大的参与者的巨额投资得以迅速实现。当然，诸如 Unity 这样的游戏引擎迅速加入该潮流中，为大多数领先平台提供了丰富的支持，例如 Google 的 Cardboard、HTC 的 Vive、Oculus 的 Rift、Microsoft 的 HoloLens 和 Samsung 的 GearVR 平台，以及最新推出的产品，如 Apple 的 ARKit、Google 的 AR 内核、Microsoft 的 Windows 混合现实平台、PTC(原高通公司)的 Vuforia 和 Sony 的 PlayStation VR。

XR 为开发人员和创意者提供了一个全新的探索领域。它包括娱乐产品，比如一些游戏和 360°视频(或简称 360 视频)，即一系列摄像头捆绑在一起，每个摄像头面对不同的方向——这些摄像头拍摄的各种图像拼接在一起，然后作为电影在 VR 头戴设备中播放，获得全方位可见的效果。在 XR 中，创意产业工具也很常见，例如 3D 建模软件、工作流可视化和提高生活质量的小工具。几乎没有什么规则是一成不变的，所以我们有很多机会去创新，为这一波新技术做出贡献，成为创造这些规则的人。人们不断探索各种可能，试图在娱乐和互动体验的未来留下自己的印记，带来了不小的轰动和兴奋。

当然，几乎每一项新兴技术都要经历炒作周期(可以访问网站 https://www.gartner.com/

technology/research/methodologies/hype-cycle.jsp 获得加德纳技术成熟度曲线)。炒作周期始于其过度炒作的蜜月期，早期采用者在这个过程中宣传其好处。后来，当进入幻灭的谷底时，这种高涨的情绪最终会慢慢冷却下来，因为它还没有完全进入主流，其好处还没有完全发挥出来。这种情况会一直持续到技术无法打动人心，从而不再存在，或者需要公司或市场坚持并继续稳定采用为止。图 7-1 展示了炒作周期的要点。

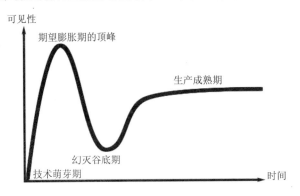

图 7-1　技术成熟度曲线

可以说，XR 最近已经通过了这一最后阶段，开始得到了比早期更好的支持和更高质量的体验，尽管事实上，XR 的采用率比最初预测的要慢。XR 是将成长为一个数十亿美元的产业，还是逐渐淡出，成为一个小众产品市场，还有待观察。因此，在这种新媒介中发展并不是没有风险的，不管对 XR 的未来持什么立场，都可以找到认同自己观点的行业分析师。

但有一点是可以肯定的，每当有人亲身体验到 VR 和 AR 的功能时，都会心悦诚服于那些媒体及其沉浸式体验所带来的令人震撼的威力。这种沉浸度和交互性是无与伦比的，随着对平台支持的成熟和技术的不断进步，它们会带来更多的可能性。

本章将探讨以下主题：

- 在 Unity 中开发 VR 或 AR 项目时应牢记哪些要点以及必须避免哪些问题
- 针对 XR 媒体的性能增强

7.1　XR 开发

在 Unity 中开发 XR 产品包括把某个 XR 软件开发工具包(Software Development Kits，SDK) 导入到 Unity 项目中，执行一些特定的 API 调用，以在运行时配置和使用平台。每个 SDK 都有其不同点，提供了不同的功能集。例如，Oculus Rift 和 HTC Vive 的 SDK 提供的 API 能控制 VR HMD 以及相应的控制器，而 Apple 的 ARKit 提供的工具可以确定空间位置和在显示器上叠加对象。Unity 技术人员一直在努力创建支持所有这些变化的 API，因此 Unity 中的 XR 开发 API 在过去的几年里发生了很大的变化。

Unity VR 开发的早期阶段意味着将本地插件放到 Unity 项目中，直接从外部开发人员门户导入 SDK，在安装过程中进行各种烦人枯燥的设置，并手动应用更新。然而，从那时起，Unity 将其中几个 SDK 直接合并到编辑器中。另外，由于 AR 最近变得越来越流行，为了包含几个 AR 的 SDK，主 API 在 Unity 2017.2.0 及更新的版本中从 UnityEngine.VR 更名为 UnityEngine. XR。不同 XR SDK 的导入、配置可以通过 Edit | Project Settings | Project | XR Settings 区域进行管理。

目前从事 XR 产品开发的经验有点混杂。它涉及一些顶级的硬件和软件，这意味着存在不断的变化、重新设计、损坏、补丁、缺陷、崩溃、兼容性问题、性能问题、渲染、平台之间缺乏特性的一致性等。所有这些问题都会拖慢进度，所以在 XR 领域获得竞争优势变得异常困难。从好的方面来说，几乎每个人都有相同的问题，因此他们得到了 XR 开发人员的大量关注，使他们更容易及时进行开发。吸取经验教训，清理 API，以及每次通过更新都提供新的功能、工具和优化。

与非 XR 项目相比，由于媒体的当前状态，性能问题更多地限制了 XR 产品的成功。首先，用户需要花费重金购买 VR HMD 以及传感器，或具有 AR 功能的硬件。这两个平台都是非常耗费资源的，需要同样昂贵的图形硬件来支持它们。这通常会导致用户期望 VR 游戏比传统游戏具备更高的质量水平，才会觉得这种投资是值得的。换句话说，由于用户需要大量的投资，因此糟糕的用户体验难以被用户理解与体谅。其次，糟糕的应用程序性能会导致严重的用户不适，很快将 VR 最坚定的拥护者变为其贬低者。在这方面，VR 项目可能比 AR 项目更甚。最后，XR 平台的主要吸引力在于它的沉浸性体验，没有什么比帧丢失、闪烁或任何类型的应用程序故障能更快中断这种沉浸，迫使用户卸下头戴设备或重新启动应用程序。

总之，必须早点分析 XR 应用，确保没有超出运行时配置预算，因为这些媒介背后技术的复杂性和高资源消耗，性能会变得不堪重负。

7.1.1　仿真

Unity 提供了一些仿真选项，特别适用于利用 HoloLens 的 AR 程序开发以及 ARKit，ARKit 称为 Holographic Remoting / Simulation 或 ARKitRemote。应该小心并使用这些仿真特性，因为它们旨在用作开发工作流的便利工具，来检查基本要素是否正常工作。当涉及基准测试时，它们不能替代实际情况，不应相信它们能够给出准确的分析结果。该特性可以通过 Window | Holographic Emulation 窗口获得。

7.1.2 用户舒适度

与传统的游戏和应用不同，VR 程序需要把用户的舒适度作为一项优化指标。令人遗憾的是，对于早期的 VR 使用者来说，头晕、眩晕、眼疲劳、头痛，甚至身体失去平衡造成的伤害都太常见了，我们有责任控制这些对使用者造成的负面影响。本质上，内容对用户的舒适性和硬件一样重要，如果是为媒体构建内容，就需要认真对待。

不是每个人都经历过这些问题，也有少数幸运的人没有经历过这些问题。然而，大多数用户都曾在某一时刻报告过这些问题。而且，游戏没有在测试时触发这些问题，并不意味着它们不会在其他人测试时触发这些问题。事实上，由于对自己游戏的熟悉，开发人员是最有偏见的测试人员。如果没有意识到这一点，测试时就可能绕过应用程序所产生的最令人恶心的行为，与经历同样情况的新用户相比，这个测试是不公平的。遗憾的是，这进一步增加了 VR 应用程序开发的成本，因为，如果想弄清楚这种体验是否会导致不适，需要让没有偏见的许多不同的人对程序进行大量测试，每次做出影响运动和帧速率的重大改变时，都可能需要这些测试。

提示：
用户可以做一些事情来改善 VR 游戏的舒适度，比如从小的部分开始，努力练习平衡和训练大脑，以期获得不匹配的运动。一个更激进的选择是服用眩晕药物或事先喝点生姜茶来使肠胃更加适应。然而，如果在应用程序开始令人愉快之前，就向用户承诺他只需要进行几次运动病治疗，就很难说服用户尝试它。

用户在 VR 中会经历如下 3 种不适：
- 运动晕眩
- 眼睛疲劳
- 迷失方向

第一个问题是由运动晕眩引起的恶心，通常发生在使用者的眼睛认为的地平线位置和他们的其他感官(例如内耳的平衡感)告诉其大脑的位置失去关联时。第二个问题是眼睛疲劳，是因为用户一直盯着离眼睛几英寸远的屏幕，这往往会导致眼睛非常疲劳，并最终导致长期使用后的头痛。

最后，发生迷失方向感，通常是因为用户在 VR 里有时处于一个狭窄的空间中，如果游戏有任何基于加速度的动作，用户将本能地通过调整平衡，以抵消这种加速度惯性，导致失去方向感而摔倒。而如果没有小心地确保用户体验平滑、可预测的行为，用户将伤到自己。

提示:
注意，术语"加速度"是有意使用的，因为它是一个向量，这意味着它同时拥有大小和方向。任何类型的加速度可以导致迷失方向，这不仅包括向前、向后以及斜向加速，还包括以旋转方式加速(转身)、降落、跳跃等。

VR 应用程序的另一个潜在问题是可能导致癫痫发作。VR 处于一个独特的位置，它能够近距离地将图像发射到用户的眼睛中，这会带来一些风险，如果渲染行为发生故障并开始闪烁，会无意中导致容易受伤的用户遭受这些风险。这些都是在开发过程中需要记住的，需要尽早进行测试和修复。

也许，VR 应用中需要达到的最重要的性能指标是高 FPS 的值，最好是 90FPS 或更高，这会带来更平滑的视觉体验，因为使用者的头部运动和外部运动之间的关联很少断开。任何一段时间的长期掉帧或 FPS 值始终低于该值，都可能给用户带来很多问题，应用程序在任何时候都表现良好是至关重要的。此外，还应该非常小心地控制用户的视角。应该避免改变 HMD 的视野(让用户自己决定它所面对的方向)，避免在长时间内产生加速度，或导致不受控制的旋转和水平运动，因为这些极有可能引发用户的眩晕和平衡问题。

一个不需要讨论的严格规则是，在产品的最终构建中，不应该将任何形式的增益、乘数效果或加速效果应用于 HMD 的位置跟踪。为了测试而这样做是可以的，但如果用户将头向侧面移动两英寸，就应该感觉到它在应用程序中移动了相同的相对距离，并且应该在头部停止运动时停止。否则，不仅会导致玩家自我感觉的位置和真实位置之间断开了关联，如果摄像机相对于玩家的方向和颈部的关节发生了偏移，还可能会导致一些严重的不适。

可以对玩家角色的运动使用加速度，但应极其短暂、快速，用户几乎来不及开始自我调整。最明智的做法是坚持使用恒定的速度和/或传输的运动。

提示:
在赛车游戏中放置倾斜转弯似乎可以极大地提高用户的舒适性，因为用户会自然地倾斜头部并调整平衡，以适应转弯。

所有上述规则都适用于 360 Video 内容，就像它们适用于 VR 游戏一样。坦率地说，市面上发布了很多令人尴尬的 360 视频，这些视频没有考虑到上述因素——它们有太多的抖动，缺乏摄像机的稳定性，手动旋转视区等特点。这些技巧经常用来确保用户面向我们想要的方向。然而，要做到这一点，就必须付出更多的努力，而不要使用这种恶意诱导的伎俩。人类天生对移动的东西感到好奇。如果在眼睛的余光里注意到有什么东西移动，就很可能会转向它。用户在观看视频时，这一点可以非常有效地使用户面向预期的方向。

提示：

在生成 VR 内容时，懒惰不是解决之道。不要只是把一个 360° 的摄像头放在一辆越野赛车的车顶上，然后在视频中出人预料地旋转摄像头，让动作始终位于画面中央。运动需要平滑、可预测。在制作过程中，需要不断地记住期望用户查看的方向，才能正确地捕捉动作镜头。

幸运的是，对于 360 Video 格式而言，行业标准的帧率(如 24FPS 或 29.97FPS)似乎不会对用户的舒适性造成灾难性的影响。但注意该帧率仅适用于视频的回放。渲染FPS 是一个单独的 FPS 值，它指示定位头部跟踪的平滑程度。渲染 FPS 必须始终非常高，以避免不适(理想情况下为 90 FPS)。

构建 VR 应用还有其他问题，不同的 HMD 和控制器支持不同的输入和行为，所以 VR 平台之间很难做到功能对等。如果试图将 2D 和 3D 内容合并在一起，可能会出现名为"立体冲突"的问题，因为人眼无法正确区分距离，2D 对象尝试在 3D 对象内部进行深层渲染。对于 VR 应用程序和 360 Video 回放的用户界面来说，这通常是个大问题，往往是一系列叠加在 3D 背景上的平面面板。立体冲突通常不会导致恶心，但会导致眼睛疲劳。

尽管 AR 平台上的不适效果没有那么明显，但重要的是不要忽视它。因为 AR 应用程序往往会消耗大量资源，所以低帧率程序会导致一些不适感。如果 AR 应用在相机图像上使用了重叠对象(主要是该原因) ，这一点尤其正确，因为这很可能使得背景相机图像和我们叠加的对象之间的帧速率可能不再关联。应该尝试同步这些帧率，来限制这种失联。

7.2   性能增强

前面讨论了 XR 行业和发展。接下来介绍一些可以应用于 XR 项目的性能增强方式。

7.2.1   物尽其用

由于构建 AR 和 VR 应用程序时使用了和其他 Unity 游戏相同的引擎、子系统、素材、工具和实用程序，因此本书提到的每个性能增强方式都可以在某种程度上帮助VR 和 AR 应用程序，在深入研究 XR 特定的增强功能之前，应该尝试所有这些功能。

这令人放心，因为可以应用许多潜在的性能增强功能。缺点是，可能需要应用其中的许多功能来达到应用程序所需的性能水平。

　　VR 应用程序性能的最大威胁是 GPU 填充率，这是其他游戏中最可能出现的瓶颈之一，但对于 VR 来说，情况更为严重，因为高分辨率图像总是试图渲染到更大的帧缓冲区(因为有效地渲染了场景两次——每只眼睛一次)。AR 应用程序通常会在 CPU 和 GPU 中有极大的消耗，因为 AR 平台大量使用 GPU 的并行管道来解析对象的空间位置，并执行诸如图像识别之类的任务，还需要大量的 Draw Call 以支持这些行为。

　　当然，某些性能增强技术在 XR 中不会特别有效。VR 应用程序中的遮挡剔除可能难以设置，因为用户可以通过场景中的对象查看下方、周围，有时还可以查看对象(尽管它仍然非常有益)。与此同时，AR 应用程序通常会渲染视线可到达的范围内的对象，设置 LOD 增强可能是毫无意义的。在开始实现性能优化技术之前，我们必须更谨慎地判断它是否值得实现，因为它们中的许多都需要大量时间来实现和支持。

7.2.2　单通道立体渲染和多通道立体渲染

　　对于 VR 应用，Unity 提供了两种渲染模式：多通道和单通道。这可以在 Edit | Project Settings | Player | XR Settings | Stereo Rendering Method 中配置。多通道渲染将场景渲染为两个不同的图像，分别为每只眼睛显示一个图像。单通道立体渲染将两个图像合并为一个双倍宽度的 Render Texture，仅为每只眼睛显示一半。

　　多通道立体渲染是默认情况。单通道渲染的优势是它通过减少 Draw Call 的设置，显著降低了 CPU 在主线程的工作，同时减少了 GPU 纹理需要转换的次数。当然，GPU 需要同样努力地渲染对象，因为每个对象仍然从两个不同的角度渲染两次(这里没法避免渲染两次)。缺点是目前只有使用 OpenGL ES 3.0 或更高的版本，该效果才可用，因此不能用于所有平台。另外，它在渲染管线上的效果需要额外关注和努力，特别是使用屏幕空间效果的着色器(该效果仅使用已绘制到帧缓冲区的数据)。通过开启单通道立体渲染特性，着色器代码不能再对进入的屏幕空间信息做相同的假设。图 7-2 展示了单通道立体渲染和多通道立体渲染的屏幕空间坐标的差异。

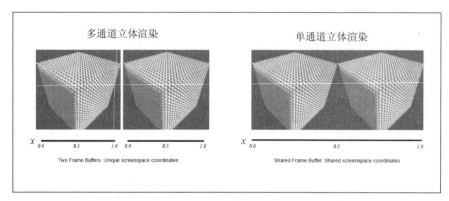

图 7-2　单通道立体渲染和多通道立体渲染

渲染管线始终向着色器输入相对于整个输出的渲染纹理的屏幕空间坐标，而不仅仅是它感兴趣的部分。例如，x 值为 0.5 通常表示在屏幕水平方向中间点的位置，使用多通道立体渲染时确实是这种情况。然而，如果使用单通道立体渲染，则 x 值为 0.5 对应的是两只眼睛渲染之间的中间点(左眼的右边缘或右眼的左边缘)。

提示:
Unity 为着色器的屏幕空间转化提供了一些有用的辅助方法，网址是 https://docs.unity3d.com/Manual/SinglePassStereoRendering.html。

另一个需要担心的问题是后期处理效果。实际上，我们总是要为 VR 场景的后期处理效果支付双倍的成本，因为后期处理需要针对每只眼睛执行一次。单通道立体渲染可以减少设置效果所需的 Draw Call，但不能盲目地同时对两个图像进行后期处理效果。因此，还必须调整后期处理效果的着色器，以确保它们渲染到输出渲染纹理正确的一半纹理上。如果不这样做，后期处理效果会延伸到双眼上两次，对于镜头光晕这样的效果而言，看起来可能会不可思议。

单通道立体渲染特性从 Unity 5.4 开始就已经存在，但由于缺乏对所有平台的支持，目前仍在编辑器中标记为 Preview(预览)。预计它最终会推广到更多的平台，但是对于支持它的平台，需要对屏幕空间着色器执行一些分析和稳妥的合理性检查，以确保在启用此选项时获得好处。

7.2.3　应用抗锯齿

该提示不是性能增强提示，而是一个需求。抗锯齿显著提高了 XR 项目的保真度，因为对象将更好地混合在一起，显示的像素感更少，提高了沉浸度，这可能会耗费大量的填充率。应该尽早启用这个特性，并假设它总是启用的情况下实现性能目标，禁用它只是绝对的最后手段。

7.2.4　首选前向渲染

延迟渲染(Deferred Rendering)的优点是能够用最少的 Draw Call 处理许多光源。遗憾的是，如果遵循前面的建议，应用抗锯齿效果，那么在使用延迟渲染时，这必须作为后期处理屏幕空间着色器来完成。与前向渲染(Forward Rendering，应用该技术作为多次采样的效果)相比，这可能会损失大量的性能，可能使前向渲染在两个选项中的性能更高。

7.2.5　VR 的图像效果

在 VR 中法线纹理应用的效果容易发生错误，纹理显示在表面上，而不是给人深度的错觉。法线纹理通常会在视角与表面很倾斜(夹角很小)时很快发生错误，这在典型的游戏中并不常见。然而，在 VR 中，由于大多数 HMD 允许用户通过位置跟踪(当然，不是所有人都这样做)，在 3D 空间中移动头部，他们很快就会为摄像机附近的物体找到破坏效果的位置。法线纹理已知用于提升 VR 中多边形边数高的对象的品质，但它很少为多边形边数低的对象提供好处，因此应该进行一些测试，以确保任何视觉上的改进都值得在内存带宽上付出的成本。

总之，不能依靠法线纹理为多边形边数低的对象提供快速而廉价的方式，来提高图形的保真度，而这正是在非 VR 场景中所期望的，因此需要进行测试，以查明这种效果是否按预期工作。应使用置换纹理、曲面分形和/或视差纹理来创建更可信的深度外观。遗憾的是，这些技术的消耗都比典型的法线纹理大，但要在 VR 中实现良好的图形质量，这是我们必须承受的负担。

其他诸如景深、模糊和镜头光晕等后期处理效果在传统 3D 中看起来都很好，但通常不是在现实世界中看到的效果，在 VR 中似乎不合适(至少在获得眼睛跟踪的支持之前)，通常应该避免。

7.2.6　背面剔除

背面剔除(移除对象永远不可见的面)对于 VR 和 AR 项目来说很棘手，因为玩家的视角可能来自摄像机附近物体的任何方向。如果想避免沉浸破坏视点，摄像机附近的素材应该是完全封闭的形状。此外，应该仔细考虑对远处的物体应用背面剔除，特别是当用户通过远程传送时，因为完全限制用户的位置是很困难的。确保测试游戏世界的边界体积，使用户无法从中逃离。

7.2.7　空间化音频

音频行业正在大量使用新技术，以空间音频的形式呈现 VR 的音频体验(从技术上说，是最终找到了旧技术的更好用法)。这些格式的音频数据不再代表来自特定频道的音频数据，而是包含某些音频谐波的数据，这些谐波在运行时合并在一起，根据当前的摄像机视区(尤其是垂直方向)创建更可信的音频体验。前一句中的关键字是“运行时”，意味着此效果会产生持续的、不可忽视的成本。这些技术需要 CPU 活动，也可能使用 GPU 加速以产生效果，因此，如果使用空间音频时发生性能问题，就应该细心检查 CPU 和 GPU 的行为。

7.2.8　避免摄像机物理碰撞

在 VR 和 AR 中，用户可以通过物体移动摄像机，这会破坏沉浸感。尽管将物理碰撞器添加在这些表面上是为了防止摄像机移动，但这会导致 VR 中的定向障碍，因为摄像机不会与用户的移动一致。这也可能破坏 AR 应用程序的位置跟踪校准。一个更好的方法是要么允许用户看到物体，要么在摄像机和这些表面之间保持一个安全的缓冲区。如果从一开始就不允许玩家传送到离他们太近的地方，那么他们的头就不会被墙挡住。

由于碰撞器的数量减少，这将提升性能，但应该更多地将其作为一个质量问题来处理。不应该太担心这样做会有破坏浸入式行为的风险，因为研究表明，一旦用户意识到他们可以查看物体，就往往会避免这样做。刚开始的时候，他们可能会感到困惑或快乐，但幸运的是，人们倾向于保持我们所创造的沉浸式体验，避免将头穿过墙壁。尽管如此，如果这样做可以获得某种游戏玩法上的优势，比如在战略游戏中通过墙观察敌人的方向，那么我们便应该在开发游戏场景时考虑到这一点。

7.2.9　避免欧拉角

避免为任何类型的定向行为使用欧拉角。四元数旨在更好地描述角度(唯一的缺点是更抽象，调试时更难可视化)，并在出现变化时能保持准确性，同时避免可怕的万向节死锁。计算时使用欧拉角，最终可能在多次旋转后导致不准确，这是很可能的，因为在 VR 和 AR 中，用户的视点每秒都会发生很多次微小的变化。

提示：

万向锁是使用欧拉角时可能发生的问题。因为欧拉角通过 3 个轴描述方向，当其中一个轴旋转 90° 时会有重叠，我们可能会不小心把它们锁在一起，在数学上不可分割，导致未来方向的改变同时影响两个轴。当然，人类可以指出如何旋转物体以解决该问题，但万向锁是一个纯数学问题。典型示例是战斗机中的方向气泡。飞行员从来没有万向锁的问题，但平视显示器的方向仪表可能会因此变得不准确。四元数通过包含第四个值来解决这个问题，该值允许区分重叠的轴。

7.2.10　运动约束

VR 应用程序的性能目标很难实现。因此，一定要意识到，试图在应用程序中加入的内容的质量，高于当前一代 XR 设备和典型用户硬件所能承受的范围。最后的办法总是从场景中剔除物体，直到达到性能目标。这往往针对的是 XR 应用程序，而不是非 XR 应用程序，因为性能不佳的成本常常远远超过高质量的收益。如果很明显已超过渲染预算，就必须克制住不向场景添加更多细节。这对于沉浸式 VR 内容来说是很难接受的，因为我们希望创造尽可能引人入胜的沉浸感，但是在技术赶上能力之前，需要保持克制。

7.2.11　跟上最新发展

Unity 提供了一个包含 VR 设计和优化技巧的有用文章列表，随着媒体和市场的成熟和新技术的发现，会更新这些文章。它比本书的更新更及时，所以不时地查看它们，以获取最新的提示。上述文件列表的网址为 https://unity3d.com/learn/tutorials/topics/virtual-reality。

还应该关注 Unity 的博客，以确保不会错过与 XR API 更改、性能增强和性能建议有关的重要内容。

7.3　本章小结

希望本简要指南能够帮助提高 XR 应用程序的性能。令人安心的是，有许多性能优化选项可供选择，因为 Unity XR 应用程序建立在本书讨论的相同底层平台上。但需要测试和实现所有这些功能，才有机会达到质量目标。随着时间的推移，硬件会变得更强大，价格下降，采用率因此而增加。但在那之前，如果我们要在科技界的最新热潮中崭露头角，就需要全力以赴。

第 8 章将深入研究 Unity 的底层引擎以及构建它的各种框架、层和语言。本质上是从更高级的角度讨论脚本代码，并研究一些方法，以全面改进 CPU 和内存管理。

第 *8* 章

掌握内存管理

内存效率是性能优化的一个重要元素。对于用户群有限的游戏，例如爱好项目和原型项目可能会忽略内存管理；它们往往会浪费大量资源，并可能存在内存泄漏，但如果限制它不暴露给朋友和同事，这就不会成为问题。然而，对于任何想发布的专业内容都需要认真对待这个话题。不必要的内存分配由于过高的垃圾回收(消耗宝贵的CPU 时间)将导致糟糕的用户体验，而内存泄漏将导致崩溃。这些情况在现代游戏的版本中都是不能接受的。

通过 Unity 高效地使用内存需要对 Unity 引擎底层、Mono 平台和 C#语言有扎实的理解。同时，如果使用 IL2CPP 脚本后端，那么明智的做法是熟悉它的内部工作。对于一些开发人员来说，这可能有点令人生畏，因为它们选择 Unity3D 作为其游戏开发解决方案，主要就是为了避免引擎开发和内存管理带来的底层工作。游戏开发者更乐意关注高层话题，例如游戏玩法实现，关卡设计和艺术资源管理，但遗憾的是，现代计算机系统是个复杂的工具，如果长期脱离底层问题，可能导致潜在灾难。

理解内存分配和 C#语言特性在做什么，它们如何与 Mono 平台交互以及 Mono 如何与底层的 Unity 引擎交互，绝对是编写高质量、高效脚本代码的关键。因此本章将学到 Unity 引擎底层的方方面面：Mono 平台、C#语言、IL2CPP 以及.NET Framework。

幸运的是，想要高效使用 C#语言并不需要成为 C#语言大师。本章将把这些复杂的主题归结为一种更易于理解的形式，并分为以下主题：

- Mono 平台:
    - ◆ 本地和托管内存域
    - ◆ 垃圾回收
    - ◆ 内存碎片
- IL2CPP

- 如何分析内存问题
- 不同的内存相关性能增强:
  - 最小化垃圾回收
  - 正确使用值类型和引用类型
  - 正确地使用字符串
  - 与 Unity 引擎相关的许多潜在增强
  - 对象和预制体池

8.1　Mono 平台

Mono 是一种神奇的调味汁,混合在 Unity 配方中,使 Unity 具有很多跨平台功能。Mono 是一个开源项目,它基于 API、规范和微软的.NET Framework 的工具构建了自己的类库平台。本质上,它是.NET 类库的开源重制,在几乎不访问原始源码的情况下完成,和微软的原始类库完全兼容。

Mono 项目的目标是通过框架提供跨平台开发,该框架允许用通用编程语言编写的代码运行在很多不同的硬件平台上,包括 Linux、Mac OS、Windows、ARM、PowerPC等。Mono 甚至支持很多不同的编程语言。可以编译为.NET 的通用中间语言(Common Intermediate Language,CIL)的任何语言都能与 Mono 平台集成。这些语言包括 C#自身,还有 F#、Java、VB .NET、PythonNet 和 IronPython 等。当然,Unity 只允许使用 C#、Boo 和 UnityScript。

注意:

Boo 语言在旧的 Unity 版本中已废弃,而 UnityScript 语言在未来版本中开始被逐渐淘汰。下面的博文解释了这些变化的原因: https://blogs.unity3d.com/2017/08/11/unityscripts-long-ride-off-into-the-sunset/。

一个常见的错误观念是 Unity 引擎是构建在 Mono 平台之上的。这是错误的,因为基于 Mono 的层没有处理很多重要的游戏任务,如音频、渲染、物理以及时间的跟踪。Unity Technologies 出于速度的原因构建了本地 C++后端,允许它的用户将 Mono作为脚本编写界面,控制该游戏引擎。因此,Mono 只是底层 Unity 引擎的一个组成部分。这和很多其他的游戏引擎一样,在底层运行 C++,处理诸如渲染、动画和资源管理这样的重要任务,而为要实现的玩法逻辑提供高级脚本语言。因此 Unity Technologies选择 Mono 平台以提供该特性。

注意：

本地代码通常是为特定平台编写的代码。例如，在 Windows 中编写代码来创建窗口对象，或和网络子系统交互的接口，与 Mac、UNIX、Playstation4、XBox One 等平台执行相同任务的代码是完全不同的。

脚本语言通常通过自动垃圾回收抽象并分离了复杂的内存管理，并且提供各种安全管理内存的特性，这些都以牺牲运行时的开销为代价，简化了编程的行为。一些脚本语言也可以在运行时解释，这意味着它们不需要在执行之前进行编译。原始指令动态转化为机器代码，并在运行时读取执行；当然这通常使代码执行得相对较慢。最后一个特性，可能也是最重要的特性，脚本语言支持更简单的编程指令语法。这通常极大地改善开发流程，因为团队成员在没有诸如使用 C++ 语言经验的情况下依然可以对代码库做出贡献。能以牺牲一些控制和运行时的执行速度为代价，用更简单的形式实现游戏逻辑。

注意，这样的语言常称为托管语言，其特点是托管代码。从技术上而言，这是微软创造的一个术语，指必须在公共语言运行时(Common Language Runtime，CLR)运行的源码，和通过目标操作系统编译与运行的代码不同。

然而，由于 CLR 和其他语言存在的普遍和通用特性，它们具有相似的运行时环境(例如 Java)，因此出现了"托管"这一术语。它往往表示使用任何依赖于自己运行时环境的语言或代码，可能包括自动垃圾回收，也可能不包括。本章剩余部分将采用该定义，并使用术语"托管"指代依赖于独立运行时环境来执行，且由自动垃圾回收进行监控的代码。

托管语言的运行时性能消耗通常比对应的本地代码更大，但这种严重性正在逐年变弱。部分由于工具和运行时环境的逐渐优化，部分由于平均设备的计算能力逐渐增强。尽管如此，使用托管语言的主要争论点依然是它们的自动内存管理。手动管理内存是一项复杂的任务，需要很多年的艰难调试才能精通，但很多开发者认为托管语言解决该问题的方式不可预测，产品质量风险太大。这些开发者可能会提到托管代码的性能永远达不到和本地代码同样的级别，因此用托管代码构建高性能应用程序是很鲁莽的行为。

这在某种程度上是正确的，因为托管语言总是带来运行时开销，而我们失去了对运行时内存分配的部分控制。对于高性能服务器架构而言，这将是致命弱点；然而，对于游戏开发，由于不是所有的资源使用都将导致瓶颈，而最好的游戏也不一定充分利用程序的每个字节，因此使用托管语言成为一种平衡的行为。例如，假定一个 UI 在本地代码中的刷新时间是 30 微秒，而由于有 100% 的额外开销(一个极端示例)，在托管代码中刷新时间为 60 微妙。托管代码版本已经足够快速，而用户观察不到两者的差异，因此使用托管代码处理该任务没有任何危害。

事实上，至少对于游戏开发而言，使用托管语言通常只意味着，相对于本地代码，开发者有着一些独特的关注点。例如，选择为游戏开发使用托管语言，部分原因是偏好，部分原因是对开发速度控制的妥协。

接下来回顾前面章节接触过但没有细化的话题：Unity 引擎中的内存域概念。

内存域

Unity 引擎中的内存空间本质上可以划分为 3 个不同的内存域。每个域存储不同的数据类型，关注不同的任务集。

第一个内存域——托管域，大家应该非常熟悉。该域是 Mono 平台工作的地方，我们编写的任何 MonoBehaviour 脚本和自定义的 C#类在运行时都会在此域实例化对象，因此我们编写的任何 C#代码都会很明确与此域交互。它称为托管域，因为内存空间自动被垃圾回收管理。

第二个内存域——本地域——它更微妙，因为我们仅仅间接地与之交互。Unity 有一些底层的本地代码功能，它由 C++编写，并根据目标平台编译到不同的应用程序中。该域关心内部内存空间的分配，如为各种子系统(诸如渲染管线、物理系统、用户输入系统)分配资源数据(例如纹理、音频文件和网格等)和内存空间。最后，它包括 GameObejct 和 Component 等重要游戏对象的部分本地描述，以便和这些内部系统交互。这也是大多数内建 Unity 类(例如 Transform 和 Rigidbody 组件)保存其数据的地方。

托管域也包含存储在本地域中的对象描述的包装器。因此，当和 Transform 等组件交互时，大多数指令会请求 Unity 进入它的本地代码，在那里生成结果，接着将结果复制回托管域。这正是托管域和本地域之间本地-托管桥的由来，这在前面章节中简单提过。当两个域对相同实体有自己的描述时，跨越它们之间的桥需要内存进行上下文切换，而这会为游戏带来很多相当严重的潜在性能问题。显然，由于跨越桥的开销，应该尽可能多地最小化此行为。第 2 章阐述了一些该方面的技术。

第三个也是最后一个内存域是外部库，例如 DirectX 和 OpenGL 库，也包括项目中包含的很多自定义库和插件。在 C#代码中引用这些类库将导致类似的内存上下文切换和后续成本。

在大多数现代操作系统中，运行时的内存空间分为两种类型：栈和堆。栈是内存中预留的特殊空间，专门用于存储小的、短期的数据值，这些值一旦超出作用域就会自动释放，因此称为栈。顾名思义，它就像栈数据结构一样，从顶部压入与弹出数据。栈包含了已经声明的任何本地变量，并在调用函数时处理它们的加载和卸载。这些函数调用通过所谓的调用栈进行拓展与收缩。当对当前函数完成调用栈的处理时，它跳回调用栈中之前的调用点，并从之前离开的位置继续执行剩余内容。之前内存分配的开始位置总是已知的，没有理由执行内存清理操作，因为新的内存分配只会覆盖旧数据。因此，栈相对快速、高效。

栈的总大小通常很小，大约为兆字节(MB，Megabyte)。当分配超过栈可支持的空间时，可能会导致栈溢出。这会出现在执行大量调用栈时(例如无限循环)或有大量本地变量时，但大多数时候，尽管栈的大小相对较小，但很少会引起栈溢出。

堆表示所有其他的内存空间，并用于大多数内存分配。由于我们想让大多数内存分配的持有时间比当前函数调用更长，因此不能在栈上分配它们，因为它们会在当前函数调用时被覆盖。因此，当数据类型太大以至于在栈中放不下时，或者必须保存在声明的函数外时，可以在堆上分配它。在物理上栈和堆没有什么不同，它们都只是内存空间，包含存在于 RAM 中的数据字节。操作系统会请求并保存这些数据字节。不同之处在于使用它们的时机、场合和方式。

在本地代码中，例如用 C++编写的语言，这些内存分配通过手动处理，我们有责任确保正确地分配所有内存块，并在不再需要时显式释放。如果没有正确处理内存释放，那么很容易意外地发生内存泄漏，因为可能会持续从 RAM 中分配越来越多的内存空间，却从不清理，直到没有内存可以分配，甚至程序崩溃为止。

同时，在托管语言中，内存释放通过垃圾回收器自动处理。在 Unity 程序的初始化期间，Mono 平台向操作系统申请一串内存，用于生成堆内存空间(通常称为托管堆)，供 C#代码使用。这个堆空间开始时相当小，不到 1 兆字节，但是随着脚本代码需要新的内存块而增长。如果 Unity 不再需要它，那么该空间可以通过释放回操作系统来缩小。

1. 垃圾回收

垃圾回收器(Garbage Collector，GC)有一个重要工作，该工作确保不使用比所需要的更多的托管堆内存，而不再需要的内存会自动回收。例如，如果创建一个 GameObject，接着销毁它，那么 GC 将标记该 GameObject 使用的内存空间，以便以后回收。这不是一个立刻的过程，GC 只会在需要的时候回收内存。

当请求使用新的内存空间，而托管的堆内存中有足够的空闲空间以满足该请求时，GC 只简单地分配新的空间并交给调用者。然而，如果托管堆中没有足够的空间，那么 GC 需要扫描所有已存在且不再使用的内存分配并清除它们。GC 将拓展当前堆空间作为最后的手段。

Unity 使用的 Mono 版本中的 GC 是一种追踪式 GC，它使用标记与清除策略。该算法分为两个阶段：每个分配的对象通过一个额外的数据位追踪。该数据位标识对象是否被标记。这些标记设置为 false，标识它尚未被标记。

当收集过程开始时，它通过设置对象的标识为 true，标记所有依然对程序可访问的对象。可访问对象要么是直接引用(例如栈上的静态或本地变量)，要么是通过其他直接或间接可访问对象的字段(成员变量)来间接引用。本质上，它收集一系列依然被程序引用的对象。对程序而言，任何没有引用的对象本质上都是不可见的，而这些对象可以被 GC 回收。

第二阶段涉及迭代这类引用(GC 将在程序的整个生命周期中跟踪这些引用)，并基于它的标记状态决定它是否应该回收。如果对象被标记，那么在某处依然引用它，GC 将无视它。然而，如果它没有被标记，那么它是回收的候选者。在该阶段，所有标记的对象都被跳过，但在下次垃圾回收扫描之前会将它们设置回 false。

注意:

本质上，GC 在内存中维护所有对象的列表，而应用程序维护一个独立的列表，其中仅包含它们中的一部分。只要程序用完对象，就简单地忘记它的存在，将其从列表移除。因此，可以安全回收的对象列表是 GC 的列表和程序列表之间的区别。

一旦第二个阶段结束，所有没有被标记的对象被回收以释放空间，然后重新访问创建对象的初始请求。如果 GC 已经为对象释放了足够的空间，那么在新释放的空间中分配内存并返回给调用者。然而，如果空间不够，就只能使用最后的补救手段，即必须通过向操作系统请求以拓展托管堆，此时最终可以分配内存空间并返回给调用者。

在理想情况下，我们仅持续地分配和回收对象，但一次只能处理有限数量的对象，堆将保持大致恒定的大小，因为通常有足够的空间处理需要的新对象。然而，程序中的所有对象很少以它们分配的顺序被回收，而且它们占用的内存大小很少一样。这导致了内存碎片。

2. 内存碎片

当以交替的顺序分配和释放不同大小的对象时，以及当释放大量小对象，随后会分配大量大对象时，就会出现内存碎片。

这最好通过示例解释。图 8-1 展示了在典型的堆内存空间上分配与回收内存的 4 个步骤。

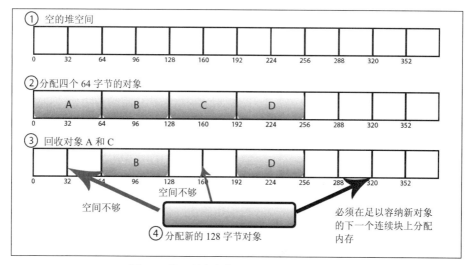

图 8-1　常见堆内存空间中的内存分配与回收

内存分配如下所示：

(1) 以空的堆空间开始。

(2) 在堆上分配 4 个对象，A、B、C 和 D，每个大小为 64 字节。

(3) 后来回收其中的两个对象，A 和 C，释放 128 字节。

(4) 接着尝试分配 128 字节的大对象。

回收对象 A 和 C 在技术上释放了 128 字节内存空间，但由于对象在内存上不连续 (相邻)，此时不能从堆分配一个大于两个独立空间的对象。新的内存分配在内存上必须始终是连续的；所以，新对象必须分配在托管堆中下一个可用且连续的 128 字节空间中。现在内存空间中有了两个 64 字节的空位，除非分配大小等于或小于 64 字节的对象，否则它们永远不能被重用。

经过很长一段时间，随着不同大小的对象被回收，堆空间可能会充满更多、更小的空闲内存空间，接着系统尝试在最小的可用空间内分配新的对象，留下一堆难以填充的小空间。在没有自动清理碎片的后台技术时，这种情况会发生在任何内存空间中——RAM、堆空间，甚至硬盘驱动器——硬盘驱动器只是更大、更慢、更持久的内存存储区域(这就是为什么最好时不时对硬盘驱动器进行碎片整理)。

内存碎片导致两个问题。首先，从长期看，它显著地减少新对象的总可用内存空间，这取决于分配和回收的频率。它通常导致 GC 拓展堆，以便为新的分配腾出空间。其次，它使新的分配花费的处理时间更长，因为需要花费额外的时间查找足以容纳对象的新内存空间。

在堆中分配新的内存空间时，可用空间的位置和可用空闲空间的大小同样重要。无法跨越不同的内存部分切分对象，因此 GC 必须持续查找，在花时间进行详尽查找后，甚至还要花费更多时间，直到找到足够大的空间或增加整体的堆大小，以存放新对象。

3. 运行时的垃圾回收

因此在最坏的情况下，当游戏请求新的内存分配时，CPU 在完成分配之前需要花费 CPU 周期完成下面的任务：

(1) 验证是否有足够的连续空间用于分配新对象。

(2) 如果没有足够空间，迭代所有已知的直接和间接引用，标记它们是否可达。

(3) 再次迭代所有这些引用，标识未标记的对象用于回收。

(4) 迭代所有标识对象，以检查回收一些对象是否能为新对象创建足够大的连续空间。

(5) 如果没有，从操作系统请求新的内存块，以便拓展堆。

(6) 在新分配的块前面分配新对象，并返回给调用者。

此时 CPU 需要处理很多工作，特别当该新内存分配用于重要的对象，如粒子特效，新进入场景的角色，或切换场景过渡等。用户极有可能注意到此时 GC 冻结了游戏以处理极端情况。更糟的是，GC 工作负载随着已分配的堆空间的增长而变差，因为擦除几兆字节的空间比扫描几千兆字节快得多。

所有这些都使智能地控制堆空间至关重要。内存使用策略越懒惰，GC 的运行就越糟糕，且变糟糕的速度几乎是指数级别的，因为越有可能触发这种最糟糕的情况。因此，讽刺的是，尽管托管语言努力让内存管理问题更简单，托管语言的开发者依然发现自己对内存消耗的关心不亚于本地程序开发者。主要不同之处在于他们要解决的问题的类型。

4. 多线程的垃圾回收

GC 运行在两个独立线程上：主线程和所谓的 Finalizer Thread。当调用 GC 时，它运行在主线程上，并标志堆内存块为后续回收。这不会立刻发生。由 Mono 控制的 Finalizer Thread 在内存最终释放并可用于重新分配之前，可能会延迟几秒。

可以通过 Profiler 窗口中 Memory Area 的 Total Allocated 块观察此行为(绿线)。垃圾回收后可能需要几秒钟总分配值才会下降。由于这种延迟，不应该依赖内存一旦回收就可用这一观念，而且因此不应该浪费时间尝试消耗可用内存的最后一个字节。必须确保有某种类型的缓冲区用于未来的分配。

GC 释放的块有时会在一段时间后返回到操作系统，这将减少堆消耗的保留空间，并允许内存分配给其他对象，例如其他应用程序。然而，这是不可预测的，它取决于目标平台，因此不应该依赖它。唯一的安全假设是一旦内存分配给 Mono，它就会被保留，不再可用于本地域或相同系统上运行的任何其他程序。

8.2　代码编译

当修改了 C#代码,并且从喜欢的 IDE(通常是 MonoDevelop 或功能更丰富的 Visual Studio)切换到 Unity 编辑器时,代码会自动编译。然而,C#代码没有直接转化为机器码,如果使用诸如 C++这样的语言,就期望静态编译器这样做。

相反,代码转换为通用中间语言(Common Intermediate Language,CIL),它是本地代码之上的一种抽象。这正是.NET 支持多种语言的方式——每种语言都使用不同的编译器,但是它们都会转换为 CIL,因此不管选择了什么语言,输出实际是一样的。CIL 类似 Java 字节码,基于 Java 字节码,CIL 本身是没用的,因为 CPU 不知道如何运行该语言中定义的指令。

在运行时,中间代码通过 Mono 虚拟机(VM)运行,VM 是一种基础架构元素,允许相同代码运行在不同平台,而不需要修改代码本身。Mono 虚拟机是.NET 公共语言运行时(Common Language Runtime,CLR)的一个实现。因此,如果在 iOS 上运行,则游戏运行在基于 iOS 的虚拟机上;如果游戏运行在 Linux 上,就使用更适用于 Linux 的另一个虚拟机。这正是 Unity 允许编写一次代码,能魔法般地在多个平台上工作的方式。

在 CLR 中,中间 CIL 代码实际上根据需要编译为本地代码。这种及时的本地编译可以通过 AOT(Ahead-Of-Time)或 JIT(Just-In-Time)编译器完成,选择哪一个取决于目标平台。这些编译器允许把代码段编译为本地代码,允许平台架构完成补全已写的指令,而不用重新编写它们。两种编译器类型主要的区别在于代码编译的时间。

AOT 编译是代码编译的典型行为,它发生于构建流程之前,在一些情况下则在程序初始化之前。不管是哪一种,代码都已经提前编译,没有后续运行时由于动态编译产生的消耗。当 CPU 需要机器码指令时,总是存在可用指令。

JIT 编译在运行时的独立线程中动态执行,且在指令执行之前。通常,该动态编译导致代码在首次调用时,运行得稍微慢一点,因为代码必须在执行之前完成编译。然而,从那时开始,只要执行相同的代码块,都不需要重新编译,指令通过之前编译过的本地代码执行。

软件开发中的常见格言是:90%的工作只由 10%的代码完成。这通常意味着 JIT 编译对性能的优势比简单直接地解释 CIL 代码强。然而,由于 JIT 编译器必须快速编译代码,它不能使用很多静态 AOT 编译器可以使用的优化技术。

注意:
不是所有平台都支持 JIT 编译,当使用 AOT 时一些脚本功能不可用。Unity 在下面网址提供了一个完整的限制列表:
https://docs.unity3d.com/Manual/ScriptingRestrictions.html

IL2CPP

几年前，Unity Technologies 面临着一个选择，要么选择继续支持 Unity 越来越难跟上的 Mono 平台，要么实现自己的脚本后端。Unity Technologies 选择了后者，而现在有很多平台支持 IL2CPP，它是中间语言到 C++的简称。

注意：
Unity Technologies 关于 IL2CPP 的初始博文，该决定背后的理由及其长期效益可以在 https://blogs.unity3d.com/2014/05/20/the-future-of-scripting-in-unity/上找到。

IL2CPP 是一个脚本后端，用于将 Mono 的 CIL 输出直接转换为本地 C++代码。由于应用程序现在运行本地代码，因此这将带来性能提升。这最终使 Unity Technologies 能更好地控制运行时行为，因为 IL2CPP 提供了自己的 AOT 编译器和 VM，允许定制对 GC 等子系统和编译过程的改进。IL2CPP 并不打算完全取代 Mono 平台，但它是我们可选的工具，改善了 Mono 提供的部分功能。

注意 IL2CPP 自动在 iOS 和 WebGL 项目中启用。对于其他支持的平台，IL2CPP 可以通过 Edit | Project Settings | Player | Configure | Scripting Backend 开启。

注意：
可以在下面网址找到当前支持 IL2CPP 的平台列表:
https://docs.unity3d.com/Manual/IL2CPP.html

8.3　分析内存

我们关心两个内存管理的问题：消耗了多少内存，以及分配新内存块的频繁程度。下面分别讲解这两个话题。

8.3.1　分析内存消耗

无法直接控制本地域中发生的事情，由于没有 Unity 引擎源码，因此不能直接添加与之交互的代码。但可以通过各种脚本级别的函数间接控制它，这些函数作为托管代码和本地代码的交互点。技术上有多种可以使用的内存分配器，它们在内部用于 GameObject、图形对象、Profiler 等对象，但都隐藏在本地-托管桥后面。

然而，可以通过 Profiler 窗口的 Memory Area 观察已经分配了多少内存，以及该内存域预留了多少内存。本地内存分配显示在标记为 Unity 的值中，甚至可以使用

Detailed Mode 和采样当前帧，获得更多详细信息，如图 8-2 所示。

```
Used Total: 101.2 MB  Unity: 68.1 MB   Mono: 7.8 MB   GfxDriver: 15.8 MB   FMOD: 1.3 MB   Video: 224 B   Profiler: 9.5 MB
Reserved Total: 241.4 MB  Unity: 199.0 MB   Mono: 10.7 MB   GfxDriver: 15.8 MB   FMOD: 1.3 MB   Video: 224 B   Profiler: 16.0 MB
Total System Memory Usage: 0.78 GB
```

图 8-2　Profiler 窗口中 Memory Area 的内存消耗信息——Unity 标签的值为本地内存

在细分视图下的 Scene Memory 部分，可以观察 MonoBehaviour 对象不管成员数据如何，总是消耗恒定数量的内存。这是对象的本地描述所消耗的内存。

> **提示：**
>
> 注意 Edit Mode 下的内存消耗通常和独立版本大不相同，因为应用了各种调试以及编辑器挂接数据。在此进一步鼓励大家避免使用 Edit Mode 进行基准测试和测量。

也可以使用 Profiler.GetRuntimeMemorySize() 方法获取特定对象的本地内存分配。

托管对象的描述本质上链接到它们的本地描述。最小化本地内存分配的最好方式是优化使用的托管内存。

可以在 Profiler 窗口的 Memory Area 中验证为托管堆分配以及预留了多少内存，如图 8-3 中标签为 Mono 的值：

```
Used Total: 101.2 MB  Unity: 68.1 MB   Mono: 7.8 MB   GfxDriver: 15.8 MB   FMOD: 1.3 MB   Video: 224 B   Profiler: 9.5 MB
Reserved Total: 241.4 MB  Unity: 199.0 MB   Mono: 10.7 MB   GfxDriver: 15.8 MB   FMOD: 1.3 MB   Video: 224 B   Profiler: 16.0 MB
Total System Memory Usage: 0.78 GB
```

图 8-3　Profiler 窗口中 Memory Area 的内存消耗信息——Mono 标签的值为托管堆内存

也可以在运行时分别使用 Profiler.GetMonoUsedSize() 和 Profiler.GetMonoHeapSize() 方法确定当前使用和预留的堆空间。

8.3.2　分析内存效率

可以用于度量内存管理健康度的最佳指标是简单观察 GC 的行为。它做的工作越多，所产生的浪费就越多，而程序的性能可能就越差。

可以同时使用 Profiler 窗口的 CPU Usage Area(GarbageCollector 复选框) 和 Memory Area(GC Allocated 复选框) 以观察 GC 的工作量和执行时间。这对于一些情况相对简单，比如只分配一个临时的小内存块或销毁 GameObject。

然而，内存效率问题的根源分析是一件具有挑战且耗时的操作。当观察 GC 行为的峰值时，它可能是前一帧分配太多内存的征兆而当前帧只分配了一点内存，此时请求 GC 扫描许多碎片化的内存，确定是否有足够的空间，并决定是否能分配新的内存块。它清理的内存可能在很长一段时间之前就分配好了，只有应用程序运行了很长时间,才能观察到这些影响,甚至在场景相对空闲时也会发生,并没有突然触发 GC 的明显原因。更糟的是,Profiler 只能指出最后几秒发生了什么,而不能直接显示正在清除什么数据。

如果想要确定没有产生内存泄漏,必须谨慎并严格测试程序,在模拟通常的游戏场景或者创造 GC 在一帧中有太多工作需要完成的情况时,观察它的内存行为。

8.4　内存管理性能增强

在大多数游戏引擎中,如果遇到性能问题,可以将低效的托管代码移植到更快的本地代码中。除非投入大量资金获得 Unity 源代码,否则这不是一个有用的选项。Unity 源代码可以分别为免费/个人/专业许可证系统提供,在每种情况下,基于所有者提供。也可以在希望使用本地插件时购买 Unity Pro 许可,但这么做很少能带来性能优势,因为依然需要跨越本地-托管桥,才能调用里面的函数。本地插件通常用于与不是针对 C#构建的系统和库交互。这迫使我们大多数时候都由于性能原因,需要尽可能使用 C#脚本级别代码。

牢记这一点,此时应该对 Unity 引擎的内部原理以及内存空间有足够了解,以检测、分析和理解内存性能问题,并实现对它们的优化。因此,接下来谈谈可以应用的一些性能增强技术。

8.4.1　垃圾回收策略

最小化垃圾回收问题的一种策略是在合适的时间手动触发垃圾回收,当确定玩家不会注意到这种行为时就可以偷偷触发垃圾回收。垃圾回收可以通过 System.GC.Collect()手动调用。

触发回收的好机会可以是加载场景时,当游戏暂停时,在打开菜单界面后的瞬间,在切换场景时,或任何玩家观察不到或不关心突然的性能下降而打断游戏的行为时。甚至可以在运行时使用 Profiler.GetMonoUsedSize() 和 Profiler.GetMonoHeapSize()方法决定最近是否需要调用垃圾回收。

可以引发一些指定对象的释放。如果讨论的对象是 Unity 对象包装器之一,例如 GameObject 或 MonoBehaviour 组件,那么终结器(finalizer)将在本地域中首次调用 Dispose()方法。此时,本地域和托管域里消耗的内存都将被释放。在一些特殊情况下,如果 Mono 包装器实现了 IDisposable 接口类(即它在脚本代码中提供 Dispose()方法),那么可以真正控制该行为,并强制内存立刻释放。

Unity 引擎中有一些不同的对象类型(大多数在 Unity5 或更新的版本中引入)，它们实现了 IDisposable 接口类，例如：NetworkConnection, WWW, UnityWebRequest, UploadHandler, DownloadHandler, VertexHelper, CullingGroup, PhotoCapture, VideoCapture, PhraseRecognizer, GestureRecognizer, DictationRecognizer, SurfaceObserver 等。

这些都是用于拉取大数据集的工具类，对于这些数据集，可能希望确保在获得数据后立刻析构数据，因为它们通常需要在本地域中分配一些缓冲区和内存块来完成任务。如果长时间保有所有这些内存，将对宝贵的空间造成严重浪费。因此通过调用脚本代码的 Dispose()方法，可以确保在需要时及时释放内存缓冲区。

其他所有资源对象提供某种类型的卸载方法以清除任何未使用的资源数据，例如Resources.UnloadUnusedAssets()。实际的资源数据存储在本地域里，因此该方法不涉及垃圾回收技术，但思想基本相同。它将遍历特定类型的所有资源，检查它们是否不再被引用；如果资源没有被引用，则释放它们。然而，这同样是一个异步处理，不能保证什么时候释放。该方法在加载场景之后由内部自动调用，但这依然不能保证立刻释放内存。首选的方法是使用 Resources.UnloadAsset()，一次卸载一个指定资源。该方法通常更快，因为不需要迭代整个资源数据集合，来确定哪个资源是未使用的。

然而，最好的垃圾回收策略是避免垃圾回收；如果分配很小的堆内存并且尽可能控制其使用，则不必担心发生频繁垃圾回收以及昂贵的性能开销。本章剩余部分将阐述一些相关策略。

8.4.2　手动 JIT 编译

如果 JIT 编译导致运行时性能下降，请注意实际上有可能在任何时刻通过反射强制进行方法的 JIT 编译。反射是 C#语言一项有用的特性，它允许代码库探查自身的类型信息、方法、值和元数据。使用反射通常是一个非常昂贵的过程，应该避免在运行时，或者甚至仅在初始化或其他加载时间使用。不这样做容易导致严重的 CPU 峰值和游戏卡顿。

可以使用反射手动强制 JIT 编译一个方法，以获得函数指针：

```
var method = typeof(MyComponent).GetMethod("MethodName");
if (method != null) {
    method.MethodHandle.GetFunctionPointer();
    Debug.Log("JIT compilation complete!");

}
```

前面的代码仅对 public 方法有用。获取 private 或 protected 方法可以通过使用BindingFlags 完成：

```
using System.Reflection;
// ...
var method = typeof(MyComponent).GetMethod("MethodName",
BindingFlags.NonPublic | BindingFlags.Instance);
```

这类方法应该仅运行在确定 JIT 编译会导致 CPU 峰值的地方。这可以通过重启应用并分析方法的首次调用与随后所有后续调用来验证。调用差异会指出 JIT 编译的消耗。

注意:

.NET 类库中强制 JIT 编译的官方方法是 RuntimeHelpers.PrepareMethod(),
但在当前 Unity 使用的 Mono 版本(Mono 2.6.5)中没有正确实现该方法。在
Unity 引入更新版本的 Mono 工程之前,应该使用前面的方法。

8.4.3 值类型和引用类型

并非在 Mono 中分配的所有内存都通过堆进行分配。.NET Framework(C#语言只实现了.NET 规范)有值类型和引用类型的概念,而当 GC 在执行标记-清除算法时,只有后者需要被 GC 标记。由于引用类型的复杂性、大小和使用方式,它们会 (或需要) 在内存中存在一段时间。大的数据集和从类实例化的任何类型的对象都是引用类型。这也包括数组(不管它是值类型的数组或是引用类型的数组)、委托、所有的类,诸如 MonoBehaviour、GameObject 和自定义的类。

引用类型通常在堆上分配,而值类型可以分配在栈或堆上。诸如 bool、int 和 float 这些基础数据类型都是值类型的示例。这些值通常分配在栈上,但一旦值类型包括在引用类型中,例如类或数组,那么暗示该值对于栈而言太大,或存在的时间需要比当前的作用域更长,因而必须分配在堆上,与包含它的引用类型绑定在一起。

这些最好举例说明。以下代码创建一个整型作为值类型,该值类型暂时存在于栈中:

```
public class TestComponent {
    void TestFunction() {
        int data = 5; // 在栈上分配
        DoSomething(data);
    } // 此时整数从栈中释放
}
```

一旦 Start()方法结束,整数就从栈上释放。这基本是一个无消耗操作,如前所述,它不需要做任何清理工作,仅将栈指针移回调用栈中的前一个内存位置(返回到

TestComponent 对象上的 TestFunction()函数)。任何后续的栈分配会简单地覆盖旧数据。更重要的是，创建数据没有进行堆分配，因此 GC 不需要跟踪这些值是否存在。

然而，如果将一个整数创建为 MonoBehaviour 类定义的成员变量，那么它现在包含在一个引用类型(类)中，必须与它的容器一起分配在堆上：

```
public class TestComponent : MonoBehaviour {
    private int _data = 5;
    void TestFunction() {
        DoSomething(_data);
    }
}
```

整型_data 现在是一个额外的数据块，它消耗了包含它的 TestComponent 对象旁边的堆空间。如果 TestComponent 被销毁，那么整数也随之释放，不会在此之前释放。

类似地，如果将整数放到普通的 C#类中，那么适用于引用类型的规则依然生效，对象会分配在堆上：

```
public class TestData {
    public int data = 5;
}

public class TestComponent {
    void TestFunction() {
        TestData dataObj = new TestData(); // allocated on the heap
        DoSomething(dataObj.data);
    } // dataObj is not immediately deallocated here, but it will
      // become a candidate during the next GC sweep
}
```

因此，在类方法中创建临时值类型与将长期值类型存储为类的成员字段有很大的区别。在前一种情况下，将其保存在栈中，但后一种情况中，将其保存为引用类型，这意味着它可以在其他地方引用。例如，假定 DoSomething()使用成员变量保存 dataObject 的引用：

```
public class TestComponent {
    private TestData _testDataObj;

    void TestFunction() {
        TestData dataObj = new TestData(); // allocated on the heap
```

```
        DoSomething(dataObj.data);
    }

    void DoSomething (TestData dataObj) {
        _testDataObj = dataObj; // a new reference created! The referenced
        // object will now be marked during Mark-and-Sweep
    }
}
```

本例中，不能在 TestFunction()方法结束时释放 dataObj 的指针，因为对该对象的总引用数量从 2 变为 1。由于不是 0，因此 GC 依然会在标记-清除期间标记它。需要在对象无法再访问之前设置_testDataObj 为 null，或让它引用别的对象。

注意，值类型必须有一个值且不能为 null。如果栈分配的类型被赋予引用类型，那么数据会简单地复制。即使对于值类型的数组，也是如此。

```
public class TestClass {
    private int[] _intArray = new int[1000]; // 充满值类型的引用类型

    void StoreANumber(int num) {
        _intArray[0] = num; // 在数组中存储值
    }
}
```

当创建初始数组时(对象初始化期间)，会把 1000 个整数分配在堆上，并设置值为 0。当调用 StoreANumber()方法时，num 的值只是复制到数组的第 0 个元素，而不是保存指向它的引用。

引用功能的细微变化最终决定了某个对象是引用类型还是值类型，应该在有机会时尝试使用值类型，这样它们会在栈上分配而不是在堆上分配。任何情况下，只要发送的数据块的寿命不比当前作用域更长时，就是使用值类型而不是引用类型的好机会。表面上，数据是传递给相同类的另一个方法还是传递给另一个类的方法都不重要，它依然是一个值类型，该值类型存在于栈上，直到创建它的方法退出作用域。

1. 按值传递和按引用传递

技术上说，每次将数据的值作为参数从一个方法传到另一个，总会复制一些东西，不管它是值类型还是引用类型。传入对象的数据，通常称为按值传递。而只复制引用到另一个参数，则称为按引用传递。

值类型和引用类型之间一个重要的差异是引用类型只不过是指向内存中其他位置的指针，它仅消耗 4 或 8 字节(32 位或 64 位，取决于架构)，不管它真正指向的是什么。

当引用类型作为参数传递时，只有这个指针的值被复制到函数中。哪怕引用类型指向的是巨大的数组数据，由于被复制的数据非常小，该操作会非常快。

同时，值类型包含存储在具体对象中的完整数据位。因此，不管是在方法中传递，还是保存在其他值类型中，值类型总是复制它所有的数据。在一些情况下，这意味着，与使用引用类型，让 GC 处理它相比，过多地将巨大的值类型作为参数传递会昂贵得多。对于大多数值类型，这不是问题，因为它们的大小和指针差不多，但下一节开始讨论结构体类型时，这个问题会很严重。

数据也可以使用 ref 关键字，按引用传递，但这和值与引用类型的概念非常不同，尝试理解后台发生什么时，区分它们是很重要的。可以通过值或引用的方式传递值类型，也可以通过值或引用的方式传递引用类型。这意味着根据传递的类型以及是否使用 ref 关键字，有 4 种不同的数据传递情况。

当数据通过引用传递时(哪怕数据是值类型)，修改数据将影响原来的值。例如，下面的代码将打印值 10：

```
void Start() {
    int myInt = 5;
    DoSomething(ref myInt);
    Debug.Log(String.Format("Value = {0}", myInt));
}

void DoSomething(ref int val) {
    val = 10;
}
```

移除两个 ref 关键字，会打印 5，(只移除它们中的 1 个，将导致编译错误，因为 ref 关键字需要同时出现，或者同时不出现)。开始考虑一些可用的、更有趣的数据类型，例如结构体、数组和字符串时，这个想法会很有用。

2. 结构体是值类型

struct 类型是 C#中一个有趣的特殊情况。struct 对象可以包含私有的、受保护的、公共的字段，包含方法，可以在运行时实例化，与 class 类型一样。然而，两者有一些基本差异：struct 类型是值类型，class 类型是引用类型。因此，这导致两者之间一些重大的区别，即 struct 类型不支持继承，它们的属性不能使用自定义的默认值(成员数据的默认值始终为 0 或空值，因为它是值类型)，而它们的默认构造函数不能被覆盖。与类相比，这极大限制了它们的使用，因此简单将所有类替换为结构体(假设它仅在栈上分配所有内存空间)并不像听起来那么简单。

　　然而，如果使用类的唯一目的是在程序中向某处发送数据块，且数据的持续存在时间不需要超过当前作用域，那么可以使用 struct 类型来替代，因为 class 类型在堆上分配内存是没有充分理由的。

```
public class DamageResult {
    public Character attacker;
    public Character defender;
    public int totalDamageDealt;
    public DamageType damageType;
    public int damageBlocked;
    // etc.
}

public void DealDamage(Character _target) {
    DamageResult result = CombatSystem.Instance
.CalculateDamage(this, _target);
    CreateFloatingDamageText(result);
}
```

　　本例中，使用 class 类型从一个子系统(战斗系统)传递数据到另一个子系统(UI 系统)中。该数据的唯一目的是被多个子系统计算并读取，因此这是一个将其转换为 struct 类型的好示例。

　　仅将 DamageResult 的定义从 class 类型修改为 struct 类型，就能节省很多不必要的垃圾回收，因为值类型在栈上分配，而引用类型在堆上分配：

```
public struct DamageResult {
    // ...
}
```

　　这不是一刀切的解决方案。由于结构体是值类型，它将复制整个数据块，并传递到调用栈的下个方法中，不管数据块的大小。因此，如果 struct 对象通过值在很长调用链的 5 个不同方法中传递，那么 5 个不同的栈会同时进行数据复制。回想一下栈的释放是无消耗的，但栈的分配(包含了数据复制)并不是如此。数据复制的开销对于小的值可以忽略不计，例如一些整数或浮点数，但通过结构体一遍又一遍地传递极大的数据集，其开销明显不是可以忽略的，而且应该避免。

　　要解决此问题，可以使用 ref 关键字通过引用方式传递 struct 对象，以最小化每次复制的数据量(只复制一个指针)。然而，这可能很危险，因为通过引用传递结构体将允许后续方法修改 struct 对象，这种情况下最好将数据值设置为只读。这意味着值只能在构造函数中初始化，之后不能在它自己的成员函数中再次初始化，这防止在调用链中传递时发生意外改变。

当结构体包含在引用类型中时，上述方法也是正确的，如下代码：

```
public struct DataStruct {
    public int val;
}

public class StructHolder {
    public DataStruct _memberStruct;
    public void StoreStruct(DataStruct ds) {
        _memberStruct = ds;
    }
}
```

在未经培训的人看来，上述代码似乎在引用类型(StructHolder)内尝试保存在栈上分配的结构体(ds)。这是否意味着堆上的 StructHolder 对象现在可以引用栈上的对象？如果是，当 StoreStruct()方法超出作用域，struct 对象被擦除时，会发生什么？所以，这些问题都是错误的。

真正发生的事情是，当 DataStruct 对象(_memberStruct)在 StructHolder 内的堆上分配时，它依然是值类型，没有因为它是引用类型的成员变量，就被魔法般地转换为引用类型。因此，所有适用于值类型的正常规则对它也适用。_memberStruct 变量的值不能是 null，而它的所有字段会初始化为 0 或 null 值。当调用 StoreStruct()时，ds 的数据被完全复制到_memberStruct 中。没有发生对栈对象的引用，也不用担心丢失数据。

3. 数组和引用类型

数组的目的是包含大数据集，很难将其视为值类型，因为很可能栈上没有足够的空间保存它。因此，数组被视为引用类型，这样完整的数据集可以通过一个引用传递(如果是值类型，将需要在每次传递时复制整个数组)。不管数组包含值类型还是引用类型，都是如此。

这意味着下面代码将导致堆分配：

```
TestStruct[] dataObj = new TestStruct[1000];

for(int i = 0; i < 1000; ++i) {
    dataObj[i].data = i;
    DoSomething(dataObj[i]);
```

```
    }
```

然而，下面代码的功能相同，但不会导致任何堆分配，因为所使用的 struct 对象是值类型，在栈上创建：

```
for(int i = 0; i < 1000; ++i) {
    TestStruct dataObj = new TestStruct();
    dataObj.data = i;
    DoSomething(dataObj);
}
```

第二个示例的细微区别是栈上一次仅存在一个 TestStruct，而第一个示例需要通过数组分配 1000 个 TestStruct。显而易见，这些方法编写得有点荒谬，但它们表明了需要关心的重点。编译器并不足够智能，无法自动找出这些情况，并作出相应修改。通过值类型替代以优化内存的使用，完全取决于我们检测它们的能力，理解为什么引用类型转化为值类型将导致在栈上分配，而不是在堆上分配。

注意，当分配引用类型的数组时，就是在创建引用的数组，每个引用都可以引用堆上的其他位置。然而，当分配值类型的数组时，是在堆上创建值类型的压缩列表。每个值类型由于不能设置为 null，会初始化为 0，而引用类型数组的每个引用会初始化为 null，因为还没有被赋值。

4. 字符串是不可变的引用类型

第 2 章简单介绍了字符串，下面详解正确使用字符串的重要性。

字符串本质上是字符数组，因此它们是引用类型，遵循与其他引用类型相同的所有规则；它们在堆上分配，从一个方法复制到另一个方法时唯一复制的就是指针。由于字符串是一个数组，这暗示着它包含的字符在内存中必须是连续的。然而，我们经常会扩大、连接或合并字符串，以创建其他字符串。这可能导致我们对字符串的工作方式做出错误的假设。我们可能会假设，由于字符串是如此常见、无所不在的对象，对它们执行操作既快速又低消耗。遗憾的是，这是错误的。字符串并不快速，只是比较方便。

字符串对象类是不可变的，这意味着它们不能在分配内存之后变化。所以，当改变字符串时，实际上在堆上分配了一个全新的字符串以替换它，原来的内容会复制到新的字符数组中，并且根据需要修改对应字符，而原来的字符串对象引用现在指向新的字符串对象。在此情况下，旧的字符串对象不再被引用，不会在标记-清除过程中标记，最终被 GC 清除。因此，懒惰的字符串编程将导致很多不必要的堆分配和垃圾回收。

下面的代码阐明了字符串和普通引用类型的不同之处：

```
void TestFunction() {
    string testString = "Hello";
    DoSomething(testString);
    Debug.Log(testString);
}

void DoSomething(string localString) {
    localString = "World!";
}
```

如果错误地假定字符串的工作方式与其他引用类型相同，就会认为下面的日志输出是 World!。看来 testString 作为引用类型传递到 DoSomething()中，该函数会改变testString 的内容，在本例中，日志语句将打印字符串的新值。

然而，情况并非如此，该示例将输出 Hello。实际上是，由于引用通过值传递，DoSomething()作用域中的 localString 变量开始时引用内存中和 testString 一样的位置。这就有了两个引用，它们指向内存中的同一位置，正如在处理其他引用类型时所期望的那样。到目前为止，一切都很好。

然而，一旦修改 localString 的值，就会发生一点冲突。字符串是不可变的，因而不能修改它们，因此，必须分配一个包含值"World!"的字符串并将它的引用赋给localString 的值；现在"Hello"字符串引用的数量变为 1。因此，testString 的值没有改变，它的值一直与为 Debug.Log()打印的那样。调用 DoSomething()之后，会在堆上创建一个新字符串，随后被垃圾回收，并没有修改任何数据。这正是课本上关于浪费的定义。

如果修改 DoSomething()的方法定义，通过 ref 关键字传入字符串引用，输出就会变为"World!"。当然，这和值类型是一样的，会导致很多开发者错误地假设字符串是值类型。然而，这是第四个，也是最后一个数据传递情形：引用类型通过引用传递，这允许修改原引用所引用的对象。

总结一下：

- 如果通过值传递值类型，就只能修改其数据的副本值。
- 如果通过引用传递值类型，就可以修改传入的原始数据。
- 如果通过值传递引用类型，就可以修改原始引用的对象。
- 如果通过引用传递引用类型，就可以修改原始引用的对象或数据集。

如果我们发现函数在调用时似乎在内存中生成很多 GC 分配，那么可能是由于不理解前面的规则而导致不必要的堆分配。

8.4.4　字符串连接

连接是将字符串追加到另一个字符串后面以形成更大字符串的行为。显然，这样的操作情况很可能导致过量的堆分配。基于字符串的内存浪费中最大的问题是使用+操作符和+=操作符连接字符串，因为它们将导致分配链效应。

例如，下面的代码尝试将一组字符串对象合并到一起，以打印一些关于战斗结果的信息：

```
void CreateFloatingDamageText(DamageResult result) {
    string outputText = result.attacker.GetCharacterName() + "
            dealt " + result.totalDamageDealt.ToString() + " " +
            result.damageType.ToString() + " damage to " +
            result.defender.GetCharacterName() + " (" +
            result.damageBlocked.ToString() + " blocked)";
    // ...
}
```

该函数输出如下字符串：

```
Dwarf dealt 15 Slashing damage to Orc (3 blocked)
```

该函数充满一些字符串字面量(在程序初始化期间分配的硬编码字符串)，例如" dealt" " damage to "以及" blocked)"，它们对编译器而言是简单的构造，编译器能提前为它们分配内存。然而，因为在合并的字符串中使用了其他本地变量，该字符串不能在构建时编译，因此在运行时每次调用方法的时候，动态地重新生成完整的字符串。

每次执行+或+=操作符时，将进行新的堆分配；一次只合并一对字符串，每次都会为新字符串分配堆内存。接着，一次的合并结果被送到下一次处理，与下一个字符串进行合并，以此类推，直到构建出最终的字符串对象。

因此，前面的示例将导致在一条语句中分配了 9 个不同的字符串。该指令将分配如下字符串，而所有的字符串最终都会被垃圾回收(注意操作符从右往左处理)：

```
"3 blocked)"
" (3 blocked)"
"Orc (3 blocked)"
" damage to Orc (3 blocked)"
"Slashing damage to Orc (3 blocked)"
" Slashing damage to Orc (3 blocked)"
"15 Slashing damage to Orc (3 blocked)"
" dealt 15 Slashing damage to Orc (3 blocked)"
"Dwarf dealt 15 Slashing damage to Orc (3 blocked)"
```

这使用了 262 个字符，而不是 49 个。另外，因为一个字符是双字节的数据类型(对于 Unicode 字符串)，也就是说当只需要 98 个字节时分配了 524 字节的数据。该代码一旦存在于代码库中，很有可能到处都会存在这样的代码；因此，这样滥用字符串连接的程序，会浪费大量内存，来生成不必要的字符串。

注意：

不变的大字符串字面量可以安全地使用+和+=操作符合并。编译器知道你最终使用完整的字符串并预先自动生成该字符串。这有助于在代码库中提高大量文本块的可读性，而它们仅会生成一个常量字符串。

生成字符串的更好方法是使用 StringBuilder 类或者字符串类的各种用于字符串格式化的方法。

1. StringBuilder

传统的观点认为，如果大致知道结果字符串的最终大小，那么可以提前分配一个适当的缓冲区，以减少不必要的内存分配。这正是 StringBuilder 类的目标。StringBuilder 实际上是一个基于可变字符串的对象，工作方式类似于动态数组。它分配一块空间，可以将未来的字符串对象复制到其中，并在超过当前大小时分配额外的空间。当然，应该尽可能预判需要的最大大小，并提前分配足够大小的缓冲区，以避免拓展缓冲区。

当使用 StringBuilder 时，可以通过调用 ToString()方法取出结果字符串对象。这依然会为已经完成的字符串进行内存分配，但至少只分配一个大字符串，而不像使用+或+=操作符那样分配很多较小的字符串。

对于前面的示例，可以为 StringBuilder 分配一个 100 个字符的缓冲区，以存放长字符名称和伤害值：

```
using System.Text;
// ...
StringBuilder sb = new StringBuilder(100);
sb.Append(result.attacker.GetCharacterName());
sb.Append(" dealt " );
sb.Append(result.totalDamageDealt.ToString());
// etc.
string result = sb.ToString();
```

2. 字符串格式化

如果不知道结果字符串的最终大小，使用 StringBuilder 不可能会生成大小合适的缓冲区。得到的缓冲区要么太大 (浪费空间)，要么太小，这种情形更糟，因为必须在生成完整的字符串时不停扩大缓冲区。此时，最好使用各种字符串类不同格式化方法中的一种。

字符串类有 3 个生成字符串的方法：string.Format()、string.Join()和 string.Concat()。每个方法的操作都有所不同，但最终输出是一样的。分配一个新的字符串对象，包含传入的字符串对象的内容。而这些都是一步完成的，没有多余的字符串分配。

提示：

遗憾的是，不管使用什么方法，如果将其他对象转换到额外的字符串对象中(例如前面示例中的调用为 Orc、Dwarf 或 Slashing 生成字符串)，那么在堆上分配额外字符串对象。对于此内存分配，我们无能为力，也许只能缓存结果，不需要每次重新生成它们。

在给定的情况下，很难说哪种字符串生成方法更有利，因此最简单的方法是使用前面描述的其中一种传统方式。每当使用一种字符串操作方法遇到性能不佳的情况时，也应该尝试另一种方法，检查它是否会带来性能改善。最好的确定方法是对两者进行分析比较，然后选择两者中的最佳选项。

8.4.5　装箱(Boxing)

C#中一切皆对象(注意事项适用)，这意味着它们都继承自 System.Object 类。甚至 int、float 和 bool 等基本数据类型，都隐式从 System.Object 中继承，它本身是一个引用类型。这是一种特殊情况，允许它们访问 ToString()等帮助方法，以自定义它们的字符串表示，但实际上不需要将它们转化为引用类型。每当这些值类型以处理对象的方式隐式地处理时，CLR 会自动创建一个临时对象来存储或装箱内部的值，以便将其视为典型的引用类型对象。显然，这将导致堆分配，以创建包含的容器。

注意：

装箱和将值类型作为引用类型的成员变量不同。装箱仅在通过转化或强制转化将值类型视为引用类型时发生。

例如，下面的代码将整型变量 i 装箱在对象 obj 内：

```
int i = 128;
object obj = i;
```

下面的代码使用对象表示 obj 以替代保存在整型中的值，并拆箱回整型，将其保存在 i 中。最终 i 的值为 256：

```
int i = 128;
object obj = i;
obj = 256;
i = (int)obj; // i = 256
```

这些类型可以动态修改。下面是完全合法的 C#代码，它覆盖了 obj 的类型，将其转化为 float：

```
int i = 128;
object obj = i;
obj = 512f;
float f = (float)obj; // f = 512f
```

下面的代码也是合法的——转化为 bool：

```
int i = 128;
object obj = i;
obj = false;
bool b = (bool)obj; // b = false
```

注意，尝试将 obj 拆箱到一个不是最新赋值的类型时，将引发 InvalidCastException 异常：

```
int i = 128;
object obj = i;
obj = 512f;
i = (int)obj; // 由于最近一次转换是 float 类型，这里将抛出 InvalidCastException
              // 异常
```

这些不太好理解，要知道，内存中的一切都是数据位，而我们可以想要的方式自由解释这些数据。毕竟，int、float 等数据类型只是 0 和 1 二进制列表的抽象。重要的是，可以通过装箱基本类型将其当成对象，转换它们的类型，随后将它们拆箱回不同的类型，但每次这么做将导致堆内存分配。

 注意：

可以通过多个 System.Convert.To...()方法转换装箱对象的类型。

装箱可以是隐式的，如前面示例所示，也可以是显式的，通过类型强制转化为 System.Object。拆箱必须显式强制类型转换为它的原始类型。当值类型传递到使用 System.Object 作为参数的方法时，装箱会隐式进行。

将 System.Object 作为参数的 String.Format()方法就是这样的示例。使用时通常传入 int、float 和 bool 等值类型，以生成字符串。装箱在这些情形中自动发生，额外产生值得注意的堆分配。System.Collections.ArrayList 是另一个这样的示例，因为 ArrayList 总是包含转化其输入为 System.Object 引用的操作，而不管它保存的是什么类型。

只要函数使用 System.Object 作为参数而传递了值类型，就应该意识到由于装箱而导致堆分配。

8.4.6　数据布局的重要性

数据在内存中组织方式的重要性很容易被遗忘，但如果处理得当，会带来相当大的性能提升。不论何时，应当尽可能避免缓存丢失，这意味着在大多数情况下，内存中连续存储的大量数据应该按顺序迭代，而不是以其他迭代方式迭代。

这意味着数据布局对于 GC 也很重要，因为它以迭代方式完成。如果设法让 GC 跳过有问题的区域，就潜在地节省了大量迭代时间。

本质上，我们希望将大量引用类型和大量值类型分开。如果值类型(例如结构体)内有一个引用类型，那么 GC 将关注整个对象，以及它所有的成员数据、间接引用的对象。当发生标记-清除时，必须在移动之前验证对象的所有字段。然而，如果将不同类型分离到不同数组中，那么 GC 可以跳过大量数据。

例如，如果有一个结构体对象数组，如下代码所示，那么 GC 只需要迭代每个结构体的每个成员，这是相当耗时的：

```
public struct MyStruct {
    int myInt;
    float myFloat;
    bool myBool;
    string myString;
}

MyStruct[] arrayOfStructs = new MyStruct[1000];
```

然而，如果每次将所有数据块重新组织到多个数组，那么 GC 会忽略所有基本数据类型，只检查字符串对象。下面的代码将使 GC 清除更快：

```
int[] myInts = new int[1000];
float[] myFloats = new float[1000];
bool[] myBools = new bool[1000];
string[] myStrings = new string[1000];
```

这样做的原因是减少 GC 要检查的间接引用。当数据划分到多个独立数组(引用类型)，GC 会找到 3 个值类型的数组，标记数组，接着立刻继续其他工作，因为没有理由标记值类型数组的内容。此时依然必须迭代 myStrings 中的所有字符串对象，因为每个都是引用类型，它需要验证其中没有包含间接引用。技术上而言，字符串对象没有包含间接引用，但 GC 工作的层级只知道对象是引用类型还是值类型，因此它不知道字符串和类之间的差别。然而，GC 依然不需要迭代额外的 3000 条数据(myInts、myFloats 和 myBools 中的 3000 个值)。

8.4.7　Unity API 中的数组

Unity API 中有很多指令会导致堆内存分配，这些需要注意。本质上包括了所有返回数组数据的指令。例如，下面的方法在堆上分配内存：

```
GetComponents<T>(); // (T[])
Mesh.vertices; // (Vector3[])
Camera.allCameras; // (Camera[])
```

每次调用 Unity 返回数组的 API 方法时，将导致分配该数据的全新版本。这些方法应该尽可能避免，或者仅调用很少次数并缓存结果，避免比实际所需更频繁的内存分配。

Unity 有一些其他的 API 调用，需要给方法提供一个数组，接着将需要的数据写入数组。例如提供 Particle[]数组给 ParticleSystem，以获取它的粒子数据。这些类型的 API 调用的好处是可以避免重复分配大型数组，然而，缺点是数组需要足够大，以容纳所有对象。如果需要获取的对象数持续增加，就会不断地分配更大的数组。如果是粒子系统，需要确定创建的数组足够大，以包含任何给定时刻生成的最大数量的粒子对象。

提示：
Unity Technologies 已经提示在未来可能最终将一些返回数组的 API 调用改为提供数组的形式。后一种形式的 API 乍一看会让新程序员觉得困惑；然而，和第一种形式的不同之处是，它允许程序员更高效地使用内存。

8.4.8　对字典键使用 InstanceID

如第 2 章所述，字典用于映射两个不同对象之间的关联，它可以快速找出是否存在一个映射,如果是,它映射的是什么。常见的做法是将 MonoBehaviour 或 Scriptable Object 引用作为字典的键,但这会导致一些问题。当访问字典元素时,需要调用一些从 UnityEngine.Object 中继承的方法,这些对象类型都是从该类中继承。这使元素的比较和映射的获取相对较慢。

这可以通过使用 Object.GetInstanceID()改进,它返回一个整数,用于表示该对象的唯一标识值,在整个程序的生命周期中,该值不会发生变化,也不会在两个对象之间重用。如果以某种方式将这个值缓存在对象中,并将它作为字典中的键,那么元素的比较将比直接使用对象引用快两到三倍。

然而,这种方法也有一些警告。如果实例 ID 值没有缓存(每次需要索引字典时就调用 Object.GetInstanceID()),并使用 Mono 编译(不使用 IL2CPP),那么元素的获取可能会很慢。这是因为它将调用一些非线程安全的代码来获取实例 ID,在这种情况下,Mono 编译器不能优化循环,与缓存的实例 ID 值相比较会导致一些额外的开销。如果使用 IL2CPP 编译,则不会发生这个问题,但是好处依然没有比提前缓存值那么大(缓存值的方式大约快 50%)。因此,应该以某种方式缓存整型值,避免频繁调用 Object.GetInstanceID()。

8.4.9　foreach 循环

foreach 循环关键字在 Unity 开发圈子里是一个有少许争议的话题。事实是,在 Unity 的 C#代码中,很多 foreach 循环最终会在调用期间导致不必要的堆内存分配,因为它们在堆上分配了一个 Enumerator 类的对象,而不是在栈上分配结构体。这取决于集合的 GetEnumerator()方法实现。

事实证明,在 Unity 使用的 Mono 版本中(Mono 版本 2.6.5),每个集合的 GetEnumerator()方法都将创建类而不是结构体,这将导致堆分配。这些集合包括但不限于 List<T>、LinkedList<T>、Dictionary<K, V>和 ArrayList。

提示:
对于传统数组使用 foreach 循环是安全的。Mono 编译器秘密地将数组的 foreach 循环转化为简单的循环。

成本可以忽略不计,因为堆分配成本不会随着迭代次数的增加而增加。只分配了一个 Enumerator 对象,并反复使用,总的来说,它只需要占用少量内存。因此,除非 foreach 循环在每次更新都调用(这本身也是非常危险的),否则该消耗对于小型项目可以忽略不计。花费时间转化所有内容为 for 循环可能不值得,在开始编写下一个项目时需要记住这一点。

如果特别熟悉 C#、Visual Studio 和 Mono 程序集的手动编译，那么可以让 Visual Studio 执行代码的编译，并将结果程序集 DLL 复制到 Assets 文件夹中，这将修复泛型集合的错误。

注意，对一个 Transform 组件执行 foreach 通常是迭代 Transform 组件的子节点的缩写。注意下面的示例：

```
foreach (Transform child in transform) {
    // do stuff with 'child'
}
```

然而，这将导致前述的堆分配问题。因此，应该避免该代码风格，而使用如下代码：

```
for (int i = 0; i < transform.childCount; ++i) {
    Transform child = transform.GetChild(i);
    // do stuff with 'child'
}
```

8.4.10　协程

如前所述，启动一个协程消耗少量内存，但注意在方法调用 yield 时不会再有后续消耗。如果内存消耗和垃圾回收是严重的问题，应该尝试避免产生太多短时间的协程，并避免在运行时调用太多 StartCoroutine()。

8.4.11　闭包

闭包是很有用但很危险的工具。匿名方法和 lambda 表达式可以是闭包，但并不总是闭包。这取决于方法是否使用了它的作用域和参数列表之外的数据。

例如，下面的匿名函数不是一个闭包，因为它是自包含的，和其他本地定义函数的功能一样：

```
System.Func<int,int> anon = (x) => { return x; };

int result = anon(5); // result = 5
```

然而，如果匿名函数拉入它作用域之外的数据，该匿名函数会成为闭包，因为它封闭了所需数据的环境。下面代码将导致闭包：

```
int i = 1024;
```

```
System.Func<int,int> anon = (x) => { return x + i; };
int result = anon(5);
```

为了完成该事务，编译器必须定义新的自定义类，它引用可访问的数据值 i 所在的环境。在运行时，它在堆上创建相应的对象并将它提供给匿名函数。注意这包含了值类型(如上例所示)，该值类型最初在栈上，这可能会破坏最初在栈上分配它们的目的。因此，第二个方法的每次调用都会导致堆分配以及无法避免的垃圾回收。

8.4.12 .NET 库函数

.NET 类库提供了海量通用功能，以帮助程序员解决在日常开发中可能遇到的大量问题。这些类和函数大多数为通用用例进行了优化，而不是针对特定情况进行优化。可以用更适合特定用例的自定义实现替换.NET 类库中的特定类。

.NET 类库中也有两大特性通常会在使用时造成重大的性能问题。这往往是因为它们只作为对给定问题的应急解决方案，而没有花太多精力进行优化。这两个特性是LINQ 和正则表达式。

LINQ 提供了一种方式，把数组数据视为小型数据库，对它们使用类似 SQL 的语法进行查询。简单的代码风格和复杂的底层系统(通过使用闭包)暗示着，它有相当大的性能消耗。LINQ 是一个好用的工具，但确实不适用于高性能、实时的应用程序，例如游戏，甚至不能运行在不支持 JIT 的平台上，例如 iOS。

同时，通过 Regex 类使用的正则表达式允许执行复杂的字符串解析，以查找匹配特定格式的子串，替换部分字符串，或从不同输入构造字符串。正则表达式是另一个非常有用的工具，在基本上不需要它以所谓"聪明"的方式实现文本本地化等特性时，往往过度使用它，但此时直接的字符串替换可能更高效。

对这两个特性的特定优化超出了本书的范围，因为它们自身就需要一本书的篇幅。应该尽可能少地使用它们，或者用更低消耗的方式替代它们，请一位 LINQ 或正则专家来解决问题，或者用 Google 搜索相关话题以优化使用它们的方式。

提示：

在网上获得正确回答的最佳方式之一是简单地发表有误的答案。人们要么会乐于帮助我们，要么会反对我们的实现，他们认为纠正错误是他们的责任。首先确定对相关话题做了一些搜索。即使是最忙的人，如果他们发现我们事先付出了努力，通常也乐于提供帮助。

8.4.13 临时工作缓冲区

如果习惯于为某个任务使用大型临时工作缓冲区，就应该寻找重用它们的机会，而不是一遍又一遍地重新分配它们，因为这样可以降低分配和垃圾回收所涉及的开销(通常称为内存压力)。应该将这些功能从针对特定情况的类中提取到包含大工作区的通用类上，以便多个类重用它。

8.4.14 对象池

谈到临时工作缓冲区，对象池是通过避免释放和重新分配，来最小化和建立对内存使用的控制的一种极好方法。其理念是为对象创建建立自己的系统，它隐藏了所得的对象是新分配的还是从之前的分配中回收的。描述这个过程的典型术语是生成(spawn)和回收(despawn)对象，而不是在内存中创建和删除对象。当一个对象被回收时，只是隐藏它，使它休眠，直到再次需要它，此时它从之前的一个已回收对象中重新生成，并用来代替可能需要新分配的对象。

接着介绍对象池系统的快速实现。

该系统的重要特性是允许池化对象决定当需要回收时应该如何回收。下面的IPoolableObject 接口类很好地满足了该需求：

```
public interface IPoolableObject{
    void New();
    void Respawn();
}
```

该接口类定义了两个方法：New()和 Respawn()，应该分别在对象首次创建以及重新生成时调用。

下面的 ObjectPool 类定义了一个相当简单的对象池实现：

```
using System.Collections.Generic;

public class ObjectPool<T> where T : IPoolableObject, new() {
    private Stack<T> _pool;
    private int _currentIndex = 0;

    public ObjectPool(int initialCapacity) {
        _pool = new Stack<T>(initialCapacity);
        for(int i = 0; i < initialCapacity; ++i) {
```

```
            Spawn (); // instantiate a pool of N objects
        }
        Reset ();
    }

    public int Count {
        get { return _pool.Count; }
    }

    public void Reset() {
        _currentIndex = 0;
    }

    public T Spawn() {
        if (_currentIndex < Count) {
            T obj = _pool.Peek ();
            _currentIndex++;
            IPoolableObject po = obj as IPoolableObject;
            po.Respawn();
            return obj;
        } else {
            T obj = new T();
            _pool.Push(obj);
            _currentIndex++;
            IPoolableObject po = obj as IPoolableObject;
            po.New();
            return obj;
        }
    }
}
```

　　该类允许 ObjectPool 使用任何满足下面两个条件的对象类型：实现 IPoolableObject 接口类，以及该派生的类必须提供无参构造器(由类定义的 new()关键字指定)。

　　可池化的对象看起来应该是：它必须实现 New()和 Respawn()两个公有方法，它们由 ObjectPool 类在相应时刻调用：

```
public class TestObject : IPoolableObject {
    public void New() {
        // very first initialization here
    }
```

```
public void Respawn() {
    // reset data which allows the object to be recycled here
}
}
```

最后，下面的示例创建一个带有 100 个 TestObject 对象的池：

```
private ObjectPool<TestObject> _objectPool = new
ObjectPool<TestObject>(100);
```

在对象池上前 100 次调用 Spawn()将导致对象重新生成，每次都为调用者提供对象的唯一实例。如果没有更多对象提供(Spawn()调用已经超过 100 次)，就分配一个新的 TestObject 对象，并将其压入栈中。最后，如果调用了 ObjectPool 的 Reset()，将会重新开始，回收对象并提供给调用者。

注意，使用栈对象的 Peek()方法，因此并没有从栈中移除旧实例。我们期望ObjectPool 管理所创建的所有对象引用。

同时，注意这个对象池方案不适用于还没定义、且不能从 IPoolableObject 中派生的类，如 Vector3 和 Quaternion。这通常由类定义的 sealed 关键字指明。这种情况下，需要定义一个包含类：

```
public class PoolableVector3 : IPoolableObject {
    public Vector3 vector = new Vector3();
    public void New() {
        Reset();
    }
    public void Respawn() {
        Reset();
    }
    public void Reset() {
        vector.x = vector.y = vector.z = 0f;
    }
}
```

可以对该系统进行许多方面的拓展，例如定义 Despawn()方法以处理对象的销毁，使用 IDisposable 接口类，当期望在小作用域内自动生成与回收对象时使用 using 块，同时/或者允许在池外实例化的对象添加到池中。

8.4.15　预制池

前面的对象池方案对于传统 C#对象非常有用，但不适用于 GameObject 和 MonoBehaviour 等专门的 Unity 对象。这些对象往往会占用大量运行时内存，当创建和销毁它们时，会消耗大量 CPU，在运行时还可能导致大量垃圾回收。例如，在小型 RPG 游戏的生命周期中，可能会产生一千个兽人，但在任何给定时刻，只需要一小部分，可能是 10 个。最好能像前面那样使用类似的池，例如 Unity 预制体，可以减少不需要的开销，避免创建和销毁不必要的 990 个兽人。

我们的目标是将绝大多数对象的实例化推到场景初始化时进行，而不是让它们在运行时创建。这可以节省大量运行时 CPU，并避免由于对象创建和销毁以及垃圾回收带来的大量 CPU 峰值，但代价是场景加载时间和运行时内存消耗的增加。最后，Asset Store 有一些处理该任务的对象池解决方案，它们具有不同程度的简单性、质量和特性集。

提示：
通常建议对象池应该在要部署到移动设备上的游戏中实现，因为与桌面应用程序相比，移动设备的内存分配和释放所需要的开销更大。

然而，创建对象池解决方案是一个有趣的话题，而从头构建这样的解决方案是利用 Unity 引擎内部大量重要功能的好方式。同时，如果期望它能满足特定游戏的需求，而不是依赖已经构建的解决方案，就应了解这种系统如何构建，以使它更容易拓展。

预制池的一般思想是创建一个系统，其中包含激活和非激活 GameObject 的列表，它们由相同的 Prefab 引用实例化而来。图 8-4 展示了系统在派生自 4 个不同预制体(兽人、巨魔、食人魔和龙)的不同对象经过了若干次生成、回收、重新生成之后的结果。

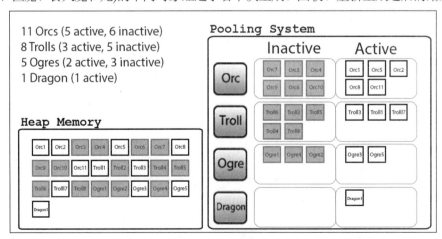

图 8-4　堆内存与对象池系统

注意:

图 8-4 的 Heap Memory 区域描述了存在于内存中的对象,而 Pooling System 区域描述了池系统中这些对象的引用。

在本例中,每个预制的一些实例被实例化(11 个兽人,8 个巨魔,5 个食人魔和 1 条龙)。当前,这些对象中只有 11 个被激活,另外 14 个在之前已经被回收,是非激活的。注意,回收的对象依然存在于内存中,尽管它们不可见,不能与游戏世界交互,除非它们被重新生成。当然,这在运行时消耗了固定数量的堆内存,以管理非激活的对象,但当新对象实例化时,可以重用已经存在的非激活对象,而不是分配更多的内存以满足该创建请求。这节省了运行时创建和销毁对象所需的大量 CPU 消耗,还避免了垃圾回收。

图 8-5 展示了当产生新的兽人时需要发生的事件链。

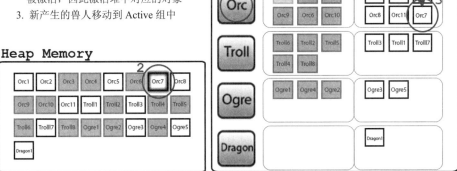

图 8-5　产生新兽人的事件链

在非激活兽人池中的第一个对象(Orc7)被重新激活,并移动到激活池中。现在有 6 个激活的兽人和 5 个非激活的兽人。

图 8-6 展示了当食人魔对象回收时的事件顺序。

回收 Ogre3：

1. 确定哪个池对应给定的对象
2. 禁用 Ogre3，因此禁用堆中对应的对象
3. Ogre3 移动到 Inactive 组中

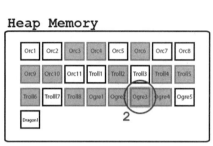

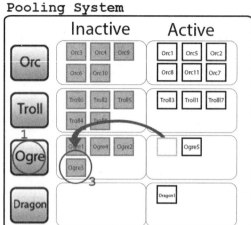

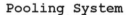

图 8-6　销毁食人魔时的事件顺序

这次禁用对象，并从激活池中移动到非激活池中，只剩下一个激活的食人魔和 4 个未激活的食人魔。

最终，图 8-7 展示了当新对象产生，但没有非激活对象满足该请求时怎样处理。

生成新兽人：

1. 确定哪个池对应给定的预制体
2. Inactive 组是空的，所以必须创建 Dragon 的一个新实例
3. 在堆上从预制体中实例化一个新 Dragon 对象
4. 把新建的 Dragon 对象添加到 Active 列表中

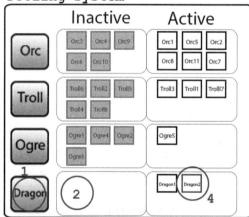

图 8-7　当产生新对象且不存在非激活对象时的处理

在这个场景中，必须分配更多的内存以实例化新的 Dragon 对象，因为在非激活池中没有可以复用的 Dragon 对象。因此，为了避免运行时为 GameObject 分配内存，最重要的是提前知道需要多少对象，以及有足够的内存空间一次容纳它们。这根据所讨论的对象类型有所不同，需要偶尔测试和健全性检查，以确保运行时每个预制体实例化的数量是合适的。

基于所有这些考虑，接下来为预制件创建一个对象池系统。

1. 可池化的组件

首先为可以在对象池系统中使用的组件定义一个接口类：

```
public interface IPoolableComponent {
    void Spawned();
    void Despawned();
}
```

IPoolableComponent 的方法和 IPoolableObject 采用的方法完全不同。这次创建的对象是 GameObject，与标准对象相比，这些对象要复杂得多，因为它们的大量运行时行为通过 Unity 引擎处理，而我们对它们的底层访问很少。

GameObject 没有提供可以在对象创建时调用的与 new() 等价的方法，也不能从 GameObject 类中继承，以实现一个 new() 方法。创建 GameObject 的方式是将其放到场景中，或运行时通过 GameObject.Instantiate() 方法实例化它们，而可以提供的唯一输入只有初始位置和旋转。当然，它们的组件有 Awake() 回调供开发者定义，它在组件首次产生时调用，但这只是一个组合的对象——不是真正产生或回收的父对象。

因此，由于仅对 GameObject 类的组件拥有控制权，假设池化的 GameObject 上附加的组件中至少有一个实现了 IPoolableComponent 接口类。

每次重新产生池化的 GameObject 时，都应该在每个实现的组件上调用 Spawned() 方法，而回收时，则调用相应的 Despawned() 方法。这提供了在创建和销毁父 GameObject 时控制数据变量和行为的入口点。

销毁 GameObject 的行为是微不足道的；通过 SetActive() 将其 active 标记设置为 false。这将禁用碰撞器和刚体的物理计算，将其从可渲染对象中移除，以及实际上在一个步骤中禁用了 GameObject 与所有内置的 Unity 引擎子系统的所有交互。唯一的例外是当前在对象上调用的协程，因为如第 2 章所述，协程是独立于任何 Update() 和 GameObject 活动调用的。因此，需要在这些对象的回收期间调用 StopCoroutine() 或 StopAllCoroutine()。

另外，组件通常会挂接到自定义的游戏子系统中，因此 Despawn() 方法让组件有机会在关闭之前处理任何自定义清理。例如，使用 Despawn() 从第 2 章定义的消息传递系统中注销。

遗憾的是，成功地重新生成 GameObject 相对复杂。当对象重新生成时，有很多设置在上次对象被激活时遗留下来，而必须重置以避免行为冲突。与此相关的一个常见问题是刚体的 linearVelocity 和 angularVelocity 属性。如果这些值没有在对象重新激活之前明确重置，那么重新生成的新对象会继续使用旧版本回收时设置的速度移动。

　　内建的组件是密封的，意味着它们不能被继承，这使该问题更复杂。因此为了避免这些问题，可以创建自定义的组件，只要对象被回收时，重置附加的刚体。

```
public class ResetPooledRigidbodyComponent : MonoBehaviour,
IPoolableComponent {
    [SerializeField] Rigidbody _body;
    public void Spawned() {  }
    public void Despawned() {
        if (_body == null) {
            _body = GetComponent<Rigidbody>();
            if (_body == null) {
                // no Rigidbody!
                return;
            }
        }
        _body.velocity = Vector3.zero;
        _body.angularVelocity = Vector3.zero;
    }
}
```

　　注意，执行清除任务的最佳时机是在回收时，因为我们不确定 GameObject 的 IPoolableComponent 接口类调用 Spawned()方法的顺序。另一个 IPoolableComponent 不可能在回收时修改对象的速度，但附加到相同对象上的不同 IPoolableComponent 可能想在 Spawned()方法调用时将初始速度设置为某个重要的值。因此，在 ResetPooledRigidbodyComponent 类的 Spawned() 方法调用期间执行速度重置，可能导致和其他组件的潜在冲突，产生很奇怪的 bug。

> **提示：**
> 实际上，创建不是自包含的可池化组件，并像这样用其他组件进行修补是实现对象池系统的最大危险之一。应该最小化这种设计，并在尝试调试游戏中的奇怪问题时定期验证它们。

　　为了举例说明，下面定义了一个简单的可池化组件，它使用了第 2 章中的 MessagingSystem 类。该组件在每次生成和回收对象时，自动处理一些基本任务：

```
public class PoolableTestMessageListener : MonoBehaviour,
IPoolableComponent {
```

```
public void Spawned() {
    MessagingSystem.Instance.AttachListener(typeof(MyCustomMessage),
                                      this.HandleMyCustomMessage);
}

bool HandleMyCustomMessage(BaseMessage msg) {
    MyCustomMessage castMsg = msg as MyCustomMessage;
    Debug.Log (string.Format("Got the message! {0}, {1}",
                            castMsg._intValue,
                            castMsg._floatValue));
    return true;
}

public void Despawned() {
    if (MessagingSystem.IsAlive) {
        MessagingSystem.Instance.DetachListener(typeof(MyCustomMessage),
                                      this.HandleMyCustomMessage);
    }
}
}
```

2. 预制池系统

了解了对象池系统需要什么，下面就要实现它。要求如下：

- 必须接受请求，从预制、初始位置和初始旋转中生成 GameObject：
  - 如果已经存在已回收的版本，应该重新生成第一个可用的对象。
  - 如果不存在已回收的版本，应该从预制体中实例化新的 GameObject。
  - 在上述两种情况下，都应该在附加到 GameObject 上的所有 IPoolableComponent 接口类上调用 Spawned()方法。
- 必须接受请求，以回收特定 GameObject：
  - 如果对象由对象池系统管理，它应该禁用，并在附加到 GameObject 上的所有 IPoolableComponent 接口类上调用 Despawned()方法。
  - 如果对象没有由对象池系统管理，应该报错。

需求相当直接明了，但如果希望使解决方案的性能更好，则需要进行一些调查。首先，对于主要入口点来说，典型的单例是一个很好的选择，因为这个系统应该能从任何地方全局访问：

```
public static class PrefabPoolingSystem {}
```

　　生成对象的主要任务包括接受一个预制引用，指出是否有回收的 GameObject 从相同的引用中实例化。为此，本质上对象池系统需要为任何给定的预制体引用跟踪两个不同类型的列表：一个是激活的(已经生成的)GameObject 列表；另一个是从该预制体中实例化的未激活(回收)的对象列表。该信息最好被抽象到一个独立的类中，将其命名为 PrefabPool。

　　为了最大化该系统的性能(因此，相对于始终只从内存中分配和释放对象，可以实现最大的收益)，可以使用一些快速数据结构，以便当发出生成或回收请求时，获取相应的 PrefabPool 对象。

　　由于生成 GameObject 需要给定一个预制体，我们将通过一个数据结构快速将预制体映射到管理它们的 PrefabPool。同时，由于回收对象需要给定一个 GameObject，我们将通过另一个数据结构，把已经生成的 GameObject 快速映射到最初生成它们的 PrefabPool。满足这两个需求的最好选项是使用一对字典。

　　接着在 PrefabPoolingSystem 类中定义这些字典：

```
public static class PrefabPoolingSystem {
    static Dictionary<GameObject,PrefabPool> _prefabToPoolMap = new
Dictionary<GameObject,PrefabPool>();
    static Dictionary<GameObject,PrefabPool> _goToPoolMap = new
Dictionary<GameObject,PrefabPool>();
}
```

　　接下来，定义在生成对象时发生了什么：

```
public static GameObject Spawn(GameObject prefab, Vector3 position,
Quaternion rotation) {
    if (!_prefabToPoolMap.ContainsKey (prefab)) {
        _prefabToPoolMap.Add (prefab, new PrefabPool());
    }
    PrefabPool pool = _prefabToPoolMap[prefab];
    GameObject go = pool.Spawn(prefab, position, rotation);
    _goToPoolMap.Add (go, pool);
    return go;
}
```

　　给 Spawn()方法提供一个预制体引用、一个初始位置以及一个初始旋转。需要指出预制体属于哪个 PrefabPool(如果有的话)，使用提供的数据请求它生成新的 GameObject，并给请求者返回生成的对象。首先检查预制到池的映射，以确定是否已经存在该预制体的池。如果没有存在，则立刻创建一个池。不管什么情况，接着请求

PrefabPool 生成新对象。PrefabPool 要么重新生成之前回收的对象，要么实例化一个新对象(如果没有任何非激活的实例)。

该类不关心 PrefabPool 如何创建对象。它只是想通过 PrefabPool 类生成实例，以便将其添加到 GameObject 到池的映射中，并将其返回给请求者。

为了便利，也可以定义一个重载版本，将对象放到世界的中心。这对于只存在于场景中但不可见的对象很有用：

```
public static GameObject Spawn(GameObject prefab) {
    return Spawn (prefab, Vector3.zero, Quaternion.identity);
}
```

 注意：
上述代码没有真正发生生成和回收。该任务最终在 PrefabPool 类中实现。

回收需要给定一个 GameObject，接着找出哪个 PrefabPool 在管理它。为此可以迭代 PrefabPool 对象，检查它们是否包含给定的 GameObject。然而，如果最终生成了很多 PrefabPool，那么该迭代会花费一些时间。通常最终会有和预制体一样多的 PrefabPool 对象(至少，只要通过对象池系统管理它们)。大多数项目如果没有几千个，往往也有几百个、几十个不同的预制体。

因此维护 GameObject 到池的映射，以确保能快速访问最初生成对象的 PrefabPool。它还可以用来快速检查给定的 GameObject 是否由对象池系统管理。以下是回收方法的定义，该方法完成这些任务：

```
public static bool Despawn(GameObject obj) {
    if (!_goToPoolMap.ContainsKey(obj)) {
        Debug.LogError (string.Format ("Object {0} not managed by pool
        system!", obj.name));
        return false;
    }

    PrefabPool pool = _goToPoolMap[obj];
    if (pool.Despawn (obj)) {
        _goToPoolMap.Remove (obj);
        return true;
    }
    return false;
}
```

注意:

PrefabPoolingSystem 和 PrefabPool 的 Despawn()方法都返回布尔值,它可以用于检查对象释放被成功回收。

最终,由于维护的两个映射,可以快速访问管理给定引用的 PrefabPool,此解决方案将针对系统管理的任意数量的预制体进行伸缩。

3. 预置池

现在有了一个可以自动处理多个预置池的系统,剩下的唯一工作就是定义该池的行为。如前所述,PrefabPool 类应维护两个数据结构:一个用于已从给定的 Prefab 中实例化的活动(派生)对象,另一个用于非活动(回收的)对象。

从技术上讲,PrefabPoolingSystem 类已经维护了一个由 PrefabPool 管理 Prefab 的映射,所以实际上可以节省一点内存,方法是让 PrefabPool 依赖于 PrefabPoolingSystem 类,让它引用它管理的 Prefab。因此,这两个数据结构是 PrefabPool 需要跟踪的成员变量。

但是,对于每个派生的 GameObject,它还必须维护所有 IPoolableComponent 引用的列表,以便对它们调用 Spawned()和 Despawned()方法。获取这些引用可能是在运行时执行的一个昂贵操作,所以最好将数据缓存在一个简单的结构中:

```
public struct PoolablePrefabData {
    public GameObject go;
    public IPoolableComponent[] poolableComponents;
}
```

该结构体包含对 GameObject 以及它所有 IPoolableComponent 组件的预缓存列表的引用。

现在可以定义 PrefabPool 类的成员数据:

```
public class PrefabPool {
    Dictionary<GameObject,PoolablePrefabData> _activeList = new
Dictionary<GameObject,PoolablePrefabData>();
    Queue<PoolablePrefabData> _inactiveList = new
Queue<PoolablePrefabData>();
}
```

为了快速找到给定 GameObject 引用中对应的 PoolablePrefabData,用于激活列表的数据结构应该是一个字典。这对于对象回收会很有帮助。

同时，非激活的数据结构定义为一个队列，也可以定义为列表、堆栈或需要定期扩展或收缩的数据结构，因为只需要从组的一端弹出对象，而与它是哪个对象无关。它仅关心取出对象中的一个。队列对于这种情况很有用，因为调用一次 Dequeue()，就可以从数据结构中获取并移除对象。

4. 生成对象

接下来定义在池系统容器中生成 GameObject 意味着什么：在某个时刻，PrefabPool 会收到一个请求，从给定的预制体中利用给定位置和旋转生成 GameObject。首先应该检查是否有该预制体的非激活实例。如果有，就可以将下一个可用对象移出队列，并重新生成它。如果没有，就需要使用 GameObject.Instantiate() 从预制体中实例化新的 GameObject。此时，应该创建 PoolablePrefabData 对象，来保存 GameObject 引用，并获取附加到它上面，所有实现了 IPoolableComponent 的 MonoBehaviour 列表。

不管是哪种生成方式，现在可以激活 GameObject，设置其位置和旋转，并调用它所有 IPoolableComponent 引用的 Spawned() 方法。一旦对象重新生成，就可以将它添加到激活对象列表，并返回给请求者。

下面的 Spawn() 方法定义了这个行为：

```
public GameObject Spawn(GameObject prefab, Vector3 position, Quaternion
    rotation) {
  PoolablePrefabData data;

  if (_inactiveList.Count > 0) {
    data = _inactiveList.Dequeue();
  } else {
    // instantiate a new object
    GameObject newGO = GameObject.Instantiate(prefab, position,
    rotation) as GameObject;
    data = new PoolablePrefabData();
    data.go = newGO;
    data.poolableComponents = newGO.GetComponents<IPoolableComponent>();
  }

  data.go.SetActive (true);
  data.go.transform.position = position;
  data.go.transform.rotation = rotation;

  for(int i = 0; i < data.poolableComponents.Length; ++i) {
```

```
            data.poolableComponents[i].Spawned ();
        }
        _activeList.Add (data.go, data);

        return data.go;
    }
```

5. 预先生成实例

由于当 PrefabPool 用完所有已回收的实例时使用 GameObject.Instantiate()新建对象，该系统不能完全消除运行时的对象实例化以及堆内存分配。在当前场景的生命周期中预先生成所需数量的实例非常重要，这样就可以最小化或消除在运行时实例化更多对象的需要。

注意不应该预先生成太多对象。如果在场景中最可能出现的是 3 或 4 个爆炸，那么预先生成 100 个爆炸粒子特效就是一种浪费。相反，生成太少实例将导致过多的运行时内存分配，而该系统的目标是将主要的内存分配推到场景生命周期的开始时刻。需要注意在内存中维护多少个实例，这样就不会浪费不必要的内存空间。

接下来在 PrefabPoolingSystem 类中定义一个方法，可以用来快速地从 Prefab 中预先生成给定数量的对象。它基本上是生成 N 个对象，并立刻回收它们：

```
public static void Prespawn(GameObject prefab, int numToSpawn) {
    List<GameObject> spawnedObjects = new List<GameObject>();

    for(int i = 0; i < numToSpawn; i++) {
        spawnedObjects.Add (Spawn (prefab));
    }

    for(int i = 0; i < numToSpawn; i++) {
        Despawn(spawnedObjects[i]);
    }

    spawnedObjects.Clear ();
}
```

在场景初始化过程中使用这个方法，来预生成一组在关卡中使用的对象。以下列代码为例：

```
public class OrcPreSpawner : MonoBehaviour
    [SerializeField] GameObject _orcPrefab;
```

```
[SerializeField] int _numToSpawn = 20;

void Start() {
    PrefabPoolingSystem.Prespawn(_orcPrefab, _numToSpawn);
}
}
```

6. 对象的回收

最后，是回收对象。如前所述，这主要包括禁用对象，也需要完成不同的记录任务，并调用所有 IPoolableComponent 引用的 Despawned()方法。

下面是 PrefabPool.Despawn()的方法定义：

```
public bool Despawn(GameObject objToDespawn) {
    if (!_activeList.ContainsKey(objToDespawn)) {
        Debug.LogError ("This Object is not managed by this object
        pool!");
        return false;
    }

    PoolablePrefabData data = _activeList[objToDespawn];

    for(int i = 0; i < data.poolableComponents.Length; ++i) {
        data.poolableComponents[i].Despawned ();
    }

    data.go.SetActive (false);
    _activeList.Remove (objToDespawn);
    _inactiveList.Enqueue(data);
    return true;
}
```

首先，验证对象由池管理，接着获取相应的 PoolablePrefabData，以访问 IPoolableComponent 引用列表。一旦在所有引用上调用 Despawned()，则禁用对象，将其从激活列表中移除，并将其推入非激活队列中，以便以后重新生成。

7. 预制池测试

下面的类定义允许对 PrefabPoolingSystem 类进行简单的实践测试；它支持 3 个预制体，并在程序初始化期间为每个预制体预先生成 5 个实例。可以按下 1，2，3 或 4

按键以生成对应类型的实例，接着按下 Q，W，E 和 R 按键回收对应类型的一个随机实例：

```
public class PrefabPoolingTestInput : MonoBehaviour {
    [SerializeField] GameObject _orcPrefab;
    [SerializeField] GameObject _trollPrefab;
    [SerializeField] GameObject _ogrePrefab;
    [SerializeField] GameObject _dragonPrefab;

    List<GameObject> _orcs = new List<GameObject>();
    List<GameObject> _trolls = new List<GameObject>();
    List<GameObject> _ogres = new List<GameObject>();
    List<GameObject> _dragons = new List<GameObject>();

    void Start() {
        PrefabPoolingSystem.Prespawn(_orcPrefab, 11);
        PrefabPoolingSystem.Prespawn(_trollPrefab, 8);
        PrefabPoolingSystem.Prespawn(_ogrePrefab, 5);
        PrefabPoolingSystem.Prespawn(_dragonPrefab, 1);
    }

    void Update () {
        if (Input.GetKeyDown(KeyCode.Alpha1)) {SpawnObject(_orcPrefab,
_orcs);}
        if (Input.GetKeyDown(KeyCode.Alpha2))
{SpawnObject(_trollPrefab, _trolls);}
        if (Input.GetKeyDown(KeyCode.Alpha3)) {SpawnObject(_ogrePrefab,
_ogres);}
        if (Input.GetKeyDown(KeyCode.Alpha4))
{SpawnObject(_dragonPrefab, _dragons);}
        if (Input.GetKeyDown(KeyCode.Q))
{ DespawnRandomObject(_orcs); }
        if (Input.GetKeyDown(KeyCode.W))
{ DespawnRandomObject(_trolls); }
        if (Input.GetKeyDown(KeyCode.E))
{ DespawnRandomObject(_ogres); }
        if (Input.GetKeyDown(KeyCode.R))
{ DespawnRandomObject(_dragons); }
```

```
    }

    void SpawnObject(GameObject prefab, List<GameObject> list) {
        GameObject obj = PrefabPoolingSystem.Spawn (prefab, 5.0f *
Random.insideUnitSphere, Quaternion.identity);
        list.Add (obj);
    }

    void DespawnRandomObject(List<GameObject> list) {
        if (list.Count == 0) {
            // Nothing to despawn
            return;
        }

        int i = Random.Range (0, list.Count);
        PrefabPoolingSystem.Despawn(list[i]);
        list.RemoveAt(i);
    }
}
```

任何预制体一旦生成 5 个以上的实例，将需要在内存中实例化一个新的实例，消耗一些内存分配。然而，如果观察 Profiler 窗口的 Memory Area，当仅生成与回收已经存在的实例时，绝对不会发生新的内存分配。

8. 预制池和场景加载

该系统还有一个重要警告：由于 PrefabPoolingSystem 是静态类，它比场景的生命周期更长。这意味着当加载新场景时，池系统的字典尝试维护之前场景中已经池化的实例的引用，但 Unity 在切换场景时强制销毁这些对象，而不管我们依然保有对它们的引用(除非它们设置为 DontDestroyOnLoad())，因此字典将充满空引用。这将为下个场景带来很多严重问题。

因此，应该在 PrefabPoolingSystem 中创建一个方法，为类似事件重置池系统。下面的代码在新场景加载前调用，为下个场景中的任何 Prespawn()调用做好准备：

```
public static void Reset() {
    _prefabToPoolMap.Clear ();
    _goToPoolMap.Clear ();
}
```

注意，如果在场景切换时调用垃圾回收，就不用显式地销毁这些字典引用的

PrefabPool 对象。因为它们仅引用 PrefabPool 对象，而它们将在下一次垃圾回收时被回收。如果没有在场景切换之间调用垃圾回收，那么 PrefabPool 和 PooledPrefabData 对象将一直存在于内存中。

9. 预制池总结

这个池系统为 GameObject 和预制的运行时内存分配问题提供了一个很好的解决方案，但需要注意以下事项：

- 需要小心在重生成的物体中正确地重置重要的数据(如刚体速度)。
- 必须确保不会预先生成太少或太多预制实例。
- 应该小心 IPoolableComponent 中 Spawned()和 Despawned()方法的执行顺序，不要假设它们以特定顺序执行。
- 在加载新场景时必须调用 PrefabPoolingSystem 的 Reset()，以清除可能不再存在的空引用对象。

还可以实现其他几个特性。如果希望将来扩展这个系统，这些特性就留作学术练习：

- 在 GameObject 初始化之后添加到 GameObject 上的 IPoolableComponent 不会触发它们的 Spawned() 或 Despawned() 方法，因为只在 GameObject 首次初始化时收集该列表。为了修复此问题，可以修改 PrefabPool，在每次调用 Spawned() 和 Despawned()时，获取 IPoolableComponent 引用。但代价是生成和回收期间有额外的开销。
- 添加到预制根下的子节点的任何 IPoolableComponent 不会被统计。为了修复此问题，如果使用预制体更深层级上的组件，可以修改 PrefabPool 来使用 GetComponentsInChildren，但代价是有额外的开销。
- 已经存在于场景中的预制实例不由池系统管理。可以创建需要附加到此对象的组件，该组件在 Awake()回调中通知 PrefabPoolingSystem 类预制体的存在，并给相应的 PrefabPool 传入引用。
- 可以实现一种方法，让 IPoolableComponent 在获取期间设置优先级，并直接控制它们的 spawn()和 Despawned()方法的执行顺序。
- 可以添加计数器，来跟踪对象在非活动列表中相对于整个场景生命周期存在了多长时间，并在关闭期间打印出数据。这可以说明是否提前生成了太多给定的预制体实例。
- 这个系统不会与将自己设置为 DontDestroyOnLoad()的预制实例友好地交互。明智的做法可能是在每个 Spawn()调用中添加一个布尔值，以确定对象是否应该持久化，并将它们保存在一个单独的数据结构中，在 Reset()期间不清除这些数据结构。

- 可以更改 Spawn()以接受一个参数，该参数允许请求者将定制数据传递给 IPoolableObject 的 Spawn ()函数以进行初始化。这可以使用一个系统，类似于从第 2 章的消息传递系统的 Message 类中派生自定义消息对象的方式。

8.4.16　IL2CPP 优化

Unity Technologies 发布了一些博文，提及在某些情况下改善 IL2CPP 性能的有趣方法，但这些博文难以管理。如果使用 IL2CPP 且需要从应用程序中挤出最后一点性能，那么可以查看下面链接中的系列博文：

- https://blogs.unity3d.com/2016/07/26/il2cpp-optimizations-devirtualization/
- https://blogs.unity3d.com/2016/08/04/il2cpp-optimizations-faster-virtual-method-calls/
- https://blogs.unity3d.com/2016/08/11/il2cpp-optimizations-avoid-boxing

8.4.17　WebGL 优化

Unity Technologies 还发布了一些关于 WebGL 应用的博文，其中包括一些所有 WebGL 开发者都应该知道的关于内存管理的重要信息。可以在下面链接中找到：

- https://blogs.unity3d.com/2016/09/20/understanding-memory-in-unity-webgl/
- https://blogs.unity3d.com/2016/12/05/unity-webgl-memory-the-unity-heap/

8.5　Unity、Mono 和 IL2CPP 的未来

当编写本书第一版时，IL2CPP 被大量博文嘲笑，而 Unity 依然运行在版本非常低的 Mono 上。好消息是 IL2CPP 终于落地了，坏消息是 Unity 依然运行着老版本的 Mono。这是 Mono 框架各种元素获得许可的不同方式产生的不幸结果，意味着 Unity Technologies 只能不太频繁地更新 Mono。

很多年后，Unity 依然使用.NET 3.5 类库的功能，目前它已经有 10 年的历史了。这限制了.NET 类库中可以使用的类，限制了 C#语言特性，限制了性能，因为在此期间类库已经做了很多性能增强。然而，令许多 Unity 开发者感到宽慰的是，对较新版本 Mono 的一次实验性升级已经在 beta 测试中进行了一段时间,现在可以在 Unity 2017 中使用,方法是将 Edit | Project Settings | Player | Configuration | Scripting Runtime Version

选项切换为 Experimental (.NET 4.6 Equivalent)。该设置升级了 Mono 运行库,并允许使用.NET 4.6 功能,它在本书编写时仅诞生了几年。

然而,该特性依然是实验性的。直到 Unity 认为它是稳定的版本之前,它可能会导致费解的 bug 和崩溃。在这一点上,Mono 升级将成为永久性的,以便所有用户都能享受它。目前,应当仅在需要修复无法解决的重要 bug 或特性下使用该选项。同时,该版本不保证修复 bug 的同时不会引入更糟糕的 bug。然而,至少希望 Unity 认真对待,尽早升级,因为每次更新都会修复该领域相关的常见 bug。

同时,Unity 首次发布的 IL2CPP 速度很快,令人印象深刻。它目前支持大量的现代平台,提供了一些不错的性能改进。当然,它有些不稳定,如果使用 Unity 的最新测试版本,可能会发现一些 bug。

从这里开始,一切都是可以预测的;因为 Unity 依赖于 IL2CPP 来实现某些平台,而其他平台则从中受益,所以 IL2CPP 将继续获得更多的支持,更多的修复,并在每次发布之后提供更多的性能改进,而 Mono 升级最终在将来的某个时候实现。

由于时间的推移和技术的进步,Unity 的一些特性已被弃用。本书提到的一些示例包括 Animator(至少在和 UI 元素一起使用时)、Sprite Packer 工具、UnityScript 以及 Boo 语言(还没有完全消失,但明智的做法是尽早开始学习 C 脚本)。其他特性也计划被废弃。最近将在 Unity 2017.3 中放弃对 Windows DirectX 9 的支持(详见 https://blogs.unity3d.com/2017/07/10/ deprecating-directx-9)。随着 Unity 2017 的发展,预计会有更多功能被弃用。

当然,也开发了许多新特性。Unity 2017 中的大量新特性主要集中在帮助工具上,如 Timeline、Cinemachine、Post-Processing 栈、Collaborate 以及内建的 Analytics 等。这些工具对游戏开发者很有帮助,也让 Unity 更容易被非游戏行业的创意人员所接受,可以肯定的是,Unity Technologies 正试图吸引更广泛的受众,因此可以在这方面期待更多。当然,游戏开发者依然受益于 Unity Technologies 的辛勤工作。自从两年前本书的第一版出版以来,Unity Technologies 发布了一个全新的 UI 系统(包括收购 Text Mesh Pro),与全局光照一起使用的 Progressive Lightmapper、Vulkan 和 Metal 支持;WebGL 平台、2D 游戏、粒子系统、物理(3D 和 2D)和视频回放的巨大改进;当然,还有对 XR 平台和更流行的 HMD 及其控制器的大量支持。

还有很多各种形式的特性提升(粒子、动画和 2D),API 拓展(物理和网络),性能增强,平台支持(WebVR、360 视频回放以及 Apple Watch),因此确保查看 Unity 的路线图,以了解 Unity Technologies 正在做什么以及期待它们何时出现,参考网址是 https://unity3d.com/unity/roadmap。

即将到来的 C# Job System

Unity Technologies 被取笑了一段时间的一个巨大的性能增强功能是名为 C# Job System 的功能。该功能依然在积极开发中，尚未添加到 Unity 的发布版本中，但是，尽早熟悉它是明智的，因为它将给 Unity 开发人员编写高性能代码的方式带来巨大的变化。使用这个系统的游戏与不使用这个系统的游戏在质量上的差异可能会变得非常明显，这可能会导致 Unity 开发社区的两极分化。了解和利用新 C# Job System 的好处，使程序更有成功的潜力。

C# Job System 的理念是能够创建在后台线程中运行的简单任务，以减轻主线程的工作负载。C# Job System 非常适合于并行性差的任务，例如让成千上万个简单的 AI 代理同时在一个场景中操作，以及任何可以归结为成千上万个独立的小操作的问题。当然，也可以用于传统多线程行为，在后台执行一些不需要立刻得到结果的计算。C# Job System 也引入一些编译器技术改进，获得比简单将任务移到独立线程中更大的性能提升。

编写多线程代码的一个大问题是存在竞争条件、死锁和难以重现和调试的 bug 的风险。C# Job System 旨在使这些任务比平常更简单(但不是琐碎的)。Unity 的创始人之一 Joachim Ante 在 Unite Europe 2017 上推出 C# Job System 的演讲，该演讲对 C# Job System 进行了预览，并引导我们了解 Unity 的代码编程方式需要如何改变。当然，不需要修改所写的所有代码，但是，如果了解它的工作原理，能够识别出可以应用它的场景，那么它应该被视为一种有价值的工具，在这种情况下，可以部署它，以实现巨大的性能改进。

注意:

竞争条件是两个或多个计算争相完成，但真正的结果取决于它们完成的顺序。假定一个线程想给一个数字增加 3，而另一个线程希望将它乘以 4，结果将根据哪个操作先发生而不同。死锁是两个或更多线程竞争共享资源，而它们都需要完整的资源集才能完成任务，但每个线程都保留一小部分资源，拒绝放弃该资源给其他线程，在这种情况下，任何线程都无法完成工作，因为它们都没有所需的完整资源集。

可以通过网址 https://www.youtube.com/watch?v=AXUvnk7Jws4 找到演讲。

8.6　本章小结

　　本章介绍了大量理论和语言概念，希望读者能对 Unity 引擎和 C#语言的内部工作原理有所了解。这些工具尽力让我们摆脱复杂内存管理的负担，但在开发游戏时，仍然需要牢记许多关注点。在编译过程、多个内存域、值类型与引用类型的复杂性、按值传递与按引用传递、装箱、对象池以及 Unity API 中的各种奇怪之处，有许多地方需要关注。然而，通过足够的练习，就可以克服这些困难，而不必一直参考这样的长篇大论。

　　本章有效地总结了旨在提高应用程序性能的所有技术。然而，优化工作流也大有益处。如前所述，性能优化工作的一个不变成本是开发时间。但是，如果能够加快开发工作，在工作中比较烦琐的部分节省一些时间，就有希望节省足够的时间，来实际实现尽可能多的优化技术，整本书都在讨论这些技术。Unity 引擎有很多细微的差别是不为人所知的，也没有被清楚地记录下来，只有通过使用引擎的经验或者参与到它的社区中才会变得明显。因此，第 9 章将介绍各种提示和技巧，以更有效地管理项目和场景，以及充分利用 Unity 编辑器。

第**9**章

提示与技巧

软件工程师是一群乐观的人，例如，通常低估完全实现新特性或更改现有代码库所需的工作量。一个常见的错误是只考虑编写创建该特性所需的代码需要多长时间，而忘了把几个重要任务所需的时间包括在内。通常需要花时间重构其他子系统以支持做出的修改。这可能是因为他们当时认为没有必要这样做，或者是因为他们中途想到了更好的方法来实现——如果没有提前进行充分的计划，这种方式很快就会坠入重新设计和重构的兔子洞(译者注：兔子洞来源于《爱丽丝梦游仙境》，在小说中是另一个世界的入口，这里指的是从实现需求变为重构这种行为)，还应该考虑测试和编写文档所需的时间。即使有一个 QA 团队可以对已实现的变更进行测试，仍然需要在实施过程中在自己的系统上运行一些测试场景，以确保变更的确达到了预期的效果。

所有性能优化工作中的一个固定成本是时间。因此，在有限的时间内实现想要的功能并保持已有功能正常工作，对每个开发人员来说，工作流优化是一项必修技能。从长远来看，深入了解所使用的工具可以节省更多的时间，很可能提供额外的时间以实现想要的一切功能，这不仅适用于 Unity 引擎，还包括任何其他工具——IDE、构建系统、分析系统、社交媒体平台、应用商店等。

Unity 引擎在使用上有很多微妙之处可以帮助改进项目的工作流。然而，有相当多的编辑器功能并没有很好地注释，广为人知，或者不是我们以为的功能，直到相当长的时间之后才意识到，某功能可以用来完美地解决 6 个月前遇到的一个特定问题。

互联网有着各种各样的博客、推特和论坛，试着帮助其他 Unity 开发者学习这些有用的特性，但它们每次只是聚焦于几个小技巧。似乎没有任何在线资源将许多这些资料汇集在一起。因此，Unity 中级和高级开发人员的浏览器可能充满了这些标记为以后使用，然后这些小技巧链接被彻底遗忘。

所以，我觉得把这些提示和技巧集中在本章中是值得的，因为本书主要是为这样的用户编写的。本章用作参考清单，希望在未来的开发工作中节省时间。

本章包含下列领域的小技巧和窍门：

- 方便的编辑器热键
- 使用 Unity 编辑器 UI 的更好、更快方式
- 加快或简化脚本编写实践的方式
- 在 Unity 外部使用外部工具的其他技巧

9.1　编辑器热键提示

编辑器中充斥着可以帮助快速开发的热键，因此应该翻看文档。然而，坦白地说，在开发者需要从手册中得到具体信息之前，没有人会阅读手册，因此，下面列出了一些最有用、但鲜为人知的热键，在使用 Unity 编辑器时可用。

注意：
在所有情况下，都会列出 Windows 热键。如果 Mac OS 热键需要一组不同的按键，就在括号中写明。

9.1.1　GameObject

在 Hierarchy 窗口中选中 GameObject，并按下 Ctrl + D(Command + D)，可以复制 GameObject。使用 Ctrl + Shift + N(Command + Shift + N)，可以新建空的 GameObject。

按下 Ctrl + Shift + A(Command + Shift + A)，可以快速打开 Add Component 菜单。在该菜单中，可以输入要添加的组件名字。

9.1.2　Scene 窗口

按下 Shift + F 或双击 F 键可以在 Scene 窗口中跟随选中的对象(假设 Scene 窗口打开且可见)，这有助于跟踪高速对象或找出掉到场景之外的对象。

按住 Alt 键并在 Scene 窗口中使用鼠标左键拖动，可以使 Scene 窗口的摄像机环绕选中的对象(而不是看它的周围)。按住 Alt 键并在 Scene 窗口中使用鼠标右键拖动可以拉近和拉远相机(Alt + Ctrl +左键拖动)。

按住 Ctrl 键(译者注：Mac OS 下为 Command)并用左键拖动可以使选中的对象在移动时对齐到网格上。在调整对象周围的旋转小部件时，按住 Ctrl(译者注：Mac OS 下为 Command)键也可以以相同的方式旋转。选择 Edit | Snap Settings…打开窗口，可以基于每个轴编辑对齐对象的网格。

在 Scene 窗口中移动对象时按住 V 键(需要先按住 V 再移动),可以强制对象通过顶点对齐到其他对象。这样,所选对象自动将其顶点对齐到与鼠标光标最近的对象上最近的顶点。这适用于对齐场景片段,例如地板、墙壁、平台和其他基于平铺的系统,不需要进行微小的手动位置调整。

9.1.3 数组

在 Inspector 窗口中选中数组元素,并按下 Ctrl + D(Command + D),可以复制该元素,并插入当前选择的位置之后。

通过 Shift + Delete(Command + Delete)可以从引用数组 (如 GameObject 数组)中删除条目。这将去除元素并压缩数组。注意第一次按下时将清除引用,将其设置为 null,第二次按下时将移除元素。对于基本类型(int、float 等)的数组,不需要按住 Shift 键(Command),只需要按 Delete 键即可删除数组中的元素。

在 Scene 视图中按下鼠标右键时,可以使用 W、A、S 和 D 以传统第一人称相机控制的方式围绕相机飞行。Q 和 E 键也可以分别用于起飞和降落。

9.1.4 界面

按住 Alt 键并单击 Hierarchy 窗口中的箭头(任何父对象名左边的灰色小箭头),可以展开对象的全部层级,而不是仅展开下一个层级的内容。这适用于 Hierarchy 窗口中的 GameObject、Project 窗口的文件夹和预制体、Inspector 窗口中的列表等。

在 Hierarchy 或 Project 窗口中可以像传统 RTS 游戏一样保存和恢复对象。选中对象并按下 Ctrl + Alt + <0-9> (Command + Alt + <0-9>)来保存当前选择。按下 Ctrl + Shift + <0-9> (Command + Shift + <0-9>)可以恢复它。如果在调整时一遍又一遍地选择相同的一小部分对象,这是非常有用的。

按下 Shift +空格,可以使当前窗口充满整个编辑器屏幕。再次按下会将窗口恢复为原来的位置和大小。

按下 Ctrl + Shift + P(Command + Shift + P)将在 Play 模式下切换 Pause 按钮。如果想快速暂停,这个组合键通常并不合适,因此最好创建一个用于暂停的自定义热键:

```
void Update() {
    if (Input.GetKeyDown(KeyCode.P)) {
        Debug.Break();
    }
}
```

9.1.5 在编辑器内撰写文档

在 MonoDeveloper 中，高亮显示 Unity 关键字或类，按下 Ctrl + ' (Command + ') 可以快速访问其文档。这将打开默认浏览器，并在 Unity 文档中搜索给定的关键字或类。

 提示:
注意，使用欧洲键盘的用户可能需要按下 Shift 键，才能使用该特性。

在 Visual Studio 中按下 Ctrl + Alt + M，接着按 Ctrl + H 可以实现相同的功能。

9.2 编辑器 UI 提示

以下提示与编辑器及其界面控制相关。

9.2.1 脚本执行顺序

导航到 Edit | Project Settings | Script Execution Order，可以指定哪些脚本优先执行其 Update()和 FixedUpdate()回调。如果尝试使用该特性解决复杂的问题(对时间敏感的系统除外，如音频处理系统)，就表示组件之间存在糟糕且严重的耦合。从软件设计的角度而言，这可能是一个警告信号，表明可能需要从另一个角度处理问题。但是，该设置有助于快速修复。

9.2.2 编辑器文件

Unity 项目与源代码控制方案的集成有点困难。第一步是包含 Unity 为各种资源生成的.meta 文件；如果没有包含这些文件，那么将数据拉到本地 Unity 项目时，必须重新生成这些元数据文件。这可能潜在地导致冲突，因此每个人使用相同版本的元数据文件是有必要的。可以通过 Edit | Project Settings | Editor | Version Control | Mode | Visible Meta Files 开启该特性。

将某些资源数据转换为只包含文本的格式而不是二进制数据也是有帮助的，这样可以手动编辑数据文件。这将很多数据文件变成人类可读的 YAML 格式。例如，如果使用 Scriptable 对象保存自定义数据，就可以使用文本编辑器搜索并编辑这些文件，而不需要全部在 Unity 编辑器和 Serialization System 中操作。这可以节省大量时间，尤其在搜索特定的数据值或对不同的派生类型执行多重编辑的情况下。该选项可以在

Edit | Project Settings | Editor | Asset Serialization | Mode | Force Text 中开启。

　　Editor 有一个日志文件,可以通过 Console 窗口打开(在该窗口中打印出日志消息),左击右上角的汉堡图标(看起来像 3 条水平细线),并选择 Open Editor Log,如图 9-1所示。这有助于获得更多关于构建失败的信息。另外,如果成功构建了项目,它就包含所有打包到可执行程序中的资源的压缩文件大小,并以文件大小排序。在确定哪个资源占用了程序的主要磁盘空间(提示:通常是纹理文件),什么文件占用的空间比预期更多时,这提供了非常有利的帮助。

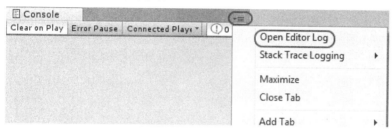

图 9-1　Open Editor Log 可以打开编辑器的日志文件

　　在已有窗口的标题上右击并选择 Add Tab,可以添加额外的窗口到编辑器上(见图9-2)。这也允许添加重复的窗口,例如同时打开多个 Project 窗口或 Inspector 窗口。这对于通过多个 Project 窗口在不同位置之间移动文件特别有用。

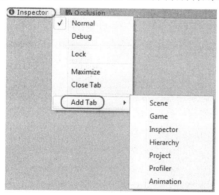

图 9-2　右击已存在窗口的标题之后,可以通过 Add Tab 添加窗口

　　有重复的 Inspector 窗口可能有点多余,因为当单击一个新对象时,它们会显示完全相同的信息。然而,使用锁头图标,可以在给定的 Inspector 窗口中锁定当前的选择。当选择一个对象时,所有其他的 Inspector 窗口将更新为显示该对象的数据,只有锁住的 Inspector 窗口继续显示锁定对象的数据(见图 9-3)(译者注:如果锁定的对象被删除了,那么该 Inspector 窗口显示的对象数据还是会消失)。

图 9-3   锁头按钮可以锁定显示当前的数据

使用窗口锁定的常见技巧包括：

- 使用两个相同的窗口(Inspector，Animation)并排比较两个对象，或将数据从一个对象复制到另一个对象。
- 如果在播放模式中调整对象，观察依赖对象会发生什么。
- 在 Project 窗口中选择多个对象，拖放到 Inspector 窗口的序列化数组中，不会丢失之前的选择。

9.2.3   Inspector 窗口

可以将计算输入到 Inspector 窗口的数字字段中。例如，在 int 字段中输入 4*128，结果计算为 512，避免不得不拿出计算器或在头脑中做数学。

右击数组的根元素并选择 Duplicate Array Element 或 Delete Array Element，可以从列表中复制和删除数组元素(与前面提到的热键方式相同)。

通过右上角的小齿轮图标或右击组件名称，可以访问组件的上下文菜单。每个组件的上下文菜单都包含了 Reset 选项，它将该组件的所有值重置为默认值，避免手动重置值。这在处理 Transform 组件时很有用，因为此选项将对象的位置和旋转都设置为(0,0,0)，其比例设置为(1,1,1)。

如果 GameObject 是从一个预设体产生的，那么整个对象可以使用 Inspector 窗口顶部的 Revert 按钮恢复到初始预设体的状态。然而，很少人知道，在值的名称上右击并选择 Revert Value to Prefab，可以还原独立的值。这将恢复选定的值，同时保持其余值不变。

Inspector 窗口有 Debug Mode，左击锁头按钮旁边的汉堡图标并选择 Debug，就可以进入该模式。这将禁止所有自定义的 Inspector 窗口通过 Editor 脚本绘图，而是显示给定 GameObject 及其组件中的所有原始数据片段，甚至私有字段也会可见。尽管它们在 Inspector 窗口中是灰显的而且不能修改，但这提供了一种好方法，用于确定私有数据和其他在 Play 模式下隐藏的值。Inspector 窗口的 Debug 模式也显示内部的 ObjectID，如果使用 Unity 的序列化系统做一些有趣的事情，并且希望解决冲突，那么这将非常有用。由于在 Debug 模式下也可以禁用 Editor 脚本，因此可以将脚本内部的数据和暴露在 Editor 中的数据进行比较，这有助于调试脚本。

如果在 Inspector 窗口中序列化一组数据元素，通常会以标签 Element N 显示，而

N 描述了数组元素的索引，从 0 开始(见图 9-4)。如果数组元素是一系列序列化的类或结构，而这些类或结构本身往往有多个子元素，则查找特定元素可能会比较困难。但是，如果对象中的第一个字段是字符串，则元素将以该字符串字段的值命名。

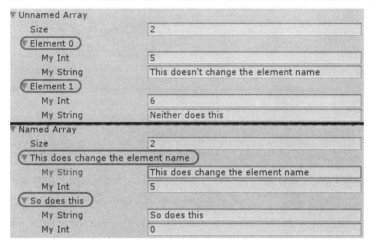

图 9-4　数组元素在 Inspector 中显示为 Element N

当选中一个网格对象时，Inspector 窗口底部的 Preview 部分通常很小，很难看到网格中的细节，以及当它出现在场景中时的外观。然而，如果在 Preview 部分顶部的条上右击，它将被分离并放大到单独的 Preview 窗口中，更容易看清网格。不必将分离的窗口设置回原来的位置，因为，如果分离的窗口关闭了，那么 Preview 部分将返回到 Inspector 窗口的底部。

9.2.4　Project 窗口

Project 窗口的搜索栏允许通过单击搜索栏右侧的小图标来筛选特定类型的对象。这提供了一个不同类型的列表，可以通过该列表在整个项目中过滤显示指定类型的所有对象。然而，要选择这些选项，也可以简单在搜索栏中填充 t:<type>格式的字符串，这会进行相应的过滤。

因此，为了提高速度，可以在搜索栏中键入等效的字符串。例如输入 t:prefab 将筛选出所有预制体，不管它们是否出现在 Hierarchy 窗口中。类似地，输入 t:texture 将显示纹理，输入 t:scene 将显示场景文件等。在搜索栏中添加多个搜索筛选器将包括所有类型的对象(不会显示只满足所有筛选器的对象)。这些过滤器是修饰器，还基于名称进行过滤，因此添加纯文本字符串将对已过滤出来的对象进行基于名称的搜索。例如，t:texture normalmap 将查找所有名字中包含 normalmap 单词的纹理文件。

如果使用 Asset Bundle 和内建的标签系统，Project 窗口的搜索条也允许使用 l:< label type >通过标签搜索捆绑的对象。

如果 MonoBehaviour 脚本包含的序列化引用(使用[SerializeField]或 public)指向 Unity 资源，例如网格和纹理，就可以将默认值直接赋给脚本本身。在 Project 窗口中 选择脚本文件，Inspector 窗口应包含一个用于资源的字段，以便将默认引用拖放到其 中进行赋值，见图 9-5。

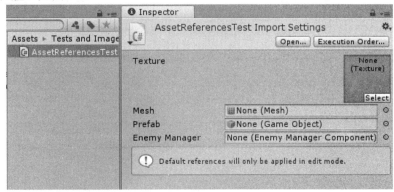

图 9-5   可以通过脚本的 Inspector 窗口为脚本的序列化字段设置默认值

默认情况下，Project 窗口将文件和文件夹分为两列并单独处理。如果希望 Project 窗口具有典型的分层文件夹和文件结构，那么可以在其上下文菜单中将其设置为一列 布局(右上角的汉堡图标)。在一些编辑器布局中，这可以节省大量空间。

右击 Project 窗口中的任何对象并选择 Select Dependencies，将显示此资源依赖的 所有对象，例如纹理、网格和 MonoBehaviour 脚本文件。对于场景文件，它会列出该 场景中引用的所有实体。如果尝试进行资源清理，这将很有帮助。

9.2.5   Hierarchy 窗口

Hierarchy 窗口的一个鲜为人知的特性是能在当前活动场景中执行基于组件的过 滤。为此，可以键入 t: <component name>。例如，在 Hierarchy 窗口的搜索栏中键入 t:light，将显示场景中包含 Light 组件的所有对象。

此功能不区分大小写，但输入的字符串必须与完整的组件名称匹配，搜索才能完 成。从给定类型派生的组件也将显示，因此键入 t:renderer 将显示具有派生组件(如 MeshRenderer 和 SkinnedMeshRenderer)的所有对象。

9.2.6   Scene 和 Game 窗口

从 Game 窗口看不到 Scene 窗口相机，但通常通过使用前面提到的热键来移动和

放置相机要容易得多。编辑器允许将所选对象对齐到相同的位置，并通过 GameObject |Align with View 或按 Ctrl + Shift + F (Command + Shift + F)旋转场景窗口相机。这意味着可以使用相机控件将 Scene 窗口的相机放置在希望对象所在的位置，并通过将其与相机对齐，将对象放置在那里。

同样，可以通过选择 GameObject | Align View to Selected(注意，无论是 Windows 还是 Mac OS，都没有此热键)将 Scene 窗口相机与所选对象对齐。这对于检查给定对象是否指向正确的方向很有用。

可以在 Scene 窗口上执行类似的基于组件的过滤，就像在 Hierarchy 窗口中一样，在其搜索栏中使用 t:语法。这将导致 Scene 窗口仅渲染包含给定组件(或从中派生的组件)的对象。请注意，此文本框链接到 Hierarchy 窗口中的同一文本框，因此在其中键入的任何内容都将自动影响另一个文本框，这在搜索难以捉摸的对象时非常有用。

在 Unity 编辑器的右上角有一个标签为 Layers 的下拉菜单(见图 9-6)。这包含一个基于 Layer 的 Scene 窗口的过滤和锁定系统。为给定 Layer 启用眼睛图标将在 Scene 窗口中显示/隐藏该层的所有对象。切换锁定图标将允许或阻止(至少通过编辑器 UI)选定或修改给定层的对象。

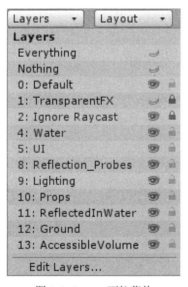

图 9-6 Layers 下拉菜单

这有助于防止意外选择和移动已经位于完美位置的背景对象。

编辑器的一个有用的常见功能是，可以为 GameObject 提供特殊的图标或标签，使它们更容易在 Scene 窗口中找到。这对于没有渲染器但期望能在 Scene 窗口中轻松找到的对象特别有用。例如，Light 和 Camera 等对象有内置的图标，在 Scene 窗口中更容易识别它们。然而，单击 Game 窗口右上角的 Gizmos 按钮，可以在 Game 窗口中显示相同的 Gizmos。此选项的下拉列表确定当启用此选项时将显示哪些 Gizmos。

9.2.7 Play 模式

由于 Play 模式的更改不会自动保存，因此最好修改 Play 模式中的颜色，使其明显地显示当前使用的模式。此值可以通过 Edit | Preferences | Colors | Playmode tint 进行设置。

可以简单使用剪切板保存 Play 模式的改动。如果在 Play 模式下调整对象，对对象的设置满意后，则可以通过 Ctrl + C(Command + C)复制对象到剪切板，并在退出 Play 模式时使用 Ctrl + V(Command + V)将其粘贴回 Scene。

复制时对象上的所有设置都会保留下来。使用组件上下文菜单中的 Copy Component 和 Paste Component 选项，可以对整个组件的各个值执行相同的操作。然而，剪切板一次仅能包含一个 GameObject、Component 或一个值的数据。

另一种方法允许在 Play 模式中保存多个对象的数据，是在对对象的设置满意后，在运行时将它们拖放到 Project 窗口中，为它们创建预制体。如果原始对象来源于预制体，而期望更新它所有的实例，那么需要通过拖放对象副本到原始预制体上，使新的预制体覆盖旧的预制体。注意，这也能在运行在 Play 模式时生效，但由于没有弹出对话框来确认覆盖，因此这可能很危险。注意不要覆盖了错误的预制体。

可以使用 Frame Skip 按钮(在编辑器的 Pause 按钮右边)来一次迭代一帧。这有助于一帧帧观察物理或游戏的行为。注意每次迭代会调用一次 FixedUpdate 和一次 Update，相同的计数可能没有正确反映实际的运行时行为，对这些回调的调用次数往往不相等。

如果在 Play 模式开始时开启了 Pause 按钮，那么游戏将在第一帧暂停，此时可以观察在场景初始化期间发生的任何异常。

9.3　脚本提示

以下提示是编写脚本时需要了解的有用特性。

9.3.1　一般情况

可以修改新脚本、着色器和 Compute Shader(计算着色器)文件的不同模板。这有助于移除空的 Update 存根方法，如第 2 章所述，这可以减少不必要的运行时开销。这些文件可以在下述位置找到：

- Windows: <Unity install>\Editor\Data\Resources\ScriptTemplates\
- Mac OS: /Applications/Unity/Editor/Data/Resources/ScriptTemplates/

Assert 类允许基于断言的调试，与基于异常的调试相比，有些开发人员更容易接受这种调试。有关断言的更多信息，请参阅 Unity 文档，网址为 http://docs.unity3d.com/ScriptReference/Assertions.Assert.html。

9.3.2 特性

特性是非常有用的"元-级别"的标记，它几乎可以赋予 C#中的任何目标。它通常用于字段和类，允许使用特殊属性标记它们，以便进行不同的处理。中级和高级 Unity 开发者应该读一读 C#关于特性的文档，并想象使用自己的特性帮助加速工作流。Unity 引擎内置了很多特性，在正确的位置使它们非常有用。

提示：

高级用户会注意到，特性通常用于枚举、委托、方法、参数、事件、模块甚至组件。

1. 各种特性

[Range] 特性可以添加到整型或浮点型字段，使该字段在 Inspector 窗口中变成滑动条。可以给定最小值和最大值，这限制了值的范围。

通常，如果重新命名某变量，甚至通过 IDE(不管是 MonoDevelop 或是 Visual Studio) 做了些重构，一旦 Unity 重新编译 MonoBehaviour 并对该组件的任何实例做出相应更改，变量的值将丢失。然而，如果想要在重新命名变量之后保持之前序列化的值，[FormerlySerializedAs] 特性提供了难以置信的帮助，因为它会在编译期间将数据从该特性中命名的变量复制到给定的变量。不再有因为重命名而丢失的数据！

注意在转化完成之后移除[FormerlySerializedAs]特性是不安全的，除非在包含特性之后，手动更改变量并将其重新保存到每个相关的预制体中。.prefab 数据文件依然包含旧的变量名，需要[FormerlySerializedField]特性来指出当下次加载文件时在哪里定位数据(例如，编辑器关闭并重新打开)。因此，这是一个有用的特性，但是扩展的用法确实会使代码库混乱很多。

2. 类特性

[SelectionBase]特性将组件所附加到的任何 GameObject 标记为在 Scene 窗口中选择对象时的根。当网格是其他对象的子节点，而期望首次单击该网格时选中父对象而

不是 MeshRenderer 组件时，该特性会很有用。

如果组件有强依赖性，可以使用[RequireComponent]特性强制关卡设计者附加重要组件到相同的 GameObject 上。这确保了设计者会满足代码库的任何依赖性，而不需要为它们编写一大堆文档。

[ExecuteInEditMode]特性将强制在编辑模式下执行对象的 Update()、OnGUI()和 OnRenderObject()回调。然而有如下警告：

- 只有当场景中的某些内容发生变化(如移动相机或更改对象属性)时，才会调用 Update()方法。
- OnGUI()仅在 Game 窗口事件中调用，而不会在诸如 Scene 窗口等其他非 Game 窗口中调用。
- OnRenderObject()在 Scene 窗口和 Game 窗口的任何重绘事件中调用。

但是，与典型的编辑器脚本相比，该特性为这些对象提供了一系列不同的事件挂接和入口点，因此它仍然有其用途。

9.3.3　日志

可以为调试字符串添加富文本标签。例如，诸如<size>、<b> (粗体)、<i> (斜体)和<color>的标签都可以用于调试字符串。这有助于区分不同类型的日志消息并高亮特定元素(见图 9-7)，例如：

```
Debug.Log ("<color=red>[ERROR]</color>This is a <i>very</i>
 <size=14><b>specific</b></size> kind of log message");
```

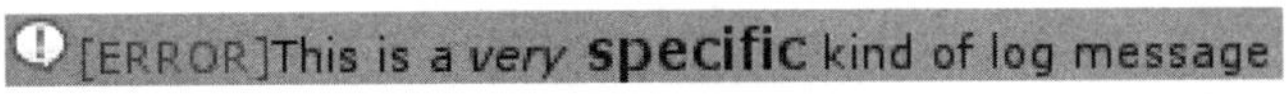

图 9-7　不同类型的日志消息和高亮特定元素

为了便利，MonoBehaviour 类有一个 print()方法，它的作用和 Debug.Log()一样。

它可以帮助创建自定义日志类，该类会自动追加\n\n 到每个日志消息的结尾。这会去除填满控制台窗口的不必要的 UnityEngine.Debug:Log(Object)。

9.3.4　有用的链接

Unity Technologies 提供了很多关于各种脚本特性用法的有用向导，它们主要针对入门和中级开发者。这些向导可以在如下网址找到：https://unity3d.com/learn/tutorials/topics/scripting。

在 Unity Answers 上有一篇很有帮助的文章，它提供了一个参考列表，涵盖了在开

发过程中可能遇到的许多不同的脚本和编译错误，见 http://answers.unity3d.com/
questions/723845/what-are-the-c-error-messages.html。

　　嵌套协程是一个有趣且有用的脚本领域，只是没有很好的文档记录。但是，在使
用嵌套协程时，应该考虑以下第三方博文，其中包含了许多有趣的细节：
http://www.zingweb.com/blog/2013/02/05/unity-coroutine-wrapper。

　　查看 http://docs.unity3d.com/ScriptReference/40-history.html 上的 API 历史页面，可
以确定何时将特定功能添加到 Unity API。此页当前仅显示 5.0.0 版之前的 API 历史记
录。希望有一天，Unity Technologies 会更新这个页面，因为当试图同时支持 Unity 的
多个版本时，了解添加了哪些功能有时会很有用。

9.4　自定义编辑器脚本和菜单提示

　　众所周知，可以用[MenuItem]特性在编辑器脚本中创建一个编辑器菜单项，但一
个鲜为人知的功能是能够为菜单项设置自定义热键。例如，在[MenuItem]特性定义为
以_k 结束，可以通过 K 键触发菜单项：

```
[MenuItem("My Menu/Menu Item _k")]
```

　　使用%、#、&字符，也可以包括诸如 Ctrl(Command)、Shift 和 Alt 等修饰键。

　　[MenuItem]也有两个重载，允许设置两个额外的参数：一个决定菜单项是否需要
验证方法的布尔值，另一个是决定菜单项在 Hierarchy 窗口中优先级的整数。

　　查看[MenuItems]的文档以获得可用热键、修饰键、特殊键以及如何创建验证方法
的完整列表：http://docs.unity3d.com/ScriptReference/MenuItem.html。

　　调用 EditorGUIUtility.PingObject()可以在 Hierarchy 窗口中对对象进行 ping 操作，
就像在 Inspector 窗口中单击 GameObject 引用一样。

　　Editor 类的原始实现，以及大多数人学习如何编写编辑器脚本的方式，最初是在
同一个类中编写所有逻辑和内容绘制。但是，PropertyDrawer 类是将 Inspector 窗口绘
制委托给主 Editor 类中另一个类的高效方法。这有效地将输入和验证行为与显示行为
分离开来，允许对每个字段的呈现进行更精细的调整控制，并更高效地重用代码。甚
至可以使用 PropertyDrawer 覆盖 Unity 对内建对象的默认绘制，例如 Vector 和
Quaternion。

　　PropertyDrawer 使用 SerializedProperty 类来完成单个字段的序列化，在编写编辑
器脚本时应该优先使用它们，因为它们使用内置的撤销、重做和多编辑功能。数据验
证可能有点问题，最好的解决方案是在 setter 属性中使用 OnValidate()调用。Unity

Technologies 开发人员 Tim Cooper 在 Unite 2013 大会上详细说明了各种序列化和验证方法的好处和缺陷，可以在此找到这些说明：https://www.youtube.com/watch?v=Ozc_hXzp_KU。

利用[ContextMenu]和[ContextMenuItem]特性可以将条目添加到组件的上下文菜单，甚至添加到各个字段的上下文菜单。这允许容易地为自定义组件定制 Inspector 窗口行为，而不需要编写大量 Editor 类或自定义 Inspector 窗口。

高级用户可能会发现通过 AssetImporter.userData 变量将自定义数据存储在 Unity 元数据文件中很有用。还有许多机会利用 Unity 代码库的反射。Ryan Hipple 在 2014 年的 Unite 大会上概述了大量灵活的小技巧，这些技巧可以通过在 Unity 编辑器中使用反射来实现，会议内容可以在这里访问：https://www.youyube.com/watch?v=SyR4OYZpVqQ。

9.5　外部提示

以下提示和技巧与 Unity 编辑器之外的话题有关，可以极大地帮助改善 Unity 开发工作流。

Twitter hashtag #unitytips 是 Unity 开发中有用的提示和技巧的一个很好的资源，事实上，本章中的许多技巧都源于此。然而，散列标签很难过滤出以前没有见过的提示，而且它经常滥用于市场营销。在 http://devdog.io/blog 可以找到一个很好的资源，它汇集了#unitytips 的每周提示。

在谷歌搜索时以 site:unity3d.com 开头，Unity 相关问题或内容可以更快得到，这会过滤出仅包含 unity3d.com 域名的结果。

如果 Unity 编辑器崩溃，不管是什么原因，对于场景文件都可能还原，方法是将下面文件重命名为包括.untiy 扩展名，并将其复制到 Assets 文件夹：

```
\<project folder>\Temp\_EditModeScene
```

如果在 Windows 上开发，就不应该不使用 Visual Studio。MonoDevelop 已经被拖了好几年，而很多开发者出于开发工作流的需要转向 Visual Studio Community 版本，特别是使用了带有巨大帮助的插件(如 Resharper)的开发人员。

游戏编程模式(或者，更确切地说，以与游戏开发相关的方式解释的典型编程模式)有很好的资源，它完全免费，可以在线使用。下面的向导包括几个设计模式和本书涉及的游戏特性的更多信息，例如单例模式、观察者模式、游戏循环和双重帧缓冲：http://gameprogrammingpatterns.com/contents.html。

注意来自 Unity 会议的视频，无论何时召开(或者最好尝试参加会议)。在每次会议上，通常会有几个小组，由 Unity 的员工和经验丰富的开发人员主持，他们将分享通过引擎和编辑器能完成的许多有趣操作。除此之外，通过 unity3d.com、Twitter、Reddit、Stack Overflow、Unity Answers 上的论坛，或者在未来几年中突然出现的任何社交聚会场所，确保参与到 Unity 社区中。

本书中的每一个小贴士都不是凭空捏造的。一开始只是有人在某个地方分享的一个想法或知识点，最终被本书作者收入本书。因此，要获得最新的最佳提示、技巧和技术，最好方法是始终关注社区，来把握 Unity 前进方向的脉搏。

其他提示

最后，下面的部分包含不太适合其他类别的提示。

使用空 GameObject 作为一组对象的父节点组织场景是一个好方式，且最好为该组指定比较合理的名字。这种方法的唯一缺点是，空对象的 Transform 在位置或旋转更改期间包含在内，并在重新计算期间包含在内，把 GameObject 的父对象重置为另一个 Transform 有其自身的成本。适当的对象引用，Transform 更改缓存和/或使用 localposition/ localrotation 可以充分解决其中的一些问题。在几乎所有情况下，场景组织对工作流的好处都远比这种微不足道的性能损失更有价值。

Animator Override Controller 早在 Unity v4.3 中就引入了，但往往被遗忘或很少提及。它们是标准 Animator Controller 的替代品，允许引用现有的 Animator Controller，然后覆盖特定的动画状态，以使用不同的动画文件。这允许更快的工作流，因为不需要多次复制和调整 Animator Controller，仅需要改变一些动画状态。

当 Unity 启动时，会自动打开 Project Wizard，允许打开最近的项目。但是，如果更喜欢 Unity 4 的默认行为，即自动打开上一个项目，则可以通过 Edit | Preferences | General | Load Previous Project 来编辑启动时的行为。注意，如果启用了 Project Wizard，可以同时打开多个 Unity Editor 实例(尽管不能打开同一个项目)。

Unity 编辑器惊人的可定制性及其不断增长的特性集意味着，每天都有大量的机会改进工作流程，有更多的机会被发现或发明出来。Asset Store 市场上充斥着各种各样的产品，试图解决现代开发商遇到的一些问题，如果我们正在寻找灵感，或者如果我们愿意，可以浏览这里，花点钱以避免大量的麻烦。

由于这些资源倾向于向广泛的受众出售，往往会使价格保持在较低的水平，因此可以以惊人的低成本获得一些非常有用的工具和脚本。在几乎所有情况下，自己开发相同的解决方案都需要花费大量的时间。如果我们认为自己的时间是有价值的，那么有时搜索 Asset Store 是一种非常经济有效的开发方法。

9.6　本章小结

为了重申本书中最重要的技巧，在进行单个更改之前，一定要确保通过基准测试来验证性能瓶颈的来源。我们最不想浪费时间的是在代码库中追逐幽灵，5 分钟的分析测试可以节省一整天的工作。在大部分情况下，解决方案需要进行成本效益分析，以确定是否不会在任何其他领域牺牲太多，同时冒着增加更多瓶颈的风险。确保对产生瓶颈的根本原因有合理的理解，以避免将其他性能指标置于风险之中。再次重申本书中第二个最重要的提示，总是在更改后进行概要分析和测试，以确保它具有预期的效果。

提高性能是解决问题的关键，这可能很有趣，由于现代计算机硬件的复杂性，小的调整可以产生很大的回报。有很多技术用于实现与提升应用程序性能或加速工作流。如果没有足够的经验和技能花费合理的时间来实现这些目标，那么其中一些目标很难完全实现。在大多数情况下，如果只是花时间去发现和理解问题的根源，那么修复就相对简单了。所以，使用你的知识库，让游戏尽可能做到最好。